U0302932

用于揭示煤与瓦斯突出机理与规律的模拟试验仪器及应用

袁 亮 王汉鹏 等 著

国家重大科研仪器研制项目资助(51427804)

科 学 出 版 社
北 京

内 容 简 介

　　本书针对煤与瓦斯突出模拟试验的关键科学技术难题，在相似理论、相似材料、仪器系统、功能技术、方法工艺取得重要突破与创新：构建完善煤与瓦斯突出相似准则，研发含瓦斯煤、低渗性岩层等相似材料，研发了用于含瓦斯煤物理力学特性研究的六套基础试验仪器，研发了以巷道掘进诱突为目标的多尺度煤与瓦斯突出定量模拟试验系统，创建煤层高压气体"三层密封"方法，创建"煤层预制+岩层现浇"的模式化试验模型制作方法。

　　本书可供从事煤与瓦斯突出综合治理的采矿工程、煤炭安全技术及工程、防灾减灾工程与防护工程、岩土工程及相关领域的科研人员和工程技术人员参考，也可以作为高等院校相关专业研究生和本科生的教学参考书。

图书在版编目（CIP）数据

用于揭示煤与瓦斯突出机理与规律的模拟试验仪器及应用/袁亮等著. —北京：科学出版社，2021.5

ISBN 978-7-03-059886-8

Ⅰ．①用… Ⅱ．①袁… Ⅲ．①煤突出-试验-研究 ②瓦斯突出-试验-研究 Ⅳ．①TD713

中国版本图书馆 CIP 数据核字（2020）第 180087 号

责任编辑：牛宇锋　罗　娟／责任校对：王萌萌
责任印制：师艳茹／封面设计：蓝正设计

科 学 出 版 社　出版

北京东黄城根北街 16 号
邮政编码：100717
http://www.sciencep.com

艺堂印刷(天津)有限公司 印刷

科学出版社发行　各地新华书店经销

*

2021 年 5 月第 一 版　开本：720×1000　B5
2021 年 5 月第一次印刷　印张：18
字数：345 000

定价：145.00 元
（如有印装质量问题，我社负责调换）

前　　言

煤炭作为我国的主体能源，是我国国民经济的基础和能源安全的保障。自1834年法国发生世界上第一次有记载的煤与瓦斯突出以来，已有20多个国家和地区发生了煤与瓦斯突出灾害，我国累计突出次数占世界40%以上，且随着煤炭开采深度的逐渐增加，煤层瓦斯赋存含量及压力均显著增大，煤与瓦斯突出发生的频率及强度不断增加，煤与瓦斯突出已成为影响煤炭安全生产的重大难题，造成大量的人员伤亡、巨大的经济损失及恶劣的社会影响。

防治煤与瓦斯突出必须从根本上认识煤与瓦斯突出机理，国内外学者及工程技术人员开展了广泛研究，形成了综合假说、流变假说、球壳失稳假说等多种煤与瓦斯突出机理假说。但绝大多数突出机理假说都是经验或者半经验性的，只是定性给出了某种因素的作用规律，无法综合考虑煤与瓦斯突出孕育、发生、发展及终止过程中固气耦合、吸附解吸、动力破坏过程以及温度场、应力场、气压场、裂隙场等多物理场的时-空演化规律，均具有一定的局限性。现有煤与瓦斯突出研究手段中现场监测危险单一，理论研究进入瓶颈，数值模拟困难失真，煤与瓦斯突出物理模拟试验具有参数可定量、过程可重复、数据可采集等优势，适用于煤与瓦斯突出机理研究。

本书针对煤与瓦斯突出模拟试验仪器研制的关键科学及技术难题，在引进、消化和吸收现有研究成果的基础上，围绕煤与瓦斯突出物理模拟相似体系、煤岩物理力学特性基础试验仪器、煤与瓦斯突出物理模拟试验仪器以及煤与瓦斯突出物理模拟方法工艺等方面开展深入研究，并取得了一定成果。

全书共14章：第1章主要论述煤与瓦斯突出的研究意义与研究现状，并概括介绍本书的主要研究内容与方法；第2章构建固气耦合模型和能量模型，推导形成适用于煤与瓦斯突出物理模拟试验的相似准则；第3章以固定粒径的煤粉为骨料，以腐植酸钠水溶液为黏结剂研发与原煤具有相似物理力学及吸附特性且强度可调的型煤相似材料；第4章研发一种各物理力学参数均可通过材料配比进行精确调节且渗透性极低的相似材料，适用煤与瓦斯突出低透气性顶底板岩层模拟；第5章基于安全性和相似性考虑，研发一种二元混合瓦斯相似性气体；第6章研发六套煤与瓦斯突出基础试验仪器，并开展了一系列试验，深入研究含瓦斯煤物理力学特性；第7章分析典型突出案例，并根据煤与瓦斯突出物理模拟试验仪器研发原理确定仪器系统构成、模拟范围及相似比尺；第8章研发小型瞬间揭露煤与瓦斯突出模拟试验仪器，实现对地应力、瓦斯压力和煤体强度的定量控制，验证仪器研发原理；第 9 章研发中型煤与瓦斯突出模拟试验仪器，可综合考虑突出各关键因素的耦合作用机制，实现巷道掘进揭煤致突全过程模拟；第 10 章研发大型煤与瓦斯突出模拟试验仪器，可在复杂试验过程中突出主要矛盾，真实模拟巷道掘进揭煤致突机理；第 11 章提出"低强高黏气体密封胶+低渗岩层材料+反力装置"的煤层高压瓦斯密封方法及"煤层预制+岩层现浇"的模式化试验模型制作方法与精细化传感器布设工艺，成功开展加载充填保压条件下巷道掘进揭煤致突全过程物理模拟试验；第 12 章开展多组不同条件下的突出模拟试验，得到不同煤体强度、吸附瓦斯含量及瓦斯压力对于掘进揭煤诱导煤与瓦斯突出的影响规律；第 13 章详细论述淮南典型突出事故物理模拟试验方案、过程及结果，验证试验仪器的可行性与科学性；第 14 章论述本书的结论及研究展望。

　　全书由袁亮院士策划，由王汉鹏教授统稿。此外，中国矿业大学的康建宏教授、刘应科教授、孙英峰博士等，淮南矿业(集团)有限责任公司的薛俊华高工、余国锋工程师、周伟工程师、段昌瑞工程师、陈本良工程师、任波工程师、邓东升工程师、韩云春工程师、熊伟工程师、周杰工程师、张寒工程师、杨槐工程师、李小石工程师等，山东大学的王静研究员、王正方研究员、张鲁春工程师、徐文炳工程师、张冰博士、刘众众博士、张庆贺博士、李清川博士、李建明博士、朱海洋博士、张德民博士、张玉强博士、王粟博士、王伟博士、薛阳博士、马正卫博士、孙博博士等参与了书中的有关内容。在本书撰写过程中得到周世宁院士、何满潮院士、蔡美峰院士、顾金才院士、李术才院士、俞启香教授、周福宝教授、刘泉声教授、薛生教授、张农教授、王家臣教授、刘泽功教授、王恩元教授、窦林名教授、何学秋教授、胡千庭教授、林柏泉教授、许江教授、程远平教授、唐巨鹏教授、陈学习教授、杨科教授、姜耀东教授、卢义玉教授、魏建平教授、明治清研究员、华心祝教授、王兆丰教授、赵吉文教授、李志华教授、任廷祥教授、张向阳研究员等同行的帮助和指正，同时参考了国内外学者在煤与瓦斯突出领域的研究成果。借本书出版之际，对他们所付出的劳动表示感谢。

　　煤与瓦斯突出是一个极其复杂的物理现象，利用物理模型试验探究煤与瓦斯突出的理论和技术还在不断发展完善，许多内容有待进一步探索研究，加之作者水平有限，书中难免存在不足之处，恳请读者提出宝贵意见。

目　　录

第1章 绪 论

1.1 研 究 意 义

1.1.1 煤炭是我国主体能源

能源是国家发展的命脉，煤炭是我国的主体能源。"十二五"期间，我国煤炭在能源消费结构中的比例略有下降，但是，2015 年煤炭占能源消费结构的比例仍高达 64%。《能源发展"十三五"规划》提出："十三五"期间，2015 年煤炭消费总量 39.6 亿吨，年均增速 0.7%，到 2020 年达到 41 万吨；煤炭在能源消费结构中的比重控制在 58%以内。可见，虽然煤炭在一次性能源消费结构中的比重逐步降低，但在相当长时期内，煤炭的主体能源地位不会变化。

我国煤矿开采中，松软低透气性高瓦斯煤层约占 60%，属极难抽放瓦斯煤层，瓦斯灾害危及我国大部分矿区。"煤矿重特大灾害智能报警"入选中国科学技术协会组织征集遴选的 60 个重大科学问题和工程技术难题在公共安全领域的 3 个难题之一。《能源发展"十三五"规划》也将"深井灾害防治"作为能源科技创新重点任务进行集中攻关。

1.1.2 煤与瓦斯突出灾害及其机理亟待突破

1. 煤与瓦斯突出机理是亟待突破的科学问题

煤与瓦斯突出是一种极其复杂的矿井动力现象，它是在煤炭采掘过程中，在很短的时间内突然从煤(岩)壁内部向采掘空间喷出煤(岩)和瓦斯的现象。煤与瓦斯突出喷出的瓦斯由几百立方米到几万立方米，喷出的煤(岩)由几千吨到万吨以上，事故常常会造成大量的人员伤亡、恶劣的社会影响和重大的经济损失，已成为制约我国煤炭工业健康发展的关键因素[1]。

从 1834 年法国发生世界上第一次煤与瓦斯突出至今，已有 180 多年，目前发生煤与瓦斯突出的国家已增加到近 20 个。我国是世界上发生煤与瓦斯突出最严重的国家之一，累计突出次数占世界 40%以上[2]。

随着我国煤矿开采深度不断加大，开采强度不断增大，突出灾害发生频繁，事故死亡比例呈升高之势，部分原无突出危险的煤矿也开始出现动力现象。此外，我国煤与瓦斯突出危险矿井数目和突出强度、频度将随着开采深度的延深、开采强度的增大而逐渐增多[3]。目前，世界许多产煤国家的部分矿井已经进入深部开采，同样，我国已有一批煤矿进入深部开采。深部煤炭资源具有高地应力、高孔隙压力、高温和煤岩抗扰动力学性能降低等特点，煤与瓦斯突出以及冲击地压等灾害已经成为深部煤炭资源开采所面临的挑战性难题。近年来，我国煤矿瓦斯防治取得明显成效，全国煤矿瓦斯事故发生起数和死亡人数均有所下降，但是，煤与瓦斯突出事故仍没有得到有效遏制，事故发生起数和死亡人数没有明显下降，占瓦斯事故比例迅速增加[3]。2016~2019 年典型煤与瓦斯突出事故统计见表 1.1。

表 1.1 2016~2019 年典型煤与瓦斯突出事故统计

年份	事故名称	死亡人数
2019	云南观音山煤矿"10.19"煤与瓦斯突出事故	2
2019	重庆盐井一矿"6.5"煤与瓦斯突出事故	1
2019	湖南兴隆煤矿"5.28"煤与瓦斯突出事故	5
2018	四川环远煤矿"10.18"煤与瓦斯突出事故	2
2018	河南天安煤矿"8.16"煤与瓦斯突出事故	1
2018	贵州梓木戛煤矿"8.6"煤与瓦斯突出事故	13
2018	河南新义煤矿"5.22"煤与瓦斯突出事故	2
2018	河南中马村矿"5.14"煤与瓦斯突出事故	4
2018	黑龙江滴道盛和煤矿"4.4"煤与瓦斯突出事故	5
2017	贵州久兴煤矿"12.5"煤与瓦斯突出事故	5
2017	四川五星煤矿"5.29"煤与瓦斯突出事故	2
2017	河南薛湖煤矿"5.15"煤与瓦斯突出事故	3
2017	贵州文家坝煤矿"3.7"煤与瓦斯突出事故	4
2017	河南兴峪煤矿"1.4"煤与瓦斯突出事故	12
2016	湖北辛家煤矿"12.5"煤与瓦斯突出事故	11
2016	四川锦春煤矿"7.5"煤与瓦斯突出事故	5
2016	吉林松树镇煤矿"3.6"煤与瓦斯突出事故	12
2016	河南大平煤矿"3.3"煤与瓦斯突出事故	2
2016	重庆盛鑫煤矿"1.15"煤与瓦斯突出事故	3

煤与瓦斯突出是一个高度非线性的固气耦合动力破坏问题，其发生机理十分复杂。研究得出煤岩瓦斯动力灾害的量化分析模型，真正揭示煤与瓦斯突出的孕

育、发展、演化及致灾机理是对突出进行准确预测、预警的基础,掌握瓦斯灾害预测与控制的原理才能有效预防突出事故发生[2]。因此,煤与瓦斯突出机理的深入研究是防治瓦斯灾害的基础,必须加大力度。

煤与瓦斯突出机理已成为我国高瓦斯矿井安全生产亟待突破的科学问题,是国家能源安全的重要战略需求和突破方向。高瓦斯突出矿井面临的防灾减灾和安全生产问题受到国家的高度重视,成为我国煤炭工业可持续发展和我国能源安全的重大理论障碍和技术瓶颈,是煤炭开采、矿业工程领域的重大技术挑战和前沿热点问题之一。

2. 试验系统研究是突出机理研究突破的迫切需求

煤与瓦斯突出机理研究面临地应力、瓦斯压力、煤岩体性质、地质构造、施工扰动等诸多因素,涉及固气耦合、煤体破坏、过程瞬态、动力效应等高度非线性复杂问题,已成为国内外专家学者争相研究的热点和难点,目前还没有统一的见解。

国内外已有研究方法包括现场测试、理论分析、数值模拟、模拟试验等手段。现场测试只能针对特定条件的岩石力学问题进行研究,研究方法单一、耗费大量人力物力,且风险巨大,可重复性差,难以开展系统研究。由于煤与瓦斯突出的复杂因素和高度非线性,目前在理论分析上还存在很大的困难;由机理不清导致本构关系和计算模型建立困难,因此数值模拟不能进行正确模拟;只有采用相似物理模拟试验的方法才能真实模拟煤与瓦斯突出过程,因此开展不同条件下的煤与瓦斯突出机理研究,是目前唯一可行且最重要的研究手段,如图1.1所示。

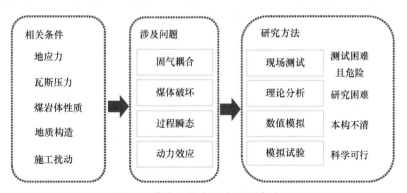

图 1.1 煤与瓦斯突出主要研究方法

鉴于煤与瓦斯突出的高度非线性和复杂性,采用模拟试验进行研究是目前非常重要的研究方法。因此,迫切需要研制严格基于相似原理,功能先进且可综合考虑不同地应力、不同地质构造、不同煤岩体强度、不同瓦斯含量等多种因素条件的煤与瓦斯突出物理模拟试验系统。该系统需重复使用并完成不同参数条件下的煤与瓦斯突出试验，做到试验过程可控、参数可调。通过该系统可模拟多场耦合条件下开挖诱导煤与瓦斯突出的动力学现象，揭示煤与瓦斯突出发生、发展、演化和突出机理，以及突出过程瓦斯解吸流场的动态变化以及能量转化机制；建立煤与瓦斯突出发生条件与判据，丰富、完善开挖诱导低透气性煤层煤与瓦斯突出机理的理论，为破解瓦斯突出防治技术提供支撑。

1.2　煤与瓦斯突出灾害及假说

限于当时的研究手段，早期针对煤与瓦斯突出机理主要通过对突出事故的事后考查和统计资料来进行研究，学者先后提出了多种观点来揭示煤与瓦斯突出的影响因素，但由于突出的复杂性和危险性，早期的观点难以得到验证，因而称为假说。目前，获得支持较多的煤与瓦斯突出假说主要有瓦斯主导假说、地应力主导假说、综合作用假说[4]，各类假说的发展历程见表 1.2。

表 1.2　煤与瓦斯突出机理的三种假说

名称	年代	观点	种类
瓦斯主导假说	19 世纪 50 年代初至 20 世纪 30 年代初	煤层内部高压瓦斯起主导作用	"瓦斯包"说、粉煤带说、裂缝堵塞说、煤孔隙结构不均匀说、闭合孔隙瓦斯释放说、火山瓦斯说、卸压瓦斯说、突出波说、地质破坏带说、瓦斯解吸说、瓦斯膨胀说
地应力主导假说	20 世纪 20 年代初至 20 世纪 60 年代	煤层中高地应力或采动应力起主导作用	顶板位移不均匀说、放炮突出说、塑形变形说、剪切应力说、应力叠加说、拉应力波说、冲击式移近说、应力集中说、岩石变形潜能说、振动波说
综合作用假说	20 世纪 50 年代至今	地应力、瓦斯压力、煤体共同作用	应力不均匀说、破坏区说、分层分离说、游离瓦斯压力说、动力效应说、能量假说

1. 瓦斯主导假说

从 19 世纪 50 年代初到 20 世纪 30 年代初，人们从瓦斯和煤粉抛出的表观现象出发，认为瓦斯气体在突出中起主要作用，并提出了一系列的瓦斯主导假说。在众多瓦斯主导假说中"瓦斯包"说最具代表性。1852 年，英国 Taylor 最早提出了"瓦斯包"的概念[5]。瓦斯包内煤质松软，孔隙与裂隙发育，且被透气性差的煤或围岩所包围。"瓦斯包"说认为在工作面前方存在的瓦斯包被采掘活动靠近或揭露时，就可能造成瓦斯包的突然破裂，瓦斯携带煤粉共同涌出造成灾害事故。"瓦斯包"说重点强调了瓦斯在突出中的作用，但瓦斯包这一特殊的地质条件是假设存在的。实际上在现在看来，瓦斯包可能是煤层中的天然断层破裂带或构造带等区域。因此，该假说只适用于特殊的地质体而不具备普遍意义。

2. 地应力主导假说

从 20 世纪 20 年代初到 20 世纪 60 年代，人们发现在若干的突出事故中并不存在瓦斯包，指出除瓦斯以外的因素也会导致突出。1923 年，Loiret 和 Laligant[6]首先指出地应力是煤与瓦斯突出的重要影响因素，且地应力大小往往受埋藏深度和地质构造的影响。Pechuk[7]认为在地质构造中聚积较大的岩石弹性性能，煤与瓦斯突出正是由岩石能量突然释放造成的，而在该能量释放过程中瓦斯只起到次要的作用。地应力主导假说的进步在于人们对煤与瓦斯突出的理解逐步从瓦斯气体这种单一作用因素发展到更多的影响因素上，逐步认识到煤与瓦斯突出的复杂性。

3. 综合作用假说

20 世纪 50 年代，苏联学者提出了综合作用假说。该假说认为煤与瓦斯突出受地应力、瓦斯压力和煤体物理力学性质共同影响。综合作用假说较全面地考虑了突出动力(地应力、瓦斯)和阻力(煤体强度)两方面的主要因素，得到国内外学者的普遍认可。这种理论至今仍具有较大影响。Nekrasovski 首先提出了煤与瓦斯突出是多种因素综合作用的结果，Skochinski 则对综合作用假说进行了发展和补充[8]。这些观点首次将煤体的物理力学性质作为突出的影响因素，同时对煤体、地应力和瓦斯等因素的作用做出了进一步的定性分析。

20 世纪后半叶至 21 世纪初，煤与瓦斯突出机理的研究主要围绕综合作用假说进行补充和完善。俞启香[9]和于不凡[10]认为突出是从距离工作面一定距离的某个中心开始的，随后由中心向四周扩展，由发动中心的"煤-岩石-瓦斯"体系参与活动。于不凡将煤与瓦斯突出看作含瓦斯煤体突然破坏的动力学现象，地应力的突然增高是发生煤与瓦斯突出的必要条件之一，突出的另一个条件是煤体应力状态的突然变化。李中成[11]将煤与瓦斯突出视为煤体盘形拉伸破坏的连锁反应，认为煤与瓦斯突出是不连续的，可能持续几分钟或十几分钟。丁晓良等[12]进行了含瓦斯煤一维渗透破坏试验，发现破坏后的煤体呈现"球冠形"，因此认为突出过程中煤体的破坏为拉伸破坏，认为卸压速率越高，围压越小，型煤几何半径越大，煤体越容易破坏。周世宁、何学秋[13,14]提出了流变假说，认为煤与瓦斯突出的影响因素瓦斯、地应力、煤的物理力学性质等都与时间密切相关，时间是煤与瓦斯突出的重要影响因素。当采掘活动引起的荷载达到或超过含瓦斯煤的屈服强度时，煤体出现流变现象。流变过程与突出的孕育发生具有良好的一致性。俞善炳等[15-17]基于突出现象和因素模化，建立了一维瓦斯流动理想模型，该模型认为煤的破碎和瓦斯渗流的耦合是煤与瓦斯突出的内在原因，认为可根据渗流过程给出恒速掘进下的突出启动判据。谈庆明等[18]同样建立了描述突出的一维模型，将煤体的破坏分为层裂和层裂的粉碎，认为层裂的粉碎率可以用来描述煤体的非均匀破坏，认为加大对煤的破裂准则和破裂阵面运动规律的研究可加深对煤与瓦斯突出的理解。梁冰等[19,20]考虑到煤中瓦斯的渗流作用，将煤体的变形与瓦斯渗流统一考虑，提出了煤与瓦斯突出的"固流耦合"失稳理论，该理论进一步证实突出是应力、瓦斯及煤的物理力学性质三者综合作用的结果。此外，该理论还考虑了时间效应对突出的影响。Beamish 和 Crosdale[21]研究了煤体类型对瓦斯解吸和煤与瓦斯突出的影响，认为煤体性质决定了瓦斯解吸能力，而解吸越强，突出越容易发生。吕绍林和何继善[22]提出了"关键层-应力墙"模型来解释煤与瓦斯突出现象，该模型认为关键层是煤与瓦斯突出的主体，是突出的介质条件，应力墙是工作面前方的一定宽度的应力集中带，当应力墙在采动应力下处于失稳状态时，关键层内瓦斯就会迅速涌出，产生突出现象。郭德勇和韩德馨[23]进行了考虑摩擦滑动过程的煤与瓦斯突出模拟试验，发现突出过程中存在"黏滑失稳"现象，并提出突出的"黏滑失稳"机理，该理论能够合理地解释突出过程中的振动波和延期突出现象。Choi 和 Wold[24]建立了"煤体-流体"三维模型，来分析煤与瓦斯突出的发生和演化，同样认为突出是固流耦合问题。丁继辉等[25]基于多相介质力学理论，以煤体有限变形为前提，提出了煤体变形与瓦斯耦合的失稳理论，建立固流两相介质耦合失稳的非线性有限元方程，并进行了数值模拟。王继仁等[26]构建了 CH_4 吸附在煤表面的模型，采用量子化学密度泛函理论对构建的模型进行优化，得到了煤体吸附 CH_4 的吸附能，并给出了煤与瓦斯突出的微观机理。该理论认为工作面围岩变化引起煤体破裂，导致瓦斯由吸附态变为游离态，形成大量游离瓦斯，为煤与瓦斯突出准备了条件。Zhang 等[27]将突变级数法用于煤与瓦斯突出预测中，并认为煤与瓦斯突出是瓦斯和高地应力综合作用的结果。李树刚等[28]利用 Mohr-Coulomb 理论解释了顺煤层剪切带的形成机理，认为在煤层倾角接近剪切滑动的临界角时易产生薄煤区，进而在煤层厚度变化部位形成了高瓦斯含量、高瓦斯压力区域。顺煤层剪切带内发育的构造煤、高地应力、高瓦斯压力等因素是煤与瓦斯突出发生的主要原因。郭平等[29]认为煤与瓦斯突出是煤的构造、地应力和瓦斯等多个因素作用的结果，并采用数值模拟的方法分析了各个因素对突出的影响。李晓泉等[30,31]进行了扰动情况下煤与瓦斯突出的模拟试验，得出延期突出的机理，该理论认为在采掘活动结束的一段时间内，煤岩体应力重分布，大量瓦斯解吸为游离状态，由于卸压区硬岩的阻挡作用，游离态瓦斯不能及时释放。当有外力扰动时，卸压区煤岩可能发生破坏，游离态瓦斯涌出，造成延期突出。李铁等[32]分析了"三软"煤层冲击地压作用下煤与瓦斯突出力学机制，认为巷道底板的高弹性模量夹层向上挠曲造成煤体瓦斯涌出通道封闭，在底地板冲击破断后可诱导瓦斯压力大于 0.74MPa 的煤层发生煤与瓦斯突出。

在某些特殊的地质环境和生产环境下，煤与瓦斯突出更容易发生，如低透气性煤层、断层、水力割煤过程、钻孔施工过程等。林柏泉和何学秋[33]、韩军等[34]、Hu 等[35]、Islam 和 Shinjo[36]、欧建春等[37]分别进行了机理分析。

随着煤与瓦斯突出影响因素的陆续发现和各因素作用机理的总结，综合作用假说已经被大多数科研工作者所接受。在此基础上，澳大利亚联邦科学与工业组织(Commonwealth Scientific and Industrial Research Organisation，CSIRO)研究员 Wold 和 Choi[38]提出了 CSIRO 突出模型，这个模型充分考虑了突出的影响因素、作用机制，并建立了各影响因素之间的相互关系，是综合作用假说新的提高，如图 1.2 所示。

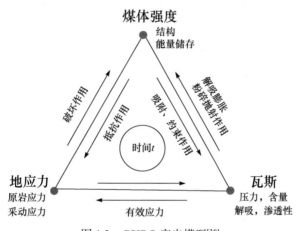

图 1.2　CSIRO 突出模型[38]

4. 突出发展过程

目前，综合作用假说虽已深入人心，但这种假说只是比较系统地解释了煤与瓦斯突出的影响因素和各因素的作用机理，主要以"静态"的眼光观察问题，并未触及煤与瓦斯突出的发生、发展过程，这对于理解煤与瓦斯突出这一动力学现象是远远不够的。因此，为了解释煤与瓦斯突出的演化过程，我国学者用演绎的方法定性分析了其演化过程。比较有代表性的有鲜学福等[39]、胡千庭等[40]、蒋承林和俞启香[41]等。

鲜学福等[39]从综合作用假说出发，把煤与瓦斯突出过程划分为突出源的形成、突出的激发、发生三个阶段，并以某矿突出事故作为突出案例进行了分析。胡千庭等[40]以"煤与瓦斯突出是一个力学破坏过程"作为基本前提，提出了煤与瓦斯突出的"力学作用机理"假说，力学作用机理假说将突出分为准备、发动、发展、终止四个过程，如图 1.3 所示。可以看出，在本质上鲜学福、胡千庭等的观点是较为一致的。一般说来，任何实物均会经历一个准备、发动、发展和终止的过程，因此力学作用机理假说更为全面。

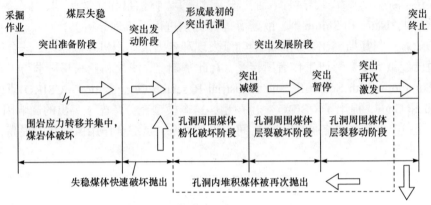

图 1.3　力学作用机理假说对突出阶段划分[40]

力学作用机理假说对每个阶段的定性描述如下。

1) 准备

这一阶段主要是采掘活动将原有的平衡状态打破，采掘活动造成采动应力，产生采动应力场，进而引起煤岩体物理力学参数的变化和瓦斯压力分布的变化，最终会在煤壁前方形成支撑压力平衡区。这种准静态状态被打破的过程称为突出的准备阶段，准备状态的结束以突出发动为标志。

2) 发动

当煤岩体的破坏达到某种临界条件或外界施加扰动荷载时，准备阶段产生的支撑压力平衡区将失去承载能力造成煤岩体整体失稳。这时煤岩体储存的弹性能和瓦斯膨胀能会突然释放，引起煤岩体的迅速破坏和抛出并形成孔洞。从支撑压力平衡区整体失稳到形成最初的孔洞称为发动阶段。

3) 发展

突出发动以后，新形成的孔洞周围的煤岩体原来有高地应力、高瓦斯压力，形成孔洞之后煤岩体将突然暴露，在地应力梯度和高瓦斯压力梯度下，孔洞周围的煤体将进一步破坏并抛出，突出孔洞也会进一步扩大，这一过程称为发展阶段。突出发生过程中，突出孔洞附近煤岩体堆积，瓦斯释放缓慢，可能造成无法满足煤的破坏条件，突出暂停。暂停后，孔洞附近煤岩体会继续发生准静态破坏并释放瓦斯，瓦斯压力升高到一定程度会引起突出的再次发生，称为突出的再次发动。

4) 终止

若突出暂停后，孔洞内煤岩体不产生严重破坏，孔洞内瓦斯压力升高后仍达不到足够的压力将煤粉抛出，突出将不会再次发动，孔洞附近煤岩体达到新的平衡状态并趋于稳定，突出即终止。

蒋承林将煤与瓦斯突出视为一种"球壳失稳"的动力学过程。球壳失稳假说认为，在突出的过程中，煤岩体首先在地应力作用下发生破坏，煤岩体产生裂隙并释放瓦斯，瓦斯释放会引起裂隙扩展进而形成球盖状的煤壳，再将球盖状煤壳抛向巷道空间，孔洞应力峰值向内部转移继续发生同类的破坏，最终形成连续的突出，如图 1.4 所示。

球壳失稳假说给出了球壳破坏的三个条件：

(1) 含瓦斯煤在地应力作用下剪切破坏。

(2) 地应力作用产生的裂隙在瓦斯压力作用下扩展。

(3) 扩展形成的球盖状煤壳在瓦斯压力作用下失稳破坏。

可以看出，"球壳失稳假说"与"力学作用机理假说"也是较为一致的，"力学作用机理假说"归纳演绎了煤与瓦斯突出的整个过程，而"球壳失稳假说"着重推理了煤与瓦斯突出发生发展规律。"球壳失稳假说"与"力学作用机理假说"的"突出发生阶段"描述的是同一过程。

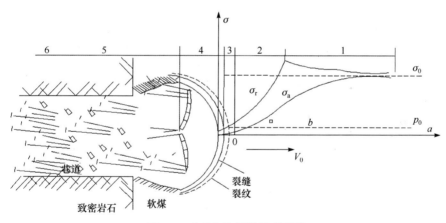

图 1.4　球壳失稳假说模型图[41]

煤与瓦斯突出的"力学作用机理假说"是"综合作用假说"的进一步发展，把突出的影响因素和作用关系按照事物发展的规律联系起来，把煤与瓦斯突出这一复杂的动力学现象较为具体地表现出来，使其更加形象化和具象化。"力学作用机理假说"的另一点进步在于，它强调了突出的准备阶段对煤与瓦斯突出的重要作用。煤与瓦斯突出一旦发生即会产生强大的破坏力，人们对它便束手无策，因此防治煤与瓦斯突出灾害最好的手段就是在突出的准备阶段将其识别出来，在突出发生前采取有针对性的措施防治灾害的发生。

1.3 国内外研究现状

1.3.1 研究现状

长期以来，世界各主要产煤国一直都很重视对煤与瓦斯突出机理的研究。许多国家开展了突出机理的研究工作。

(1) 自 20 世纪 50 年代初至 80 年代末，国外一些研究者就试图在实验室条件下对突出个别环节或突出综合过程进行模拟，并做了大量试验研究。

1951 年，Khodot 和 Gmoshinski 在苏联科学院矿业研究所采用可施加不等分量三向应力状态的装置完成世界上第一次煤与瓦斯突出试验[8]。1966 年，Patching 和 Botham[42]提到在加拿大用试验制造人为突出。1984～1985 年，日本 Ujihira 等研发了突出装置，试验所采用的材料是煤粉、水泥和加气剂配制成的孔隙状胶泥，试样的长度为 580mm[43]。1988～1990 年，Bodziony 等[44,45]将粒径尺寸小于 0.2mm 的煤粉装入直径 96.4mm、长 281mm 的突出容器制成型煤，对其进行诱发突出试验，研究了煤样的岩芯饼化现象。1989 年，邓全封等[46]进行了一维突出模拟试验，所用型煤采用煤粉冷压成型，试验后得到了类似梨形的孔洞。

该时期的突出试验具有以下特点：试验装置比较简单，试验装置的信息采集能力差；采用的试样尺寸小，型煤参数未做深入分析；试验结果多为定性的现象性模拟。

(2) 20 世纪 90 年代，随着现代技术的发展，模拟试验的监测条件也有了很大的提升，人们开始采用信息监测的方式进一步研究煤与瓦斯突出现象。

1990 年，He 和 Zhou[47]进行了三轴加载流变试验，采用位移传感器、动态应变仪等监测了型煤的三维流变特性，认为煤与瓦斯突出具有流变特性，是一种加速变形的流变行为。1994 年，蒋承林[48]开展了一维突出模拟试验，首先对型煤抽真空 12h，充入高纯瓦斯 48h，用机械装置瞬间揭露煤层诱导突出，突出后型煤产生了"球壳"状裂隙。1996 年，谈庆明等[49]开展了二维模拟试验，煤样尺寸 380mm，采用引爆炸药使突出口前方铝膜破坏的方式诱导突出。他们开展了多组不同瓦斯压力下的二维模拟试验，得到了"开裂"和"突出"两种典型煤与瓦斯突出现象。1999 年，蒋承林和郭立稳[50]基于球壳失稳假说进行了延期突出模拟试验，用混凝土在煤体前方制作了阻挡层，发现延期突出的原因与阻挡层的强度有很大关系。

该时期突出试验对试验条件都进行了比较好的控制，但是试验模型尺寸仍然很小，所能监测的物理量信息也仅为气体压力的变化等简单信息，模拟试验的相似性仍较低。

(3) 21 世纪以后，大型煤与瓦斯突出模拟试验得到了快速发展，模拟试验的模型尺寸、试验仪器自动化程度，模拟试验的相似性均得到一定提升。

2004 年，蔡成功[51]开展了不同煤体强度、不同瓦斯压力和不同三维应力情况下的模拟试验。试验得出，影响突出强度的因素顺序为：型煤强度>水平应力、垂直应力>侧向应力，垂直应力、瓦斯压力、水平应力是突出发展的动力，煤体强度性质和应力大小决定了突出强度。该试验特点如下：试验模型尺寸为 225mm×225mm×187.5mm；试验装置可实现三维加载，在突出模拟时用标准精密压力表计量施加的压力，采用突然揭露的方式诱导突出；试验气体采用 CO_2；试验型煤不添加胶结剂，由粒径 0.1mm 以下的突出煤层煤粉直接加压成型。

2008 年，颜爱华和徐涛[52]开展了不同瓦斯压力和不同气体种类下的模拟试验。试验表明突出强度随气体压力的增大而增大，当气体压力相同时，吸附性强的 CO_2 引起的突出强度更大。该试验特点如下：试验模型尺寸为直径 250mm、长度 600mm；试验装置为一维加载，采用突然揭露的方式诱导突出；试验型煤不添加胶结剂，由粒径 0.1mm 以下的突出煤层煤粉压制而成；试验气体采用 CO_2 和 N_2 等多种气体。

2008 年，许江等[53]利用自主研发的"大型煤与瓦斯突出模拟试验台"进行了两次煤与瓦斯突出模拟试验，试验观测到了明显的突出孔洞和突出碎煤的分选现象，与现场煤与瓦斯突出特征基本吻合。2009 年，尹光志等[54]利用该装置对不同含水率煤体发生煤与瓦斯突出时突出强度变化规律进行模拟试验研究。结果表明，随着含水率的升高，煤体发生煤与瓦斯突出的可能性减小，煤与瓦斯突出强度也呈减小趋势；在试验煤体含水率情况下，含水率和煤与瓦斯突出强度呈二次曲线关系。2010 年，王维忠等[55]基于该装置开展了 5 种不同瓦斯压力水平下的煤与瓦斯突出模拟试验。结果表明，在瓦斯压力方面存在一个使煤与瓦斯突出发生与否的阈值，高于此阈值时，瓦斯压力越大则突出强度亦越大，且瓦斯压力作为突出发生的动力同时也对突出煤粉有一定的粉碎和抛出作用。2012 年，许江等[56]基于该装置模拟了不同集中应力区应力水平条件下的型煤试件的煤与瓦斯突出，探索集中应力区应力水平对煤与瓦斯突出特性的影响规律。通过对试验结果的分析，认为应力集中区应力水平的变化对煤与瓦斯突出有重要的影响。2013 年，许江等[57]基于该装置开展了不同突出口径条件下煤与瓦斯突出模拟试验，以分析石门揭煤时含瓦斯煤体暴露面面积对煤与瓦斯突出发生发展的影响。分析结果表明，突出口径越大，煤体越易于破裂失稳并发生煤与瓦斯突出。其试验特点如下：试验模型尺寸为 570mm×320mm×385mm；试验装置为上部和后部加载，可施加均布和阶梯形荷载；试验装置采用快速释放机构突然打开突出口侧封板诱导突出；装置利用 O 型与 Yx 型唇形密封圈，配合 704 硅橡胶、硅胶板及 34 颗密封螺钉等共同参与的全方位密封；试验煤样由 10～20 目、20～40 目、40～60

目、60～80 目、80～100 目的煤粉掺入水分在模具中压制而成;试验气体为 99.99%的高纯 CH_4。

2010 年,张春华[58]开展了考虑顶底板和含瓦斯煤赋存条件下的煤与瓦斯突出模拟试验。试验得出了煤与瓦斯突出过程中围岩的力学、位移、温度的演化规律,揭示了石门揭煤过程中的围岩力学特性演化机制。

2013 年,高魁[59]基于文献[58]搭建的试验平台进行了石门揭构造软煤过程的突出试验。试验表明,巷道施工过程中工作面前方围岩存在应力集中,使煤体弹性增加,随着工作面的前移,地质构造断层附近应力集中更加明显。突出发生瞬间,在工作面附近的突出点位移发生突变。在突出发生前,声发射信号出现一次降低,工作面前方岩体应力释放导致煤体裂隙增大,为高压瓦斯的放散提供了条件。该试验特点如下:试验模型尺寸为 2.5m×1.0m×1.5m,试验装置中顶部 6个油缸同步加载,采用人工开挖的方式诱导突出;试验采用 30mm 厚中型硅酮密封胶密封盖板,对高压试验气体进行密封;试验选用不同材料制作了煤层和顶底板岩层,并构建了"构造包体"这一特殊的地质条件,使模拟试验的相似性有了较大提高;试验采用应变测试仪、温度测试仪、位移测定仪等多种物理量监测仪器;试验气体采用 CO_2。

2011 年,粟才全[60]基于煤与瓦斯突出的综合作用假说,构建了石门揭煤大型三维试验系统,基于该系统进行了石门揭煤突出试验,对突出发生发展过程和试验数据进行实时连续监测。根据所得数据,分别进行突出过程中围岩应力、应变的演化分析、突出过程中瓦斯压力的演化分析。根据分析所得突出过程中地应力、瓦斯压力变化规律关系以及地应力、瓦斯压力及煤体强度在突出过程中的作用,综合归纳出石门揭煤突出时基本力学特性对突出影响的相关性。该试验特点如下:试验仪器空间大,可铺设煤层和顶底板岩层;试验装置为顶部加载,试验模型中预留了巷道空间并在巷道空间充填 N_2 来平衡煤层中的应力,采用释放巷道空间中 N_2 的方法近似模拟巷道掘进诱导突出;试验台采用 3 层内衬结构密封高压气体,首先根据模型尺寸用聚氯乙烯树脂隔板做第 1 层内衬,然后再在这层基础上用聚乙烯(polyethylene, PE)薄膜做第 2 层内衬,最后再铺设 1 层聚氯乙烯树脂隔板做第 3 层内衬;试验型煤不添加胶结剂,由 10～20 目、20～60 目、60～100 目的煤粉掺入水铺设而成;试验气体采用瓦斯。

2012 年,欧建春[61]研制了三维加载的煤与瓦斯突出模拟试验装置,基于该装置开展了不同条件下的煤与瓦斯突出模拟试验。结果表明,突出临界瓦斯压力值与应力值呈线性负相关,应力越大,发生突出所需瓦斯压力越小。结合理论分析和数值模拟研究了煤与瓦斯突出的发生规律,揭示了煤与瓦斯突出影响因素(煤体、应力和瓦斯压力)的耦合关系,确定了突出发生的条件。该试验特点如下:试验装置为顶部加载;采用两种诱导突出的方式,可以模拟现场的石门揭煤诱突和巷道掘进诱突，其中石门揭煤的模拟由突出启动装置实现，巷道掘进的模拟由热风枪融化巷道中的石蜡实现；装置侧面设有透明玻璃窗口，并采用高速摄像技术对突出全过程进行了实时观测，此外还可以实时监测瓦斯压力、温度、电磁辐射、声发射、电位等多种信号；试验所用型煤和块煤两种煤体，其中型煤采用 1mm 以下粒度煤粉，加入一定的煤焦油，在装置中加压 20MPa 压制而成，块煤由原煤直接切割成装置容积大小；试验气体采用瓦斯。

2014 年，唐巨鹏等[62]以阜新孙家湾矿为背景，开展了 900m、1100m、1300m 开采深度下的突出模拟试验，得到了突出孔洞形态和突出煤粉质量分布特征。研究表明，轴压、瓦斯压力、围压、突出强度、突出距离之间存在幂指数规律，深度越大，地应力对突出的影响越小。瓦斯压力对突出的影响存在 3 个阶段的特征，即急剧影响阶段、稳定影响阶段、缓慢影响阶段。该试验特点如下：试验模型尺寸为 16cm×16cm×16cm；试验装置为三维加载，采用瞬间揭露方式诱导突出；试验型煤由 40～60 目煤粉直接压制而成；试验气体采用 N_2。

2013 年，刘东等[63]利用自主研制的多场耦合煤矿动力灾害大型模拟试验系统进行了煤与瓦斯突出模拟试验，分析发现突出过程中煤层温度和瓦斯压力变化都存在时间和空间上的差异性，具体表现为动力效应明显区域瓦斯压力降低快、温度降低量大。该试验特点如下：试验模型尺寸为 1.05m×0.41m×0.41m；试验装置可实现上、右、后三向四级加载，采用瞬间揭露的方式诱导突出；试件箱设置了 54 个数据采集孔，通过有密封作用的引线接头连接箱体内部的传感器和外部的数据采集板，引线接头与箱体间采用组合密封垫密封，接头可连接不同类型的传感器以满足不同的设计需要；加载液压缸采用聚四氟乙烯(polytrtrafluoroethylene，PTFE)复合材料加 O 形圈组成组合密封形式；试验型煤采用将现场取回的煤样使用颚式破碎机粉碎，然后分批次加入试件箱，使用成型压力机按一定的成型压力成型；试验气体为 99.99% 的高纯瓦斯。

2016 年，胡守涛[64]采用自主研发的大尺寸煤与瓦斯突出模拟试验装置开展了两种煤样的突出模拟试验。试验表明，吸附瓦斯主要对煤体起粉碎作用。借助高速摄像系统利用图像方法获得突出煤粉-瓦斯混合流的速度规律，混合流在出口处的喷射速度约为 54.55m/s，然后逐渐衰减，在距离突出口 1～6m 以内的平均速度约为 21.43m/s，并利用这些数据进行了简单的能量分析。该试验特点如下：试验模型尺寸为 1.5m×0.6m×1.0m；试验装置为顶部加载，且实现了非均布应力加载；采用瞬间揭露的方式诱导突出；传感器埋入模型内部，监测的物理量信息包括应力、温度、电磁辐射、高速摄像等；试验气体为 CO_2。

2019 年，Cao 等[65]利用自主研发的大型煤与瓦斯突出机理三维模拟试验装置对高地应力条件下的突出进行了完整的模拟试验，分析了突出前、突出中、突出后瓦斯压力和地应力的分布和变化，得到了突出煤粉的分布及瓦斯浓度规律。该试验特点如下：试验模型尺寸为 1.5m×0.8m×0.8m，试验装置可进行轴向(3000t)和水平对称(2000t)加载；突出口可以主动和瞬时启动，类似于突出的突然激发；装置利用 90 个测试通道和高达 4ms/s 的采样频率，监测仪器中多个参数的时空分布规律，实现对试验现象的实时观测；试验型煤采用水泥、河砂、活性炭、粉煤灰和水为原料，拌匀后压制而成。

1.3.2　存在的问题与不足

纵观国内外煤与瓦斯突出研究的相关领域，至今尚未研发出科学、有效、实用的煤与瓦斯突出机理和规律定量研究专用模拟试验仪器。综合国内外相关研究现状，在煤与瓦斯突出试验方面还存在以下共性关键问题需要开展进一步的探索。

(1) 相似理论及相似材料方面：现有的试验仪器没有完全符合相似理论的，特别对含瓦斯煤体、煤层顶底板岩体、瓦斯气体的物理力学特性的模拟不符合相似原理，不能满足煤与瓦斯突出相似模拟试验的要求。

(2) 仪器系统方面：现有的煤与瓦斯突出试验仪器基本是预留突出口，依靠突出口的瞬间打开模拟煤层揭露过程，而实际的煤与瓦斯突出过程是一个缓慢的施工过程，突出条件考虑不充分。国内外已有的模型试验装置采用的边界条件没有综合考虑地质构造、地应力、煤体强度、瓦斯含量及施工过程等影响因素，无法完成煤与瓦斯突出现象的定量模拟，系统没有真实模拟煤与瓦斯突出的条件。

(3) 仪器功能技术方面：现有试验仪器设备的试验空间密封能力不足，加载系统、瓦斯充填系统和测试系统的精度有待进一步提高，主要表现为：仪器的气体密封能力无法实现试验模型的真三维固气耦合加载；液压加载系统和瓦斯充填系统的精确控制不能满足长时间稳定需要；采用的测试传感器和测试系统相对单一并且精度不高，尤其不能满足煤与瓦斯突出的瞬态动力测试需要。

(4) 方法工艺方面：采用的试验模型制作方法与工艺烦琐、落后，致使试验效率低、精度低、可重复性差。

总体而言，煤与瓦斯突出机理试验仪器研制尚处于起步阶段，至今尚未研发出科学性、有效性、实用性的用于煤与瓦斯突出机理与临突信息特征规律研究的试验仪器。

1.4　主要研究内容与方法

1. 煤与瓦斯突出机理模拟试验基础理论研究

针对目前煤与瓦斯突出物理模拟存在无法严格遵循相似原理和不满足相似条件的难题，根据现代力学、地质力学、矿山岩体力学和相似原理等基本理论，推导形成满足煤与瓦斯突出模拟试验的固气多相相似模拟理论，使突出模拟试验严格满足几何相似、物理力学相似、运动相似和动力相似，满足定量化模拟研究煤与瓦斯突出机理的要求。

针对含瓦斯煤体、煤层顶底板岩体、瓦斯气体的物理力学特性的模拟不能满足煤与瓦斯突出相似模拟试验要求的问题，根据相似原理，研制新型高吸附性含瓦斯煤相似材料、低渗性岩层相似材料、本安型瓦斯相似气体等固气耦合相似材料，满足相似材料与原型材料的吸附解吸特性相似、渗透特性相似、密度及孔隙率等物理特性相似、强度及弹性模量等力学特性相似，为突出试验提供良好的材料保证。

2. 用于揭示煤与瓦斯突出机理与规律的模拟试验仪器研制

根据相似模拟理论，综合分析加载能力、相似材料、模拟范围、系统尺寸等各种因素系统研究模型试验系统的边界条件和相似条件，选择适合的模型比尺、模型边界和模拟范围。在调研基础上，实现和突破煤与瓦斯突出模拟试验仪器的功能要求和关键技术。

根据低透气性煤层煤与瓦斯突出机理模拟试验系统的功能要求和关键技术难题，系统研究试验系统的各关键子系统：针对大比尺高地应力模拟加载和类瓦斯气体充填密封难题，开展试验仪器的总体结构模块化组成形式和各部分功能实现，主要包括试验仪器模型反力与空间密封系统、高地应力梯度加载高精度智能控制模拟系统、大流量高压类瓦斯气体充填加载系统、试验模型巷道微型掘进机与高速记录系统、模型数据测试采集分析系统等各功能系统。以"模块化、智能化、便利化、定量化"为设计思想，构建用于研究煤与瓦斯突出的系统性科学试验平台，满足开展在不同地质构造、地应力、瓦斯压力和煤岩体强度组合条件下的煤与瓦斯突出机理与规律的模拟研究。

3. 典型突出案例再现及突出机理研究

针对突出模拟试验开展效率低、精度低、可重复性差的问题，开展试验模型精细化制作工艺研究、试验流程与创新工艺研究。

利用推导的相似理论、研发的相似材料、搭建的系统性试验平台、创建的工艺方法，模拟典型工程地质构造、煤层与顶底板构造和物理力学特性、煤层赋存瓦斯情况等各种条件和因素，真实再现典型突出案例。观察分析煤与瓦斯突出过程，监测煤岩体应变、应力以及煤体内瓦斯气体的压力和流动变化情况，分析研究煤与瓦斯突出时煤体的变形和破坏情况以及瓦斯场的变化，从一定层面上揭示突出机理与规律。

综上所述，本书采用的技术路线如图 1.5 所示。

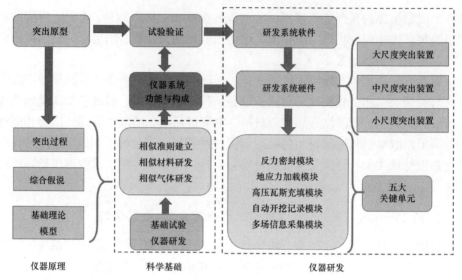

图 1.5　技术路线图

1.5　研究目标

围绕用于揭示煤与瓦斯突出机理与规律的模拟试验仪器的研制，针对煤与瓦斯突出模拟试验仪器研制的关键科学及技术难题，作者提出建立严格遵循的突出相似理论，以相似理论为指导研制符合含瓦斯煤物理力学特性的相似材料并形成仪器的功能指标和所需的关键技术，实现煤与瓦斯突出的精确试验模拟；试验仪器模型反力与空间密封系统、高地应力梯度加载高精智能控制模拟系统和大流量高压类瓦斯气体充填加载系统可实现高地应力加载和高瓦斯充填条件下的加载密封试验；模型巷道微型掘进机与高速记录系统能实现模型巷道的自动化精确控制开挖和突出瞬间过程的高速摄影记录；模型信息测试采集系统是在现有传感器和测试仪器的基础上原创性研制的高速瞬态多物理量传感器和采集仪表系统，解决煤与瓦斯突出临突多物理场信息细微捕捉的关键科学技术，突破煤与瓦斯突出定量化研究的世界难题。建立多物理场动态预警虚拟平台，以突出判据与突出预警模型为基础，形成基于三维可视化平台的多物理场信息动态分析与预警虚拟系统，实现煤与瓦斯突出临突信息的监测信号集成显示分析和联合分析决策，满足突出精确定量预警预报及工程应用，突破高瓦斯矿井煤与瓦斯突出定量预警预报的世界难题。

研制的物理模拟试验仪器设备可模拟不同地质构造、不同地应力、瓦斯赋存程度、煤层和围岩强度组合条件下的煤与瓦斯突出，真实再现不同试验条件下煤与瓦斯突出的情形，在突出机理上取得进展和突破。在煤与瓦斯突出和临突信息规律特有模拟试验仪器方面，形成具有我国自主知识产权的煤与瓦斯突出机理和预测预报预警的科学仪器平台，实现工程现场煤与瓦斯突出准确定量超前预报和预警，为避免重大突出事故与灾害、保障高瓦斯煤矿安全生产提供先进技术与仪器装备，达到国际领先水平，提高我国在瓦斯防治方面的整体技术水平和核心竞争力。

1.6 主要创新与进展

在国内外调研基础上，广泛听取专家意见，历经四年艰辛研发，在相似理论、相似材料、仪器系统、功能技术、方法工艺方面取得五大关键创新。

1) 相似理论创新

基于固气耦合理论和突出能量理论，推导建立了煤与瓦斯突出相似准则，阐明了瓦斯压力不折减的原因，突破了定性模拟难题，实现了定量突出模拟。

2) 相似材料创新

历经上千次探索，测试几百种材料，研发了不同特性、参数可调的煤岩瓦斯相似材料：

(1) 以 0～3mm 粒径煤粉为骨料，腐植酸钠水溶液为黏结剂的含瓦斯煤相似材料吸附性与原煤相同。

(2) 以特种水泥为黏结剂，密封剂为添加剂的岩层相似材料渗透率最低 0.001mD (毫达西)。

(3) 45% CO_2 和 55% N_2 混合气体作为瓦斯相似气体，保证了试验安全。

3) 仪器系统创新

研发了 6 套基础试验仪器和多尺度突出模拟试验系统，构建了煤与瓦斯突出科学试验平台。

基础试验仪器：

(1) 研发的可视化恒容固气耦合试验仪和环向位移测试系统用于研究吸附高压瓦斯煤的损伤裂化特性和快速泄气压致裂规律。

(2) 煤粒瓦斯放散测定仪用于不同环境压力下瓦斯解吸放散规律研究，瓦斯膨胀能测定仪可研究气体释放膨胀能和温度效应。

(3) 煤岩三轴力学渗透测试仪和相似材料渗透率测定仪为研究煤岩瓦斯力学渗透特性和研制低渗相似材料提供了仪器。

多尺度突出模拟试验系统：基于综合假说和基础理论，综合考虑地应力、瓦斯压力、煤岩体特性和开挖过程，克服了"爆米花"式试验方法的局限，采用综合集成法和模块化理念研发了真实模拟孕灾环境和掘进诱突的多尺度煤与瓦斯突出模拟试验仪器。

(1) 小尺度试验系统内部空间直径 200mm、长 600mm，几十次瞬间揭露试验成功再现了突出现象；验证了系统构成的可行性、相似准则的科学性、相似材料的合理性。

(2) 大尺度试验系统内部空间 1.5m×1.5m×3m，可开展相似比尺为 1/20 的试验，但试验周期长，制作模型就要一个月，劳动强度大，密封难度高。

(3) 中尺度试验系统内部空间 0.75m×0.75m×1.3m，可开展相似比尺为 1/30 的试验，系统紧凑，集成度高，具备旋转机构，试验周期短，仅需 7～10d，适合开展正交试验。

4) 功能技术创新

突出模拟试验系统由"五大关键单元"构成：

(1) 反力密封单元实现了模型 5MPa 地应力和 3MPa 气压固气耦合加载和引线密封，难度堪比太空舱和蛟龙号载人潜水器。

(2) 应力加载单元实现了多油路等比例同步伺服稳压加载和卸载，真实模拟三维地应力场。

(3) 气体充填单元实现了高压气体自动充填保压和突出瞬间大流量及时补压，真实模拟瓦斯场。

(4) 巷道开挖单元实现了可视化智能控制掘进和自动负压排渣，模拟巷道掘进。

(5) 信息获取单元采用光电技术和微型高频传感器，实现了突出瞬态过程模型应力、气压、温度、声发射等多元信息的瞬态获取融合。

5) 方法工艺创新

(1) 提出了"煤层预制+岩层现浇"的模型制作方法和精细化测点布设工艺。

(2) 攻克了高压 CO_2 腐蚀密封难题，提出了低强高黏气体密封胶+低渗岩层材料+反力装置密封的"三层密封"方法，成功将高压气体封在煤层内。

(3) 通过阻气法兰和密封套管实现了模型充气保压和多元信息采集，攻克了模型开挖气密性与数据获取难题。

基于以上创新，世界上首次成功开展了全过程相似的巷道掘进揭煤诱发煤与瓦斯突出模拟试验。以淮南新庄孜矿"6.12"突出事故为原型，几何比尺 1/30，根据相似准则确定试验方案，精细铺设了倾斜煤岩地层，精准布设了多物理量传感器。加载充气 1.1MPa 保压后开挖巷道，掌子面距煤层平距 30mm，法距 15mm 时，发生突出。模型破坏特征与现场高度相似，验证了试验仪器的科学性。

相关成果突破了定量模拟试验研究煤与瓦斯突出机理和规律的世界性难题，形成具有自主知识产权的重大科研仪器公共平台，为试验研究揭示煤与瓦斯突出机理和规律、建立突出预测预警方法和防治技术提供了科学支撑。

参 考 文 献

[1] 胡千庭, 文光才. 煤与瓦斯突出的力学作用机理[M]. 北京: 科学出版社, 2013

[2] 中国矿业学院通风安全教研室瓦斯组. 煤和瓦斯突出的防治[M]. 北京: 煤炭工业出版社, 1979

[3] 袁亮. 煤炭精准开采科学构想[J]. 煤炭学报, 2017, 42(1): 1-7

[4] 中国科学技术情报研究所重庆分所. 国外煤和瓦斯突出资料汇编[M]. 重庆: 科学技术文献出版社重庆分社, 1978

[5] Taylor T J. Proofs of subsistence of the firedamp of coal mines in a state of high tension in situ[J]. North of England Institute of Mining Engineers Transactions, 1853, 1: 275-299

[6] Loiret J, Laligant G. General report: Review of facts and observations[J]. Regulations for Mines with Outburst, 1923: 24

[7] Pechuk I M. Results of inducer shot firing in "Krasnyiprofintern" colliery[J]. Ugol, 1933, (95): 28-34

[8] Skochinski A A. Modern concepts on the nature of sudden outbursts of gas and coal and control techniques[J]. Ugol, 1954, 7: 4-10

[9] 俞启香. 矿井瓦斯防治[M]. 徐州: 中国矿业大学出版社, 1992

[10] 于不凡. 谈煤和瓦斯突出机理[J]. 煤炭科学技术, 1979, (8): 34-42

[11] 李中成. 煤巷掘进工作面煤与瓦斯突出机理探讨[J]. 煤炭学报, 1987, (1): 17-27

[12] 丁晓良, 丁雁生, 俞善炳. 煤在瓦斯一维渗流作用下的初次破坏[J]. 力学学报, 1990, (2): 154-162

[13] 何学秋. 含瓦斯煤岩流变动力学[M]. 徐州: 中国矿业大学出版社, 1995

[14] 周世宁, 何学秋. 煤和瓦斯突出机理的流变假说[J]. 中国矿业大学学报, 1990, (2): 4-11

[15] 俞善炳. 恒稳推进的煤与瓦斯突出[J]. 力学学报, 1988, (2): 97-106

[16] 俞善炳. 煤与瓦斯突出的一维流动模型和启动判据[J]. 力学学报, 1992, (4): 418-431

[17] 俞善炳, 郑哲敏, 谈庆明, 等. 含气多孔介质的卸压破坏及突出的极强破坏准则[J]. 力学学报, 1997, (6): 1-6

[18] 谈庆明, 方健之, 俞善炳. 煤与瓦斯突出的层裂——粉碎模型[J]. 煤炭学报, 1995, (2): 149-153

[19] 梁冰. 煤和瓦斯突出固流耦合失稳理论[M]. 北京: 地质出版社, 2000

[20] 王来贵, 梁冰, 章梦涛, 等. 煤和瓦斯突出的固流耦合失稳理论[J]. 煤炭学报, 1995, (5): 492-496

[21] Beamish B B, Crosdale P J. Instantaneous outbursts in underground coal mines: An overview and association with coal type[J]. International Journal of Coal Geology, 1998, 35(1-4): 27-55

[22] 吕绍林, 何继善. 关键层-应力墙瓦斯突出机理[J]. 重庆大学学报(自然科学版), 1999, (6): 80-84.

[23] 郭德勇, 韩德馨. 煤与瓦斯突出粘滑机理研究[J]. 煤炭学报, 2003, (6): 598-602

[24] Choi S K, Wold M B. A coupled geomechanical-reservoir model for the modelling of coal and gas outbursts[J]. Elsevier Geo-Engineering Book Series, 2004, 2: 629-634

[25] 丁继辉, 麻玉鹏, 赵国景, 等. 煤与瓦斯突出的固-流耦合失稳理论及数值分析[J]. 工程力学, 1999, (4): 47-53

[26] 王继仁, 邓存宝, 邓汉忠. 煤与瓦斯突出微观机理研究[J]. 煤炭学报, 2008, (2): 131-135

[27] Zhang T J, Ren S X, Li S G, et al. Application of the catastrophe progression method in predicting coal and gas outburst[J]. Mining Science & Technology, 2009, 19(4): 430-434

[28] 李树刚, 魏宗勇, 潘红宇, 等. 上保护层开采相似模拟实验台的研发及应用[J]. 中国安全生产科学技术, 2013, 9(3): 5-8

[29] 郭平, 曹树刚, 张遵国, 等. 含瓦斯煤体固气耦合数学模型及数值模拟[J]. 煤炭学报, 2012, 37(S2): 330-335

[30] 李晓泉. 含瓦斯煤力学特性及煤与瓦斯延期突出机理研究[D]. 重庆: 重庆大学, 2010

[31] 李晓泉, 尹光志, 蔡波, 等. 煤与瓦斯延期突出模拟试验及机理[J]. 重庆大学学报, 2011, 34(4): 13-19

[32] 李铁, 梅婷婷, 李国旗, 等. "三软"煤层冲击地压诱导煤与瓦斯突出力学机制研究[J]. 岩石力学与工程学报, 2011, 30(6): 1283-1288

[33] 林柏泉, 何学秋. 煤体透气性及其对煤与瓦斯突出的影响[J]. 煤炭科学技术, 1991, (4): 50-53

[34] 韩军, 张宏伟, 霍丙杰. 向斜构造煤与瓦斯突出机理探讨[J]. 煤炭学报, 2008, (8): 908-913

[35] Hu S, Nie B, Liu M, et al. Research on rapid excavation technology of roadway in coal seam with the risk of coal and gas outburst[J]. Adbanced Materials Research, 2012, 524-527: 325-329

[36] Islam M R, Shinjo R. Mining-induced fault reactivation associated with the main conveyor belt roadway and safety of the Barapukuria Coal Mine in Bangladesh: Constraints from BEM simulations[J]. International Journal of Coal Geology, 2009, 79(4): 115-130

[37] 欧建春, 王恩元, 徐文全, 等. 钻孔施工诱发煤与瓦斯突出的机理研究[J]. 中国矿业大学学报, 2012, 41(5): 739-745

[38] Wold M B, Choi S K. Outburst mechanisms: Coupled fluid flow-geomechanical modelling of mine development[R]. Melbourne: CSIRO Petroleum, 1994

[39] 鲜学福, 辜敏, 李晓红, 等. 煤与瓦斯突出的激发和发生条件[J]. 岩土力学, 2009, 30(3): 577-581

[40] 胡千庭, 周世宁, 周心权. 煤与瓦斯突出过程的力学作用机理[J]. 煤炭学报, 2008, 33(12): 1368-1372

[41] 蒋承林, 俞启香. 煤与瓦斯突出机理的球壳失稳假说[J]. 煤矿安全, 1995, (2): 17-25

[42] Patching T H, Botham J C. Occurrence, Research and Control of Sudden Outbursts of Coal and Gas in Canada[M]. Ottawa: Queens Printer and Controller of Stationery, 1967

[43] 氏平增之. 内部分かス压じよ る多孔质材料の破坏づろやスたついてかス突出た关する研究[J]. 日本矿业会志, 1984, (100): 397-403

[44] Bodziony J, Nelicki A, Pindel Z, et al. Laboratory trial of inducing aquasi-outburst[C]// Proceedings of the 12th Conference on Tendencies in Gas and Rock Outburst Hazard Prevention in Underground Mines, Nowa-Ruda-Radkbw, 1988: 7-22

[45] Bodziony J, Nelicki A, Pindel Z. Tendencies in gas and rock outburst hazard prevention in underground mines[C]//Procceeding of the 21st Conference on Tendencies in Gas and Rock

Outburst Hazard Prevention in Underground Mines, Nowa-Ruda-Radkbw, 1988: 23-36

[46] 邓全封, 栾永祥, 王佑安. 煤与瓦斯突出模拟试验[J]. 煤矿安全, 1989, (11): 5-10

[47] He X Q, Zhou S N. Rheological hypothesis of coal and gas outburst mechanism[J]. Journal of China University of Mining and Technology, 1994, 4(1): 15-23

[48] 蒋承林. 煤与瓦斯突出阵面的推进过程及力学条件分析[J]. 中国矿业大学学报, 1994, (4): 1-9

[49] 谈庆明, 孟祥跃, 丁雁生, 等. 煤与瓦斯突出的二维模拟实验研究[J]. 煤炭学报, 1996, (1): 57-62

[50] 蒋承林, 郭立稳. 延期突出的机理与模拟试验[J]. 煤炭学报, 1999, (4): 39-44

[51] 蔡成功. 煤与瓦斯突出三维模拟实验研究[J]. 煤炭学报, 2004, (1): 66-69

[52] 颜爱华, 徐涛. 煤与瓦斯突出的物理模拟和数值模拟研究[J]. 中国安全科学学报, 2008, (9): 37-42

[53] 许江, 陶云奇, 尹光志, 等. 煤与瓦斯突出模拟试验台的改进及应用[J]. 岩石力学与工程学报, 2009, 28(9): 1804-1809

[54] 尹光志, 赵洪宝, 许江, 等. 煤与瓦斯突出模拟试验研究[J]. 岩石力学与工程学报, 2009, 28(8): 1674-1680

[55] 王维忠, 陶云奇, 许江, 等. 不同瓦斯压力条件下的煤与瓦斯突出模拟实验[J]. 重庆大学学报, 2010, 33(3): 82-86

[56] 许江, 刘东, 尹光志, 等. 非均布荷载条件下煤与瓦斯突出模拟实验[J]. 煤炭学报, 2012, 37(5): 836-842

[57] 许江, 刘东, 彭守建, 等. 不同突出口径条件下煤与瓦斯突出模拟试验研究[J]. 煤炭学报, 2013, 38(1): 9-14

[58] 张春华. 石门揭突出煤层围岩力学特性模拟试验研究[D]. 淮南: 安徽理工大学, 2010

[59] 高魁. 石门揭构造软煤诱发煤与瓦斯突出模拟试验研究[D]. 淮南: 安徽理工大学, 2013

[60] 粟才全. 石门揭煤突出的动力特性及实验研究[D]. 青岛: 山东科技大学, 2011

[61] 欧建春. 煤与瓦斯突出演化过程模拟实验研究[D]. 徐州: 中国矿业大学, 2012

[62] 唐巨鹏, 杨森林, 王亚林, 等. 地应力和瓦斯压力作用下深部煤与瓦斯突出试验[J]. 岩土力学, 2014, 35(10): 2769-2774

[63] 刘东, 许江, 尹光志, 等. 多场耦合煤矿动力灾害大型模拟试验系统研制与应用[J]. 岩石力学与工程学报, 2013, 32(5): 966-975.

[64] 胡守涛. 煤与瓦斯突出相似模拟试验及突出能量特征研究[D]. 北京: 中国矿业大学(北京), 2016

[65] Cao J, Sun H, Wang B, et al. A novel large-scale three-dimensional apparatus to study mechanisms of coal and gas outburst[J]. International Journal of Rock Mechanics and Mining Sciences, 2019, 118: 52-62

第 2 章　煤与瓦斯突出物理模拟相似准则创建

相似理论的理论基础是相似三定理。相似三定理的实用意义在于指导模型的设计及其有关试验数据的处理和推广，并在特定情况下根据经过处理的数据，提供建立微分方程的指示。对于一些复杂的物理现象，相似理论还进一步帮助人们科学简洁地建立一些经验性的指导方程。

相似第一定理又称相似正定理，可表述为：对于相似的现象，其相似指标等于 1。或表述为：对于相似的现象，其相似准则的数值相同。

相似第二定理又称 π 定理，可表述为：设一物理系统有 n 个物理量，其中有 k 个物理量的量纲是相互独立的，那么这 n 个物理量可表示成相似准则 $\pi_1, \pi_2, \cdots, \pi_{n-k}$ 之间的函数关系。

相似第三定理又称相似逆定理，可表述为：对于同一类物理现象，如果单值量相似，而且由单值量所组成的相似准则在数值上相等，则现象相似。

相似准则是物理模拟的理论依据，是研发相似材料并确定试验条件的基本前提。煤与瓦斯突出物理模拟相似准则是制约模拟试验发展的瓶颈。针对描述煤与瓦斯突出全过程的力学模型尚未建立的现状，尝试采用描述突出孕育阶段的固气耦合模型进行相似准则推导。

相似准则的推导方法有三种，分别为定律分析法、方程分析法和量纲分析法。从理论上说，三种方法可以得出同样的结果，只是用不同的方法来对物理现象(或过程)进行数学上的描述。定律分析法要求人们对所研究的现象充分运用已经掌握的全部物理规律，并能辨别其主次。方程分析法是对于某一现象，若已经存在明确的数学模型，则一般采用方程分析法来推导相似准则，方程分析法包括相似转化法和积分类比法两大方法。量纲分析法是根据量纲齐次性原理寻求物理量之间函数关系的一种方法，得出相似准则。

基于固气耦合方程，采用相似变换法推导了相似准数。该组相似准数可保证煤岩变形破坏规律相似，却难以发生突出现象。因而提出了采用能量模型推导煤与瓦斯突出相似准则的思路。改进了前人的能量方程，经过相似变换导出了新的相似准数。该组相似准数可保证试验模型与原型能量集聚、转移和释放规律相似。结合两组相似准数，在保证能量模型相似的基础上，考虑煤岩变形破坏规律相似，确定了煤与瓦斯突出物理模拟相似准则。与前人的物理模拟试验结果进行对照，验证了相似准则的合理性。

2.1　煤与瓦斯突出物理模拟相似准则进展

煤与瓦斯突出是一种复杂的动力现象，其危害十分严重。借助物理模拟方法，试验调控影响煤与瓦斯突出的主要因素来研究其发生机理是安全高效的研究手段。近年来，煤与瓦斯突出模拟试验得到了较快发展，特别是以许江等[1]、高魁等[2]为代表的学者进行了较大比尺的模拟试验，丰富了突出规律的内涵。目前，针对煤与瓦斯突出物理模拟的相似准则未见系统的研究，学者进行的突出模拟试验主要借鉴固体力学相似准则成果，如应力比尺按照式(2-1)选取。

$$C_\sigma = C_L \cdot C_\gamma \tag{2-1}$$

式中，C_σ 为应力比尺；C_L 为几何比尺；C_γ 为容重比尺。

然而，瓦斯压力比尺尚缺乏理论推导。为了试验能够进行，学者通常取瓦斯压力比尺为 1，如式(2-2)所示。

$$P_p : P_m = 1 : 1 \tag{2-2}$$

式中，P_p 为原型瓦斯压力；P_m 为模型瓦斯压力。

模拟试验结果往往得到与现场接近的突出现象，因此这种试验方法被越来越多的学者所接受[3-7]。但是，这种方法在理论上是否具有合理性尚需要相似准则的证明。因此，开展煤与瓦斯突出物理模拟相似准则研究十分必要。

在煤与瓦斯突出物理模拟相似准则研究方面。陈裕佳[8]基于球壳失稳假说推导认为模拟试验采用原煤时，施加与现场一致的地应力和瓦斯压力即可保证相似，但该结论与目前广泛采用的试验方案存在一定差异。张淑同[9]基于量纲分析法认为相似模拟需满足模型和原型的孔隙率、瓦斯含量、解吸速率相等，且具有相同的荷载和煤的单轴抗拉强度缩比。但是其在瓦斯压力比尺方面论述不详，对相似材料的重要性质如弹性模量、泊松比、内聚力、内摩擦角等参数比尺未见研究，故在模拟试验应用中存在一定限制。

方程分析法是相似准则建立的基本方法，煤与瓦斯突出相似准则建立的难点在于描述整个突出过程的力学模型尚未建立。由于煤与瓦斯突出过程十分复杂，学者将突出全过程划分为 4 个阶段[10]。突出发生前的阶段是准静态过程，该过程遵循固气耦合方程；突出发生后的阶段是动态过程，尚没有力学模型。本章首先采用固气耦合方程推导孕育阶段的相似准数并分析其应用不足，提出采用能量模型推导相似准则的新思路，分析该方法的理论合理性并推导了相似准数。在考虑当前相似材料水平和试验仪器性能指标的前提下，结合两种相似准数优缺点确定煤与瓦斯突出相似准则，并分析相似准则的合理性。

2.2 固气耦合模型及相似转化

2.2.1 煤与瓦斯突出准备阶段数学模型

煤与瓦斯突出发生前，煤体主要表现为静态变形、瓦斯的渗流以及煤岩体的损伤破坏。这些过程可用如下的控制方程描述[11-13]。

(1) 煤体变形控制方程：

$$\frac{\partial \sigma_{ij}}{\partial x_j} + \frac{\partial(\alpha p)}{\partial x_i} + F_i = 0 \tag{2-3}$$

$$\sigma_{ij} = G\left(u_{i,j} + u_{j,i}\right) + \lambda u_{k,k}\delta_{i,j} \tag{2-4}$$

(2) 瓦斯的渗流控制方程：

$$\frac{\partial P}{\partial t} = \frac{4KP^{3/4}}{A}\nabla^2 P \tag{2-5}$$

(3) 煤体的损伤破坏方程：

$$\sigma_1 - \sigma_3\frac{1+\sin\varphi}{1-\sin\varphi} = f_c \tag{2-6}$$

式中，σ_{ij} 为有效应力张量；u 为煤基质的位移；p 为孔隙压力；F_i 为体积力；x 为方向；i、j 为哑标；G 为剪切模量；λ 为拉梅系数；α 为有效应力系数；$P=p^2$ 为煤层瓦斯压力的平方，MPa^2；K 为煤层的透气性系数，$m^2/(MPa^2 \cdot d)$；A 为煤层瓦斯含量系数，$m^3/(m^3 \cdot MPa^{0.5})$；$\varphi$ 为内摩擦角，(°)；f_c 为单轴抗压强度，MPa。

2.2.2 准备阶段数学模型的相似转化

基于相似变换法的一般步骤，定义如下相似比尺，其中上标 "′" 代表模型物理量。

$$\begin{aligned}
&C_\sigma = \frac{\sigma}{\sigma'}, \quad C_p = \frac{p}{p'}, \quad C_\alpha = \frac{\alpha}{\alpha'}, \quad C_F = \frac{F}{F'}, \\
&C_u = \frac{u}{u'}, \quad C_G = \frac{G}{G'}, \quad C_\lambda = \frac{\lambda}{\lambda'}, \quad C_K = \frac{K}{K'}, \\
&C_A = \frac{A}{A'}, \quad C_\varphi = \frac{\varphi}{\varphi'}, \quad C_{f_c} = \frac{f_c}{f_c'}, \quad C_t = \frac{t}{t'}, \quad C_x = \frac{x}{x'}
\end{aligned} \tag{2-7}$$

式中，C_p 为瓦斯压力比尺；C_α 为有效应力系数比尺；C_F 为体积力比尺；C_u 为煤基质的位移比尺；C_G 为剪切模量比尺；C_λ 为拉梅系数比尺；C_K 为煤层透气性系数比尺；C_A 为煤层瓦斯含量系数比尺；C_φ 为内摩擦角比尺；C_{f_c} 为单轴抗压强度比尺；C_t 为时间比尺；C_x 为方向比尺。

将相似变换代入原型方程组中，得到模型物理量的控制方程组。

$$\frac{\partial \sigma'_{ij}}{\partial x'_j} + \frac{C_\alpha C_p}{C_\sigma}\frac{\partial(\alpha' p')}{\partial x'_i} + \frac{C_x C_F}{C_\sigma} F'_i = 0 \tag{2-8}$$

$$\sigma'_{ij} = \frac{C_G C_u}{C_\sigma C_x} G'\left(u'_{i,j} + u'_{j,i}\right) + \frac{C_\lambda C_u}{C_\sigma C_x} \lambda' u'_{k,k}\delta_{i,j} \tag{2-9}$$

$$\frac{\partial P'}{\partial t'} = \frac{C_K C_p^{1.5} C_t}{C_A C_x^2}\frac{4K'P'^{3/4}}{A'}\nabla'^2 P' \tag{2-10}$$

$$\sigma'_1 - \sigma'_3 \frac{1 + \sin(C_\varphi \varphi')}{1 - \sin(C_\varphi \varphi')} = \frac{C_{f_c}}{C_\sigma} f'_c \tag{2-11}$$

根据相似原理，相似物理现象必定能用同一组微分方程描述。比较原型与模型的控制方程，考虑初始条件、边界条件，分别取原始煤层瓦斯压力 p_0、地应力 σ_0、渗流时间 t_0、煤层尺寸 L 作为特征值，可以得到下列无量纲相似准数 $\pi_1 \sim \pi_7$。要保证试验模型与原型具有相似性，必须满足这七个相似准数一一对应不变。

$$\pi_1 = \frac{\alpha p_0}{\sigma_0}, \quad \pi_2 = \frac{FL}{\sigma_0}, \quad \pi_3 = \frac{G\varepsilon_d}{\sigma_0}, \quad \pi_4 = \frac{\lambda \varepsilon_d}{\sigma_0}$$
$$\pi_5 = \frac{f_c}{\sigma_0}, \quad \pi_6 = \varphi, \quad \pi_7 = \frac{Kp_0^{1.5}t_0}{AL^2} \tag{2-12}$$

式中，ε_d 为应变。

由 π_2 可得 $C_L C_F / C_\sigma = 1$，即当容重比尺(体积力比尺)取 1 时，应力比尺与几何比尺相等。由 π_1 可得 $C_\alpha C_p / C_\sigma = 1$，其中有效应力系数比尺为 1[14]，即瓦斯压力比尺与应力比尺相同。由 π_5 可得 $C_{f_c} / C_\sigma = 1$，即应力比尺与煤体强度比尺相同。

在实际的物理模拟试验中，根据现实条件，试验者会首先给定某些相似比尺，例如，几何比尺 C_L 通常采用 20、50 等。假设某试验采用几何比尺为 20，则应力比尺、瓦斯压力比尺均为 20。换算后，模拟试验瓦斯压力降低为原来的 1/20，甚至有可能低于大气压力。根据煤层瓦斯吸附理论，瓦斯压力降低后煤体中的瓦斯含量也会降低。而煤在瓦斯低压力、低含量下难以发生煤与瓦斯突出现象[15]。

若同文献[8]的方法一样，模拟试验时采用原煤，且施加与现场一致的瓦斯压力和地应力。根据 π_2，模型应力与原型应力一致时，得到几何比尺 C_L 取 1，这在实际物理模拟试验中是难以实现的。

基于以上分析，采用固气耦合模型推导的相似准数在实际应用中存在不足。其原因是固气耦合方程只能较好地描述突出孕育阶段而不能描述煤与瓦斯突出全部过程，难以建立合理的煤与瓦斯突出相似准则。

2.3　能量模型及其相似转化

2.3.1　煤与瓦斯突出能量模型

煤与瓦斯突出是能量积聚、转移和释放的过程，近年来能量观点被越来越多的学者所重视。文光才[16]、王刚等[17]、胡千庭和文光才[18]均提出了能量模型并得到良好的验证。能量模型构建了突出潜能与突出耗能的关系，概括了煤与瓦斯突出的整个过程，因此成为推导相似准则的有效途径。文献[18]提出的能量方程假设较少，本节以此为基础采用相似变换法进行相似准则推导。文献[18]构建能量方程时引入了大气压力，该物理量的引入导致能量方程的形式难以采用相似变换法处理。本章在文献[18]推导能量方程思路的基础上重新推导能量方程，使其能够使用相似变换法处理。由于推导思路基本一致，所推导的能量方程与文献[18]形式基本相同，新推导的能量方程的过程如下。

突出是能量的积聚、转移和释放的过程。突出发生前煤体处于高压状态，并富含大量高压瓦斯，储备丰富弹性潜能与瓦斯内能，突出发生后，大量破碎煤体与瓦斯喷涌而出，并伴随声响、震动以及温度变化，相应的突出煤体赋存能量被消耗。该过程遵循热力学第一定律，可描述如下：

$$W_1 + W_2 + W_3 + W_4 = A_1 + A_2 + A_3 \tag{2-13}$$

式中，W_1 为突出范围内的煤体弹性能；W_2 为突出范围内煤体的瓦斯膨胀能；W_3 为突出范围内煤体重力势能；W_4 为突出范围周围煤体及其所含瓦斯对突出煤体所做的功；A_1 为突出煤体的破碎功；A_2 为突出煤体的抛出功；A_3 为其他能量耗散，如未突出煤体耗散能量以及突出煤体摩擦、震动、发热、声发射耗散能量等。

研究表明，突出范围内煤体弹性能与瓦斯膨胀能为突出主要的能量来源，突出煤体破碎功与抛出功为主要的能量耗散，而突出范围周围煤体及其所含瓦斯贡献能量较小，一般比煤体弹性能与瓦斯膨胀能小 3～4 个数量级，未突出煤体耗散能量以及突出煤体摩擦、震动、发热、声发射耗散能量占突出耗能的比重也较小。为便于分析，予以忽略，则突出过程的能量条件可简化如下：

$$W_1 + W_2 = A_1 + A_2 \tag{2-14}$$

为了实现突出过程的能量精确量化与对比，需要将上述方程细化，得到具体的能量方程。为此，对式(2-14)中的煤体弹性能 W_1、瓦斯膨胀能 W_2、煤体破碎功 A_1、煤体抛出功 A_2 分别进行计算。

煤体弹性能：

$$W_1 = 2\pi \int_0^{\arccos(L/2R_P)} \sin\varphi \int_{R_P}^{R_{P1}} U^e r^2 \mathrm{d}r\mathrm{d}\varphi$$

$$= 2\pi \int_0^{\arccos(L/2R_P)} \sin\varphi \int_{R_P}^{R_{P1}} \frac{1}{2E}\left[(3-6\nu)\sigma_0^2 + \frac{3R_P^6 k^2(1+\nu)}{2r^6}\right] r^2 \mathrm{d}r\mathrm{d}\varphi \qquad (2\text{-}15)$$

$$= \frac{\pi(1-2\nu)\sigma_0^2 R_P^3}{E}\int_{\frac{L}{2R_P}}^1 \left[\left(\frac{R_{P1}}{R_P}\right)^3 - 1 + \frac{k^2(1+\nu)}{2(1-2\nu)\sigma_0^2}\left(1 - \frac{R_P^3}{R_{P1}^3}\right)\right]\mathrm{d}\cos\phi$$

瓦斯膨胀能：

$$W_2 = \eta n V_s p_0 \ln\left(\frac{p_0}{p_a}\right) \qquad (2\text{-}16)$$

煤体的破碎功：

$$A_1 = \xi \frac{2c\cos\varphi}{10(1-\sin\varphi)}\rho V_s \qquad (2\text{-}17)$$

煤体的抛出功：

$$A_2 = \frac{1}{2}Bv^2 = \frac{1}{2}\rho V_s v^2 \qquad (2\text{-}18)$$

将式(2-15)～式(2-18)代入式(2-14)，得到能量方程的具体表达式：

$$\frac{\pi(1-2\nu)\sigma_0^2 R_P^3}{E}\int_{\frac{L}{2R_P}}^1 \left[\left(\frac{R_{P1}}{R_P}\right)^3 - 1 + \frac{k^2(1+\nu)}{2(1-2\nu)\sigma_0^2}\left(1 - \frac{R_P^3}{R_{P1}^3}\right)\right]\mathrm{d}\cos\phi$$

$$+ \eta n p_0 \ln\left(\frac{p_0}{p_a}\right)V_s = \xi \frac{2c\cos\varphi}{10(1-\sin\varphi)}V_s + \frac{1}{2}\rho v^2 V_s \qquad (2\text{-}19)$$

$$R_P = R_0 \left[\frac{3(\sigma_0 + c\cot\varphi)(1-\sin\varphi)}{(3+\sin\varphi)c\cot\varphi}\right]^{\frac{1-\sin\varphi}{4\sin\varphi}} \qquad (2\text{-}20)$$

$$R_{P1} = L\cos\phi + \sqrt{R_P^2 - L^2\sin^2\phi} \qquad (2\text{-}21)$$

$$k = -\sigma_0 + c\cot\varphi\left[\left(\frac{R_P}{R_0}\right)^{\frac{4\sin\varphi}{1-\sin\varphi}} - 1\right] \qquad (2\text{-}22)$$

$$V_s = 2\pi \int_0^{\arccos(L/2R_P)} \sin\phi \int_{R_P}^{L\cos\varphi + \sqrt{R_P^2 - L^2\sin^2\theta}} r^2 \mathrm{d}r\mathrm{d}\phi \qquad (2\text{-}23)$$

式中，E 为煤体的弹性模量，MPa；ν 为泊松比；c 为内聚力，MPa；φ 为内摩擦角，(°)；σ_0 为地应力，MPa；n 为孔隙率；ρ 为密度，t/m³；v 为煤粉涌出速率，m/s；p_a 为大气压力，MPa；p_0 为瓦斯压力，MPa；η 为比例系数，表征吸附瓦斯的作用；ξ 为煤体破碎功比例系数；R_P 为能量释放区半径，m；R_0 为巷道断面半径，m；V_s 为能量释放区体积，m³；R_{P1}、k 为计算参量；r、ϕ、θ 为球坐标系中间参量。

2.3.2 能量模型的相似转化

将能量方程(2-19)～方程(2-23)做无量纲化处理，可得到能量方程的无量纲方程形式的式(2-24)～式(2-27)。

$$
\pi(1-2\nu)a^3 \int_{\frac{L}{2aR_0}}^{1} \left\{ \left(\frac{L\cos\phi}{aR_0} + \sqrt{1 - \frac{L}{aR_0}\sin^2\phi} \right)^3 - 1 \right.
$$

$$
+ \frac{1+\nu}{2(1-2\nu)} \left[-1 + \frac{c}{\sigma_0}\cos\varphi \left(a^{\frac{4\sin\varphi}{1-\sin\varphi}} - 1 \right) \right]^2 \left(1 - \frac{1}{\frac{L}{aR_0}\cos\phi + \sqrt{1 - \frac{L}{aR_0}\sin^2\phi}} \right)^3 \right\} \mathrm{d}\cos\phi
$$

$$
+ \frac{\eta n p_0 E}{\sigma_0^2} \ln\left(\frac{p_0}{p_a} \right) b = \frac{b\cos\varphi}{5(1-\sin\varphi)} \frac{cE\xi}{\sigma_0^2} + \frac{b}{2} \frac{\rho V^2 E}{\sigma_0^2}
$$

$$
(2\text{-}24)
$$

$$
a = \left[\frac{3(\sigma_0 + c\cot\varphi)(1-\sin\varphi)}{(3+\sin\varphi)c\cos\varphi} \right]^{\frac{1-\sin\varphi}{4\sin\varphi}} \tag{2-25}
$$

$$
b = 2\pi \int_0^{\arccos\frac{L}{2aR_0}} \sin\phi \int_a^{\frac{L}{R_0}\cos\varphi + \sqrt{a^2 - \frac{L^2}{R_0^2}\sin\phi}} y^2 \mathrm{d}y \mathrm{d}\phi \tag{2-26}
$$

式中，a、b 为无量纲计算参量。

根据相似原理，方程(2-24)中无量纲系数即为相似准数 $\pi_1' \sim \pi_8'$。

$$
\pi_1' = \frac{\eta n p_0 E}{\sigma_0^2}, \quad \pi_2' = \frac{\xi c E}{\sigma_0^2}, \quad \pi_3' = \frac{\rho \mu^2 E}{\sigma_0^2},
$$

$$
\pi_4' = \frac{c}{\sigma_0}, \quad \pi_5' = \frac{p_0}{p_a}, \quad \pi_6' = \frac{L}{R_0}, \tag{2-27}
$$

$$
\pi_7' = \varphi, \quad \pi_8' = \nu
$$

要保证试验模型与原型相似，必须满足相似准数(2-27)对应相等。

2.4　煤与瓦斯突出相似准则建立及其相似性分析

2.4.1　相似准数选取

要保证试验模型和原型在突出过程中能量集聚、转移和释放具有相似性,理论上要满足式(2-27)八个相似准数保持一致。但相似准数多,且相似准数间并非独立。例如, π'_1 与 π'_5 均含有瓦斯压力, π'_1 与 π'_4 均含有地应力。因此,在设计相似模型时严格满足所有相似准数是很困难的,合理选取相似准数是决定定量模拟试验结果正确与否的关键因素。

式(2-27)中相似准数建立的基础是能量方程,为保证能量规律不变,可以依据相似准数对突出潜能的影响确定需要优先满足的相似准数。

煤与瓦斯突出发生的总能量由弹性能和瓦斯内能构成,而瓦斯内能往往高于弹性能[19]。因此,瓦斯内能需要优先满足,即优先满足相似准数 π'_1 、 π'_4 、 π'_5 、 π'_6 来源于煤体弹性能,其次满足其他相似准数。 π'_7 、 π'_8 是无量纲量自动满足。 π'_2 、 π'_3 中包含煤粉涌出速率及煤体破碎系数,是突出发生后的物理量,最后予以考虑。鉴于以上分析,得到了煤与瓦斯突出的相似准数的优选顺序为 π'_1 、 π'_5 、 π'_4 、 π'_6 、 π'_7 、 π'_8 、 π'_3 、 π'_2 。

2.4.2　煤与瓦斯突出相似准则建立

正如前文所述,相似准则是指导相似材料研发和确定试验条件的前提。反过来看,相似材料和试验装备也是影响相似比尺的重要因素。即相似准则和相似材料、试验仪器是相互影响、相互制约的。相似比尺选取时除需要满足相似准数外,还要考虑当前的相似材料和模拟试验仪器是否能达到相似比尺的要求。在相似材料方面,王汉鹏等[20]研发的含瓦斯煤相似材料容重、孔隙率及吸附性与原煤十分接近,单轴抗压强度较高,物理力学性质优越,与相似准则要求的相似材料性质比较接近。在物理模拟试验系统方面,当前试验装备的密封能力、应力加载能力均较好[21]。

用 C 表示比尺,用下标 p 和下标 m 分别表示原型参数和模型参数。基于 3.1 节相似准数的优先顺序确定相似比尺。

首先满足相似准数 π'_5 ,此时可得 $C_P = P_p / P_m = 1:1$,即瓦斯压力比尺为 1;其次满足相似准数 π'_1 ,取 $C_n = n_p / n_m = 1:1$,取 $C_\eta = \eta_p / \eta_m = 1:1$,即孔隙率比尺、吸附性比尺为 1(相似材料性质能够实现),可得 $C_E = C_{\sigma_2}$;再次满足 π'_4 ,可得 $C_c = C_\sigma$;最后满足相似准数 π'_7 、 π'_8 时,可得 $C_\mu = \mu_p / \mu_m = 1:1$, $C_\varphi = \varphi_p / \varphi_m = 1:1$ 。

根据 π'_3 ,当容重比尺(密度比尺)取 $C_\gamma = \gamma_p / \gamma_m = 1:1$ 时,可得煤粉涌出速率

$C_v=v_p/v_m=1:1$。由于煤粉涌出速率为被动量，试验无法控制，试验时可实测煤粉涌出速率与试验原型煤粉涌出速率进行对比，验证相似准则的正确性。

因此，基于能量模型推导的相似准则如下：

$$C_\gamma = 1, \quad C_n = 1, \quad C_\eta = 1, \quad C_\varphi = 1$$
$$C_c = C_\sigma, \quad C_E = C_\sigma^2, \quad C_\mu = 1, \quad C_p = 1 \tag{2-28}$$

由式(2-28)可以看出，应力比尺确定后，弹性模量比尺、内聚力比尺即可确定，煤与瓦斯突出相似准则随即建立。因此，应力比尺的确定是关键。

按照前人经验，应力比尺通常由几何比尺确定[14]。分析能量方程导出的 9 个相似准数式(2-27)可以发现应力比尺与几何比尺无关。

综合 2.3.2 节与本节的分析结果，采用两种模型推导的相似准数均存在一定不足。由于煤与瓦斯突出问题十分复杂，相似准则往往无法做到完全相似，因此在无法完全相似时，要抓住主要因素保证近似相似。基于能量模型推导的相似准数可保证试验模型与原型能量集聚、转移和释放规律相似，需优先满足。基于固气耦合模型推导的相似准数仅可保证煤体变形破坏规律相似，其次获得满足。

因此在式(2-28)的基础上，确定应力比尺后相似准则即可建立。由式(2-27)可知，任意的应力比尺均能满足能量相似的要求，因此选择式(2-28)确定的应力比尺 $C_\sigma=C_L$ 也是合适的，并且式(2-28)可保证煤体变形破坏规律相似。因此，确定了煤与瓦斯突出的相似准则。

$$C_\sigma = C_L, \quad C_\gamma = 1:1, \quad C_p = 1:1,$$
$$C_n = 1:1, \quad C_\eta = 1:1, \quad C_E = C_\sigma^2, \tag{2-29}$$
$$C_c = C_\sigma, \quad C_\mu = 1:1, \quad C_\varphi = 1:1$$

2.4.3　相似准则相似性分析

对比式(2-29)和式(2-27)可以发现，推导的相似准则完全满足式(2-27)。即试验模型与原型在能量积聚、转移和释放方面相似。

对比式(2-29)和式(2-17)可以发现，推导的相似准则不完全满足式(2-28)，即试验模型与原型在煤与瓦斯突出准备阶段不完全相似。

在进行物理模拟时，要完全满足所有条件有时是无法实现的。由于物理模拟目的在于发现煤与瓦斯突出发生条件与规律，而突出能量是决定突出发生与否的关键因素，因此在保证能量机制相似时，导致的突出准备阶段相似性的细微差异是不可避免的。为了模拟试验的顺利进行，必须采用近似相似的方法，但不能引起较大误差。因此，需要对相似准则在突出发生前的准备阶段引起的误差进行分析。

大量试验研究及固气耦合方程(2-3)、方程(2-4)、方程(2-6)表明煤体变形破坏是煤体的固体应力与孔隙瓦斯压力共同作用的结果。这种影响可采用有效应力方程式来表征。

$$\sigma' = \sigma - \alpha p \tag{2-30}$$

式中，σ 为应力；σ' 为有效应力；α 为毕奥系数，其值为 $0 \leqslant \alpha \leqslant 1$。

推导的相似准则规定了瓦斯压力相似比尺为 $C_p=1$、应力比尺为 $C_\sigma=C_L$，煤体力学性质比尺 $C_\sigma=C_c$、$C_\varphi=1$，这会引起试验模型与试验原型在煤体变形破坏方面的相似性差异，即模拟试验中瓦斯压力采用原始瓦斯压力会对煤体变形破坏造成影响。

有效应力比尺为

$$\begin{aligned}
C_{\sigma'} &= \frac{(\sigma - \alpha p)_{\mathrm{p}}}{(\sigma - \alpha p)_{\mathrm{m}}} = \frac{\sigma_{\mathrm{p}} - \alpha p_{\mathrm{p}}}{\sigma_{\mathrm{m}} - \alpha p_{\mathrm{p}}} \\
&= \frac{C_L - \dfrac{\alpha p_{\mathrm{p}}}{\sigma_{\mathrm{m}}}}{\sigma_{\mathrm{m}} - \dfrac{\alpha p_{\mathrm{p}}}{\sigma_{\mathrm{m}}}} = \frac{C_L - \dfrac{\alpha p_{\mathrm{p}} C_L}{\sigma_{\mathrm{p}}}}{1 - \dfrac{\alpha p_{\mathrm{p}} C_L}{\sigma_{\mathrm{p}}}}
\end{aligned} \tag{2-31}$$

若要保证物理模拟尽量相似，需使有效应力比尺为 C_σ，尽量接近 C_L。根据式 (2-31)，需要保证 $\alpha p_{\mathrm{p}} C_L / \sigma_{\mathrm{p}}$ 足够小。

假设某试验原型，初始瓦斯压力 $p=1\mathrm{MPa}$，地应力 $\sigma=20\mathrm{MPa}$。有效应力系数 α 约为 0.1[22]，几何比尺取 $C_L=10$。此时，$\alpha p_{\mathrm{p}} C_L / \sigma_{\mathrm{p}}=0.05$，$C_{\sigma'}=10.47$，略大于 C_σ，相似准则是较为合理的近似相似时，保证有效应力比尺与煤体力学参数比尺接近是相似准则成立的前提。由式(2-31)可以看出，建立的相似准则仅适用于试验原型为地应力较大、瓦斯压力较小时的工况。此外，增大模型尺寸，可以使模拟试验更加相似。

此外，煤与瓦斯突出的能量转化过程较为复杂，特别是突出后煤粉粒径是突出耗能的重要指标。在保证相似准则理论可行性的前提下，准确控制试验条件、精确测定试验结果参数是减小试验误差的重要保证。

2.5　相似准则相似性分析与验证

由相似准则推导结果可知，瓦斯压力比尺是 $P_{\mathrm{p}}：P_{\mathrm{m}}=1：1$，这从理论上证明了学者广泛采用的试验条件是较为合理的。这就解释了模拟试验能够成功的原因。

文献[5]进行了含瓦斯煤三维应力下煤与瓦斯突出模拟试验研究，该研究比较详细地阐述了模拟试验原型参数和试验过程，以此为背景验证本章提出相似准则的合理性。

需要指出的是，上述研究采用的相似比尺未经过严格的理论证明，而是借鉴了固体力学领域的相似准则和主观经验。本节将采用新推导的相似准则确定相似比尺，与之进行对比。

模拟试验的原型条件是阜新孙家湾矿−600m 的突出煤层，垂直地应力 11.75MPa，水平地应力 5.04MPa，煤体抗压强度 14.42～31.28MPa，孔隙率 6.2%～11.3%，视密度 1.52g/cm³，煤层瓦斯含量 15.1×10⁻³m³/kg。模拟试验的长度比尺 7.5，应力比尺 8.3，试验轴压 1.4MPa，试验围压 0.6MPa，瓦斯压力 1.5MPa。试验型煤采用不添加胶结剂的煤粉在 21.9MPa 压力下成型，孔隙率 10%，密度 1.38g/cm³，基于前人和本书含瓦斯煤相似材料研究成果，该条件下型煤强度为 1MPa 左右，弹性模量约为 200MPa。因此，该模拟试验的试验条件实际上与本章推导的相似准则是比较接近的。

在该条件下，模拟试验发生了明显的突出现象。突出煤粉具有分选性，煤粉质量达 3.5kg，并形成了口小腔大的形态(图 2.1)。

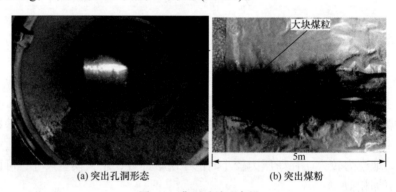

| (a) 突出孔洞形态 | (b) 突出煤粉 |

图 2.1　典型试验现象[5]

2.6　小　　结

物理模拟试验适于验证数学模型和探索尚未建立数学模型的物理现象，物理模型和数学解析适当地配合使用是解决煤与瓦斯突出问题的理想研究方法。本章基于相似变换法，从力学和能量两个角度，运用固气耦合方程和能量方程两种模型分别推导了煤与瓦斯突出相似准数，并分析了两种方法的优势与不足。为保证相似模拟能够尽量真实地接近试验原型，优选了相似准数保证相似。

基于固气耦合模型推导的相似准数 $\pi_1 \sim \pi_8$，可保证试验模型与原型在煤体的静态变形、瓦斯的渗流以及煤岩体的损伤破坏规律方面相似，但难以发生突出现象。基于能量模型推导的相似准数 $\pi_1' \sim \pi_9'$，可保证试验模型与原型能量集聚、转移和释放规律相似，但应力比尺难以确定。综合考虑两种方法，以保证能量条件相似为前提，结合煤体变形破坏规律相似，确定了煤与瓦斯突出物理模拟相似准则。

推导相似准则具有应用价值和现实可行性，与当前学者广泛应用的模拟试验加载条件一致，并且对相似材料力学参数比尺进行了论证。值得注意的是，相似准则适用于试验原型瓦斯压力较低、地应力较高的工况和大尺寸的试验模型。

参 考 文 献

[1] 许江, 刘东, 尹光志, 等. 非均布荷载条件下煤与瓦斯突出模拟实验[J]. 煤炭学报, 2012, 37(5): 836-842

[2] 高魁, 刘泽功, 刘健. 基于相似模拟和地质力学模型试验的突出装置研制及应用[J]. 岩土力学, 2015, 36(3): 711-718

[3] 刘健, 刘泽功, 高魁, 等. 构造带石门揭煤诱导突出的力学特性模拟及声发射响应[J]. 煤炭学报, 2014, 39(10): 2022-2028

[4] 高魁, 刘泽功, 刘健. 地应力在石门揭构造软煤诱发煤与瓦斯突出中的作用[J]. 岩石力学与工程学报, 2015, 34(2): 305-312

[5] 唐巨鹏, 杨森林, 王亚林, 等. 地应力和瓦斯压力作用下深部煤与瓦斯突出试验[J]. 岩土力学, 2014, 35(10): 2769-2774

[6] 邓全封, 栾永祥, 王佑安. 煤与瓦斯突出模拟试验[J]. 煤矿安全, 1989, (11): 5-10

[7] 王刚, 程卫民, 张清涛, 等. 石门揭煤突出模拟实验台的设计与应用[J]. 岩土力学, 2013, 34(4): 1202-1210

[8] 陈裕佳. 石门揭煤突出危险性预测方法研究[D]. 徐州: 中国矿业大学, 2010

[9] 张淑同. 煤与瓦斯突出模拟的材料及系统相似性研究[D]. 淮南: 安徽理工大学, 2015

[10] 胡千庭, 周世宁, 周心权. 煤与瓦斯突出过程的力学作用机理[J]. 煤炭学报, 2008, 33(12): 1368-1372

[11] 杨天鸿, 徐涛, 刘建新, 等. 应力-损伤-渗流耦合模型及在深部煤层瓦斯卸压实践中的应用[J]. 岩石力学与工程学报, 2005, (16): 2900-2905

[12] 周世宁. 煤层瓦斯赋存与流动理论[M]. 北京: 煤炭工业出版社, 1999

[13] 杨天鸿, 唐春安, 朱万成, 等. 岩石破裂过程渗流与应力耦合分析[J]. 岩土工程学报, 2001, (4): 489-493

[14] 胡耀青, 赵阳升, 杨栋. 三维固流耦合相似模拟理论与方法[J]. 辽宁工程技术大学学报, 2007, (2): 204-206

[15] 王汉鹏, 张庆贺, 袁亮, 等. 基于 CSIRO 模型的煤与瓦斯突出模拟系统与试验应用[J]. 岩石力学与工程学报, 2015, 34(11): 2301-2308

[16] 文光才. 煤与瓦斯突出能量的研究[J]. 矿业安全与环保, 2003, (6): 1-3

[17] 王刚, 武猛猛, 王海洋, 等. 基于能量平衡模型的煤与瓦斯突出影响因素的灵敏度分析[J]. 岩石力学与工程学报, 2015, 34(2): 238-248

[18] 胡千庭, 文光才. 煤与瓦斯突出的力学作用机理[M]. 北京: 科学出版社, 2013

[19] 李成武, 解北京, 曹家琳, 等. 煤与瓦斯突出强度能量评价模型[J]. 煤炭学报, 2012, 37(9): 1547-1552

[20] 王汉鹏, 张庆贺, 袁亮, 等. 含瓦斯煤相似材料研制及其突出试验应用[J]. 岩土力学, 2015, 36(6): 1676-1682

[21] 卢平, 沈兆武, 朱贵旺, 等. 含瓦斯煤的有效应力与力学变形破坏特性[J]. 中国科学技术大学学报, 2001, (6): 55-62

[22] 王汉鹏, 李术才, 张强勇, 等. 新型地质力学模型试验相似材料的研制[J]. 岩石力学与工程学报, 2006, (9): 1842-1847

第3章 吸附解吸特性含瓦斯煤相似材料研发

3.1 煤的物理力学特性及相似材料研究进展

3.1.1 煤的孔隙结构特征

煤是多孔介质，孔隙特性对煤的瓦斯吸附、解吸、渗流特性都具有决定性作用。一般来说，煤中存在的孔隙尺寸多为 $10^{-8} \sim 10^{-2}$ cm。煤的孔隙体系按照孔径结构分为微孔、小孔(过渡孔)、中孔和大孔，其中微孔和小孔(过渡孔)占孔隙体积的比例高达 90%[1-3]。

根据煤的孔径划分，霍多特[4]认为煤中的微孔是吸附瓦斯的主要场所；小孔(过渡孔)是瓦斯扩散的空间；中孔是瓦斯缓慢渗透的空间；大孔构成剧烈渗透的区域。具有代表性的煤孔径结构划分见表 3.1[5]。

表 3.1 煤的孔径结构划分方案对比 　　　　　　　　　　　(单位：nm)

霍多特	Dubinnin	IUPAC[①]	Gan	抚顺煤研所	吴俊	杨思敬
微孔<10	微孔<2	微孔<2	微孔<1.2	微孔<18	微孔<5	微孔<10
小孔(过渡孔)10~100	过渡孔 2~20	过渡孔 2~50	过渡孔 1.2~30	过渡孔 8~100	过渡孔 5~50	过渡孔 10~50
中孔 100~1000		中孔 50~1000	中孔 30~1000		中孔 50~500	中孔 50~1000
大孔>1000	大孔>20	大孔>1000	粗孔>1000	大孔>100	大孔 500~7500	大孔>1000

① IUPAC 指国际纯粹与应用化学联合会。

煤中的孔隙具有极大的表面积，正是这些庞大的表面积为瓦斯吸附提供了场所。根据前人研究成果，超微孔和微孔的体积还不到超微孔至中孔孔隙总体积的55%，而其孔隙表面积与总表面积的占比高达 97%以上，可见微孔孔隙率的增加会大大增加煤的吸附性，孔隙表面积与其容积的关系见表 3.2。

表 3.2　孔隙表面积与其容积关系表

孔隙类别	孔隙直径/nm	孔隙表面积分数/%	孔隙体积分数/%
超微孔	<2	62.2	12.5
微孔	2~10	35.1	42.2
小孔	10~100	2.5	28.1
中孔	100~1000	0.2	17.2
合计	—	100.0	100.0

煤中孔隙的多少常用孔隙率来表征,煤的孔隙率是指煤中孔隙总体积与煤的总体积之比。我国煤层孔隙率变化幅度较大,一般为 5%~20%。一定程度上煤的孔隙率能够反映出煤的变质程度,一般说来,中等变质程度煤的孔隙率最小,煤的变质程度增高或降低都会引起孔隙率的增大。因此,孔隙率常作为煤的突出危险性参数指标之一。

3.1.2　煤的吸附解吸特性

瓦斯在煤层中的赋存状态主要有游离态和吸附态。其中吸附态瓦斯一般比例高达 80%以上,是煤中瓦斯的主要赋存状态[6]。

吸附是指气体分子在运动过程中碰撞到固体表面时,由于气体分子与固体表面分子之间的相互作用,气体分子会暂时停留在固体表面,使气体分子在固体表面的浓度逐渐增大,引起吸附的原因是固体表面的自由能。

通常,被吸附的气体分子不是静止不动的,当它们获得能量足以克服表面引力时,就可以重新离开固体表面而成为自由气体分子,这个过程称为解吸。

当压力稳定时,煤中的瓦斯处于一种吸附-解吸的动态平衡状态,即吸附平衡。煤对瓦斯的吸附被认为是物理吸附,吸附与解吸之间近似是可逆的[7]。

煤对瓦斯的吸附符合朗缪尔(Langmuir)吸附理论,根据相关热力学理论和吸附性试验可得出 Langmuir 吸附等温线方程式[8]。

$$Q = \frac{abp}{1+bp} \tag{3-1}$$

式中,Q 为单位质量煤体在气体压力为 p 时吸附瓦斯的体积;a 为单位质量煤的最大吸附量,也称为 Langmuir 体积;b 为吸附常数。

煤炭科学研究总院抚顺分院测定了我国部分矿区吸附常数规律,吸附常数 a 一般为 15~60m³/t,吸附常数 b 的变化范围一般为 0.2~2MPa⁻¹。

Langmuir 方程的数学曲线称为吸附等温线,实验室常通过测定吸附等温线来直观体现煤对瓦斯的吸附能力,我国几个典型矿区煤样的吸附等温线如图 3.1

所示[9]。

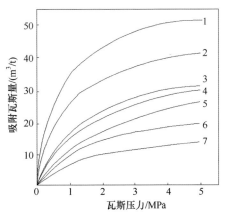

图 3.1　国内典型矿区煤层煤样吸附等温线(30℃)

1-焦作王庄矿大煤；2-阳泉一矿 3 层；3-峰峰羊渠河矿大煤；4-淮南谢一矿 B_{11b} 层；5-抚顺老虎台矿本层；
6-西山杜儿坪矿 2 层；7-淮南谢桥矿 $C_{13\text{-}1}$ 煤层

可见，吸附等温线的一般规律是：吸附含量随着瓦斯压力的升高而增大，当瓦斯压力达到一定值后，吸附量达到最大值 a。此外，煤对甲烷的吸附能力还取决于煤层温度、湿度、煤的变质程度等[10]。

3.1.3　煤的放散特性

煤在吸附平衡状态下，当平衡压力突然解除时，煤中的游离态瓦斯和吸附态瓦斯会从煤中涌出，这种现象称为放散。游离态瓦斯的放散在短时间内即可完成，而吸附态瓦斯首要从煤的内表面解吸下来，再经过煤体内部孔隙、裂隙才得到释放，这个过程相对缓慢[11]。

卸压后的某段时间内释放瓦斯的累计值称为瓦斯放散量 Q。在最初放散的一小段时间内，瓦斯放散速度很快，放散量急剧增大，以后逐渐平缓下来，一般在 10 h 以后便基本完成放散。典型的瓦斯放散量与放散速度随时间的变化如图 3.2 所示。

瓦斯放散量和瓦斯放散速度随时间的变化形式可近似表示为式(3-2)和式 (3-3)[12]。

$$Q_t = a_0 t^{k_i} \tag{3-2}$$

$$v = v_a \left(\frac{t}{t_a} \right)^{-K_a} \tag{3-3}$$

式中，Q_t 为卸压后 t 时间内累计瓦斯放散量；t 为自卸压开始持续的时间；a_0、k_i

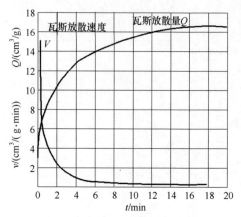

图 3.2　瓦斯放散量及瓦斯放散速度的时间曲线

为与瓦斯含量和煤结构相关的放散常数；v 为 t 时刻的卸压速度；v_a 是初始时刻的卸压速度；K_a 是煤样放散速度的时间特性指数。

3.1.4　煤的力学特性

由于煤对瓦斯的吸附作用，当煤体中包含瓦斯时，含瓦斯煤会变成三相介质（固相、吸附相、气相），其力学特性会有较大的变化。曹树刚等[13]进行了不同瓦斯压力下的含瓦斯煤单轴压缩试验研究，发现瓦斯对煤岩力学指标有以下影响，如图 3.3 所示。

(1) 抗压强度随瓦斯压力的增加而降低。

(2) 弹性模量随瓦斯压力的增加而降低。

(3) 峰值点处塑性变形随瓦斯压力的增加而降低。

(4) 煤体的脆性度随吸附瓦斯压力的增加而降低。

研究表明，在同种气体压力下，成型煤样的抗剪强度在空气、瓦斯、二氧化碳中也各不相同，煤样的抗剪强度在二氧化碳中最小，在空气中最大。可见，吸附态瓦斯与游离态瓦斯均对煤体强度产生影响[14,15]。

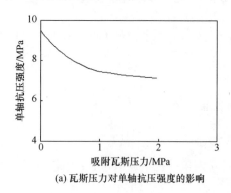

(a) 瓦斯压力对单轴抗压强度的影响

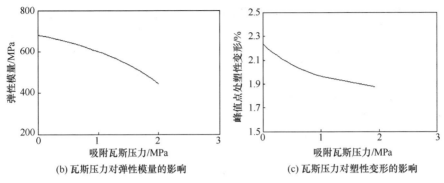

图 3.3　瓦斯对煤岩力学指标的影响[13]

3.1.5　煤岩相似材料研究进展

19 世纪 80 年代初，日本氏平增之[16]利用煤样、二氧化碳结晶冰、水泥或松香混合制成型煤并进行了瓦斯抛射煤样的试验，然而这种相似材料采用水泥或松香作为黏结剂会大大降低型煤的吸附性。国内邓金封等[17]选用粒径 1mm 以下的突出煤样，不添加任何黏结剂压结成型，来模拟Ⅳ、Ⅴ类煤，得出了型煤抗压强度与成型压力的关系，但型煤未采用黏结剂导致强度很低。2002 年，张建国和魏风清[18]用粒径 1～5mm 的煤粉和 7%的沥青制作了块状型煤，测定了型煤的孔隙率、拉伸强度、剪切强度、压缩强度部分参数，并未做出更加详细的分析。许江等[19]也在不添加任何黏结剂的情况下将 5～100 目的煤粉直接压制成型。欧建春[20]则选用煤焦油作为黏结剂，通过控制煤焦油与煤粉的比例制作具有不同物理力学性质的型煤。张淑同等[21]和孙明[22]将煤粉、水泥、河沙、活性炭制作相似材料，其中水泥起黏结作用，活性炭用来弥补水泥引起的吸附性降低，得到了强度可调且与原煤吸附性比较接近的相似材料。

可见，近年来煤岩相似材料得到了较快发展，前人研发的煤岩相似材料逐渐克服了强度低、强度不可调、吸附性差等特点。但是，由于缺少相似准则的指导，前人研发的相似材料未研究煤体内聚力、内摩擦角等重要性质。因此，煤岩相似材料仍需要进一步研究。

3.2　吸附解吸特性含瓦斯煤相似材料选择与制备

3.2.1　吸附解吸特性含瓦斯煤相似材料选择

相似材料原料一般由骨料和黏结剂组成，只有原材料选择合理才能通过调节材料配比研制出物理力学性质理想的相似材料。原材料的选择要符合 3.1 节中煤体物理力学特性，同时还要以满足相似准则要求为前提。因此，原材料的选择依据主要有以下 5 点[23,24]。

(1) 相似材料应具有孔隙结构，包括纳米级的小孔、中孔、大孔，孔隙率要与原煤一致。

(2) 相似材料容重与原煤一致。

(3) 相似材料应保持良好的吸附特性，对甲烷的吸附能力与原煤一致。

(4) 相似材料物理力学性质范围广、跨度大，可模拟不同物理力学性质的原煤。

(5) 相似材料制作简单、快捷，取材方便，无毒副作用。

鉴于以上 5 点，选择煤粉作为相似材料的骨料，因为煤粉很好地满足了第(1)、(2)、(4)、(5)条要求，特别是第(1)条要求，常规骨料很难满足。此外，为了尽量满足第(4)条要求，选用一定粒径分布的煤粉作为骨料，因为相似材料的内摩擦角受粒径影响很大[25]。

粒度分布主要是指煤颗粒的大小和分布，粒径分布具有无数种组合情况，为了减少配比工作量，本章选择粒径分布为 1～3mm：0～1mm=24：76 的煤粉作为固定粒径。因为根据 Gaudin-Schuman 关系式，该粒径分布下制作的型煤强度较高，可以适当弥补当前相似材料强度低的缺点。

黏结剂的选择是决定相似材料成败的关键，黏结剂不仅要能起到调节相似材料强度的作用，还可能影响煤的吸附性。针对这种特点，首先进行不同黏结剂成分下的吸附性试验，在大规模制作标准试件之前，先排除严重降低相似材料吸附性的黏结剂，这十分有利于试验进度。

根据前人经验，常用来作为相似材料黏结剂的原料主要有普通硅酸盐水泥、松香、硅酸钠等。此外，本书还选择腐植酸钠作为待选黏结，因为腐植酸钠是从煤中提炼而来的，可能对煤的吸附性影响较小[26]。

选定骨料与黏结剂比例为 95：5 作为相似材料配比进行吸附性试验，所测得的黏结剂对煤吸附性的影响如图 3.4 所示。由吸附等温线可以看出，水泥、松香、硅酸钠等都严重降低了相似材料的吸附性，松香对相似材料吸附性影响最大，仅为原煤的一半左右，上述四种黏结剂中仅有腐植酸钠作为黏结剂配制的相似材料展现了良好的吸附性。因此，选用腐植酸钠水溶液作为相似材料的黏结剂。

水分对标准试件制作影响很大，若水分过少，煤粒湿润不均，部分煤粒不能附着黏结剂，导致型煤强度降低；若水分过多，拌和后的材料太过湿润，高压成型时有水分溢出，影响试件干燥。因此，成型水分取煤粉质量的 8%。

通过上面的分析，选定相似材料原材料的骨料是粒径分布为 1～3mm：0～1mm=24：76 的煤粉，黏结剂是腐植酸钠水溶液，其中水分含量占煤粉质量的 8%，如图 3.5 所示。

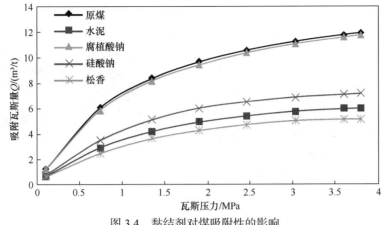

图 3.4　黏结剂对煤吸附性的影响

(a) 两种粒径煤粉　　　　　　　　　(b) 腐植酸钠水溶液

图 3.5　相似材料原材料

3.2.2　吸附解吸特性含瓦斯煤相似材料试件的制作

根据相似准则，相似材料需要测定的物理量包括容重、孔隙率、吸附性、单轴抗压强度、弹性模量、泊松比、内聚力、内摩擦角，共 8 个参数。制作的试件要保证 8 项物理力学性质均能测定。

因此，制作了尺寸为 $\phi 50mm \times 100mm$ 的圆柱状标准试件来考查相似材料的容重、孔隙率、单轴抗压强度、弹性模量、泊松比共 5 项性质；制作 $\phi 61.8mm \times 20mm$ 的圆饼状试件考查相似材料的内聚力和内摩擦角共 2 项性质；上述试件在测定完成需要考查的性质之后，按照配比分类回收，破碎到规定粒径后进行吸附等温线测定，考查相似材料的吸附性。因此，这两种尺寸规格的试件能够满足所有 8 项参数测定需要，试件制作模具如图 3.6 所示。

相似材料配制是一项工作量极大的工作，为此，在煤粉粒径分布、成型水分、黏结剂组分等方面进行了一系列简化，目的是减少相似材料制作过程中的影响因素，力争单项物理力学性质尽可能少地受制作因素的影响。这不但利于减小相似材料配制工作量，而且利于今后大比尺相似模拟试验模型的制作。经过简化，影响相似材料性质的变量主要有成型压力和黏结剂浓度。两种变量按照表 3.3 的取值进行控制。

(a) 圆柱状标准试件模具 　　　　　　　(b) 圆饼状试件模具

图 3.6　试件制作模具

表 3.3　相似材料研制控制变量

控制变量	变化范围										
成型压力/MPa	5		10		15		20		25		
黏结剂浓度/%	1	1.96	2.91	3.85	4.76	7.41	9.09	10.71	13.04	15.25	18.50	20

相似材料试件的制作采用冷压法成型，主要流程如下。

(1) 用颚式破碎机将突出煤层原煤粉碎并用标准筛筛取目标粒径煤粉，分类保存。

(2) 用电子秤分别称取两种粒径煤粉，按粒径分布混合搅拌均匀。

(3) 用电子天平称量一定质量的腐植酸钠粉末，用量筒量取一定体积的水，将两者混合并搅拌均匀。

(4) 待腐植酸钠充分溶解后，将腐植酸钠水溶液倒入骨料搅拌均匀。

(5) 将搅拌好的散料装入相应的模具，在压力机上按预定压力压实，稳压时间 10min。

(6) 脱模、取出试件，称量试件质量后贴标签注明，然后放在干燥处养护。试验的主要过程如图 3.7 所示。

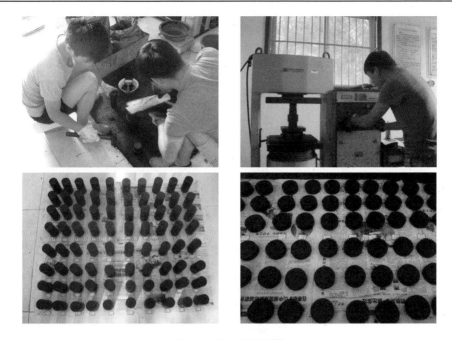

图 3.7　相似材料制作

3.3　基本物理力学参数测试

1. 容重

相似材料的容重需要在试件完全干燥时确定，为确保试件充分干燥，采用"称质量法"。具体如下：标准试件做好以后，每隔一定时间称取一次试件的质量，连续两次称取的试件质量保持不变即可认为试件已完全干燥。

将最后一次记录的试件质量作为最终质量来计算相似材料容重，用游标卡尺量取试件几何尺寸，计算体积，如图 3.8 所示。

图 3.8　质量和体积测定

　　由于相似材料黏结剂是腐植酸钠水溶液，试件成型以后含水量较高。当成型压力较大时，试件密实度增大，干燥相对缓慢，因此采用自然状态干燥和干燥箱干燥(40℃)两种方式进行干燥，试件的干燥速率如图3.9所示。图3.9表明，自然状态下试件能在5d内完全干燥，干燥箱干燥能显著加快干燥速率。

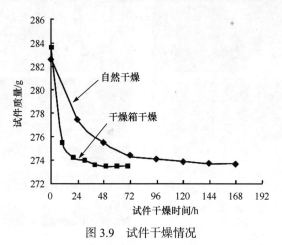

图 3.9　试件干燥情况

2. 孔隙率

　　煤的孔隙率指煤中孔隙总体积与煤的总体积之比。可以通过实测煤的真密度和视密度来计算煤的孔隙率，如式(3-4)所示。

$$K = \frac{1}{\rho_p} - \frac{1}{\rho_t} \tag{3-4}$$

式中，ρ_p 表示煤的视密度，即包括孔隙在内的煤密度；ρ_t 表示煤的真密度，即扣除孔隙后煤的密度。

　　煤的视密度 ρ_p 和煤的真密度 ρ_t 均可测量得出。得出试件质量和体积后，可直接计算出试件视密度。试件真密度可采用 5E 全自动工业分析仪进行测定，依据国标《煤的真相对密度测定方法》(GB/T 217—2008)[27]、《煤的工业分析方法》(GB/T 212—2008)[28]即可测得煤的真密度。

　　测试结果表明：干燥后的相似材料煤样的水分为 4.52%，略高于原煤煤样4.09%，再次证明相似材料已充分干燥；相似材料煤样的挥发分为31.24%，与原煤挥发分 31.17%十分接近；相似材料煤样的灰分为 15.52%，与原煤煤样的灰分15.36%十分接近。

3. 吸附性

　　基于高压容量法采用全自动吸附常数测定仪进行相似材料吸附性测定。为使获得的数据更加准确,将力学参数测定完成后的 ϕ 50mm×100mm 圆柱状标准试件按材料配比分类收集。再次采用破碎机粉碎并用标准筛网筛取 0.2mm 以下煤粉作为样品。依据《煤的高压等温吸附试验方法》(GB/T 19560—2008)[29]进行吸附性测定,如图 3.10 所示。

图 3.10　吸附常数测定

4. 单轴抗压强度、弹性模量、泊松比

采用 WDW-100 型计算机控制电子万能试验机进行单轴抗压强度试验,如图 3.11 所示。单轴抗压强度测定时,同种配比试件测定 3 个,取三者强度的平均值作为该配比的力学参数值。典型的应力-应变曲线如图 3.12 所示。通过计算弹性变形阶段的斜率获得弹性模量 E,同时采用电测环向位移法测定泊松比 ν,如图 3.13 所示。

图 3.11　弹性参数测定

单轴压缩试验结果表明,相似材料稳定性十分理想,同种配比的三个试件单轴抗压强度十分接近。试件的单轴抗压强度范围很大,可调范围为 0.5～2.8MPa,可用来模拟不同强度的原煤。

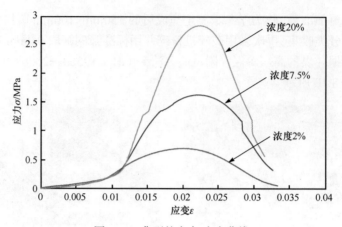

图 3.12　典型的应力-应变曲线

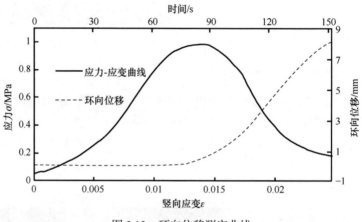

图 3.13　环向位移测定曲线

5. 内聚力、内摩擦角

c、φ 值可以通过三轴试验得出，在三种不同的围压下，可以得到试件破坏时的最大主应力和最小主应力，这样可以做出三个应力圆，作三个圆的公切线，斜率即为内摩擦角，截距为内聚力。三轴试验常用来测量岩石的 c、φ 值。相似材料的 c、φ 值也可通过直剪试验得出，直剪试验是测定土的抗剪强度的常用方法，由于相似材料强度小，采用直剪试验更为方便快捷。

采用 ZJ-4A 型应变控制式直剪仪对相似材料的抗剪强度指标内聚力 c 和内摩擦角 φ 进行测试，如图 3.14 所示。直剪试验需要测定 3 个试件分别在 3 种不同垂直荷载下的剪切强度，进而确定 c、φ 值。

图 3.14　直剪试验

3.4　影响因素分析

通过 200 多组配比试验和 8 项物理力学性质参数测定，得到了相似材料配比和制作因素对相关物理力学参数的影响规律。

3.4.1　容重和孔隙率

相似材料采用固定粒径分布的煤粉作为骨料，且黏结剂的含量很低，因此，骨料和黏结剂对相似材料容重、孔隙率的影响很小，影响相似材料容重、孔隙率的主要因素是成型压力。

试验结果表明，成型压力对相似材料容重和孔隙率影响较大，其他参数一定时，成型压力对相似材料容重和孔隙率的影响如图 3.15、图 3.16 所示。

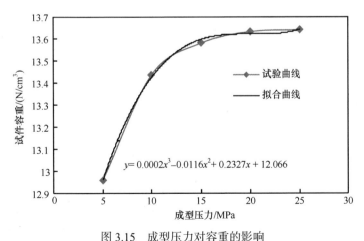

图 3.15　成型压力对容重的影响

由图 3.15 和图 3.16 可以看出，随着成型压力的加大，相似材料的容重逐渐增大，孔隙率逐渐减小。成型压力小于 10MPa 时，容重和孔隙率随成型压力变

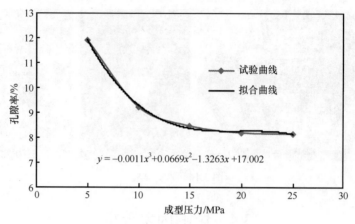

图 3.16　成型压力对孔隙率的影响

化的梯度较大，成型压力大于 10MPa 后，容重和孔隙率变化梯度变小。15MPa
以上后试件压缩率非常小，容重和孔隙率变化几乎稳定，且与原煤接近。

3.4.2　吸附性

　　未采用水泥、硅酸钠、松香等对相似材料吸附性影响较大的黏结剂，优选了
煤的提炼物腐植酸钠作为黏结剂，因此相似材料的吸附性十分理想，相似材料的
吸附性受胶结剂的影响很小，如图 3.17 所示。

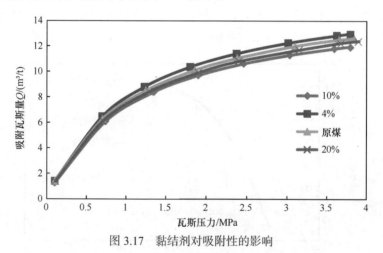

图 3.17　黏结剂对吸附性的影响

　　黏结剂浓度对相似材料吸附性影响十分微弱，为了清晰展示，图 3.17 列出了三
种黏结剂浓度的相似材料配比与原煤的吸附性对比曲线，可见即使差别最大的相似
材料配比与原煤的也十分接近。因此，相似材料的吸附性与原煤基本一致。可见，
腐植酸钠溶液是一种非常理想的黏结剂，对相似材料吸附解吸性质的影响可以忽略。

3.4.3 单轴抗压强度

成型压力对试件单轴抗压强度影响明显，通过改变成型压力可以改变试件的单轴抗压强度，如图 3.18 所示。

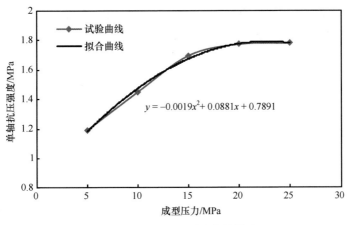

图 3.18 成型压力对强度的影响

成型压力越高，试件单轴抗压强度越大。在成型压力低于 10MPa 时，单轴抗压强度增加的梯度较大，在成型压力高于 10MPa 时，单轴抗压强度增加的梯度较小。当成型压力达到 15MPa 后，相似材料单轴抗压强度增长非常缓慢，这与成型压力对试件容重和孔隙率的影响规律是一致的，表明成型压力为 15MPa 时压制的相似材料试件的物理力学性质均相对稳定。

在相似材料的组分中，黏结剂浓度对试件强度起决定性作用，如图 3.19 所示。通过调整腐植酸钠黏结剂的浓度可以调节试件的抗压强度和弹性模量。测定了黏

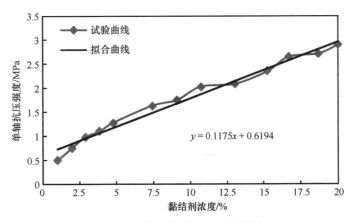

图 3.19 黏结剂浓度对强度的影响

结剂浓度范围从 1%到 20%时试件强度的变化规律,表明成型压力一定的情况下,腐植酸钠溶液浓度越高,试件的抗压强度越高,两者近似呈线性关系。

3.4.4　弹性模量

黏结剂浓度对相似材料弹性模量的影响比较显著,如图 3.20 所示。相似材料的弹性模量随着黏结剂浓度的增加而增大,弹性模量的范围广泛,为 40~295MPa。

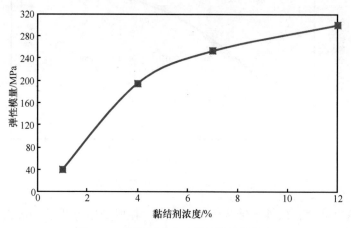

图 3.20　黏结剂浓度对弹性模量的影响

3.4.5　内聚力

内聚力的影响因素和机制与单轴抗压强度类似,成型压力和黏结剂浓度均有一定影响,两者影响幅度比较接近,如图 3.21 和图 3.22 所示。相似材料的内聚力跨度范围较广,15MPa 时,不同黏结剂浓度下,内聚力变化幅度为 0.07~0.2MPa。

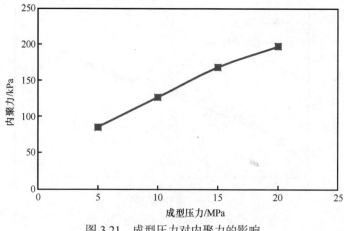

图 3.21　成型压力对内聚力的影响

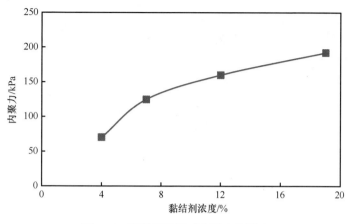

图 3.22　黏结剂浓度对内聚力的影响

3.4.6　内摩擦角、泊松比

相似材料的内摩擦角和泊松比都比较稳定,几乎不受成形压力和黏结剂的影响,相似材料的内摩擦角在 25°～30°附近,如图 3.23 所示,泊松比在 0.3 左右。

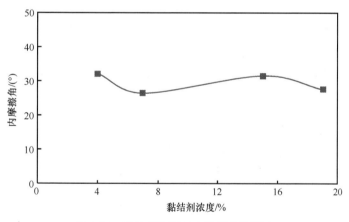

图 3.23　黏结剂浓度对内摩擦角的影响

3.5　含瓦斯煤相似材料的优势

考虑煤体特有的物理力学特性并完全按照相似比尺要求研制煤岩相似材料,测定并分析相似材料的容重、孔隙率、吸附性、单轴抗压强度、弹性模量、泊松比、内聚力、内摩擦角共 8 项参数的影响因素和变化范围,为配制不同物理力学性质的原煤提供了参考。

某煤矿原煤的物理力学性质和按照 1/20 几何比尺换算后的相似材料性质对

比情况见表 3.4。可见，计算出的相似材料参数值大多包含在本书研究的相似材料范围内，说明相似材料具有良好的应用性，为今后相似材料的应用提供了科学依据。相似材料除能较好地模拟原煤以外，还具有原材料价格合理、无毒副作用、相似材料配比简单、性能稳定等特点。

表 3.4　原煤与相似材料参数对比

类别	弹性模量 E /MPa	抗压强度 f_c /MPa	内摩擦角 φ/(°)	内聚力 c /MPa	泊松比 ν	瓦斯吸附量 Q /(m³/t)
原煤	15500	20	28	1.46	0.31	8
相似材料 (C_L=1/20)	38	1	25	0.073	0.31	8
相似材料范围	40～295	0.5～2.8	25～30	0.07～0.20	0.3 左右	8 左右

3.6　小　　结

(1) 借鉴前人经验，通过大量正交配比试验研制出一种新型的含瓦斯煤体的相似材料。成型压力 15MPa 下相似材料的容重、孔隙率与原煤十分接近；相似材料抗压强度高，可调范围达 0.5～2.8MPa，抗压强度与黏结剂浓度近似呈线性正比关系；相似材料的吸附性好，与原煤保持良好的一致性；具有材料价格低廉、无毒副作用、配比简单、性能稳定和各物理力学参数调节方便等特点，可用来模拟不同强度原煤。

(2) 成功模拟了煤与瓦斯突出现象和过程，证明该相似材料能很好地模拟具有吸附解吸特性的含瓦斯煤体。配制了大型煤与瓦斯突出模拟试验中含瓦斯煤的相似材料，各参数均符合相似准则的要求，为大型煤与瓦斯突出物理模拟试验提供了可靠的煤层相似材料。

参 考 文 献

[1] Gamson P D, Beamish B B, Johnson D P. Coal microstructure and micropermeability and their effects on natural gas recovery[J]. Fuel, 1993, 72(1): 87-99

[2] Close J C. Natural fractures in coal[J]. Energy Minerals, 1993, 5: 119-132

[3] Gamson P, Beamish B, Johnson D. Effect of coal microstructure and secondary mineralization on methane recovery[J]. Geological Special Publication, 1998, 199(1): 165-179

[4] 霍多特 B B. 煤与瓦斯突出[M]. 宋士钊, 王佑安译. 北京: 中国工业出版社, 1966

[5] 傅雪海, 秦勇. 多相介质煤层气储层渗透率预测理论与方法[M]. 徐州: 中国矿业大学出版社, 2003

[6] 张群, 桑树勋. 煤层吸附特征及储气机理[M]. 北京: 科学出版社, 2013

[7] 辜敏, 鲜学福. 煤层气变压吸附分离理论与技术[M]. 北京: 科学出版社, 2015

[8] 赵志根, 唐修义. 对煤吸附甲烷的 Langmuir 方程的讨论[J]. 焦作工学院学报(自然科学版), 2002, 21(1): 1-4

[9] 煤炭工业部煤炭科学研究院重庆研究所. 煤与瓦斯突出预测资料汇编[G]. 重庆: 煤炭工业部煤炭科学研究院重庆研究所, 1987

[10] 许满贵, 马正恒, 陈甲, 等. 煤对甲烷吸附性能影响因素的实验研究[J]. 矿业工程研究, 2009, 24(2): 51-54

[11] 富向, 王魁军, 杨天鸿. 构造煤的瓦斯放散特征[J]. 煤炭学报, 2008, 33(7): 775-779

[12] 侯锦秀. 煤结构与煤的瓦斯吸附放散特性[D]. 焦作: 河南理工大学, 2009

[13] 曹树刚, 刘延保, 李勇, 等. 煤岩固-气耦合细观力学试验装置的研制[J]. 岩石力学与工程学报, 2009, 28(8): 1681-1690

[14] 卢平, 沈兆武, 朱贵旺, 等. 含瓦斯煤的有效应力与力学变形破坏特性[J]. 中国科学技术大学学报, 2001, 31(6): 686-693

[15] 梁冰, 章梦涛, 潘一山, 等. 瓦斯对煤的力学性质及力学响应影响的试验研究[J]. 岩土工程学报, 1995, 17(5): 12-18

[16] 氏平增之. 内部分ガス压じょ る多孔质材料の破坏づろやスたっいてかス突出た关する研究[J]. 日本矿业会志, 1984, (100): 397-403

[17] 邓金封, 栾永祥, 王佑安. 煤与瓦斯突出模拟试验[J]. 煤矿安全, 1989, (11): 5-10

[18] 张建国, 魏风清. 含瓦斯煤的突出模拟试验[J]. 矿业安全与环保, 2002, 29(1): 7-12

[19] 许江, 陶云奇, 尹光志, 等. 煤与瓦斯突出模拟试验台的改进及应用[J]. 岩石力学与工程学报, 2009, 28(9): 1804-1809

[20] 欧建春. 煤与瓦斯突出演化过程模拟实验研究[D]. 徐州: 中国矿业大学, 2012

[21] 张淑同, 戴林超, 王波, 等. 模拟煤与瓦斯突出的相似材料配比试验研究[J]. 煤炭科学技术, 2015, 43(6): 2253-2336

[22] 孙朋. 突出煤相似材料配比模型实验研究[D]. 北京: 煤炭科学研究总院, 2016

[23] 王汉鹏, 李术才, 张强勇, 等. 新型地质力学模型试验相似材料的研制[J]. 岩石力学与工程学报, 2006, 25(9): 1842-1847

[24] 李树忱, 冯现大, 李术才, 等. 新型固流耦合相似材料的研制及其应用[J]. 岩石力学与工程学报, 2010, 29(2): 281-288

[25] 李勇. 新型岩土相似材料的研制及在分岔隧道模型试验中的应用[D]. 济南: 山东大学, 2006

[26] 孙志国. 腐植酸钠吸收烟气中 SO_2 和 NO_2 的实验及机理研究[D]. 上海: 上海交通大学, 2011

[27] 中华人民共和国国家质量监督检验检疫总局, 中国国家标准化管理委员会. GB/T 217—2008　煤的真相对密度测定方法[S]. 北京: 中国标准出版社, 2008

[28] 中国煤炭工业协会. GB/T 212—2008　煤的工业分析方法[S]. 北京: 中国标准出版社, 2008

[29] 中华人民共和国国家质量监督检验检疫总局, 中国国家标准化管理委员会. GB/T 19560—2008　煤的高压等温吸附试验方法[S]. 北京: 中国标准出版社, 2009

第4章 低渗透性岩层相似材料研发

4.1 岩层特性及低渗性相似材料研究进展

煤与瓦斯突出问题属于固流耦合问题,涉及流体(气体或液体)与岩体间的相互作用,十分复杂。顶底板岩层的渗透性相对于煤层更低,起到将煤层内瓦斯等气体密封的作用,对煤与瓦斯突出至关重要。在模型试验中,合理的岩层相似材料决定了试验结果的相似性,对模型试验的成功与否起着决定性作用[1-3]。具体到流固耦合模型试验,岩层相似材料必须同时满足固体变形和渗透性相似两个条件[4]。

为获取满足以上条件的岩层相似材料,前人开展了大量试验研究。张杰和侯忠杰[5]研制了以砂和石蜡作为骨料的适用于固液耦合模型试验的岩层相似材料(以下简称"固液耦合相似材料"),解决了固体模型材料遇水崩解的问题。黄庆享等[6]确定采用石英砂、膨润土、硅油、凡士林作为隔水层相似材料,解决了隔水层塑性和水理性模拟难题,实现了对隔水层材料低强度、大变形和隔水性的相似模拟,并成功应用于长壁工作面开采的固液耦合模型试验。李树忱等[7]研制出一种以砂和滑石粉作为骨料,以石蜡作为黏结剂的固液耦合相似材料,可覆盖不同渗透性的低强度和中等强度的岩体材料,并在隧道涌水模型试验中取得成功应用。韩涛等[8]研制出一种由中粗砂、水泥、透水混凝土增强剂和水按一定配比均匀拌和压制而成的固液耦合岩体相似材料,该材料的多个相似系数近似等于1,满足一次性浇筑大尺寸模型试件的要求,适用于进行结构与围岩体耦合失效破坏模式的大型物理模型试验。李术才等[9,10]研制出一种由砂、重晶石粉、滑石粉、水泥、凡士林、硅油和水组成的固液耦合相似材料,实现了对材料力学特性和水理特性的有效控制,并成功应用于研究海底隧道涌水量与岩石覆盖厚度、海水深度关系的模型试验。孙文斌等[11-13]研制出一种石蜡和凡士林作为黏结剂,河砂、碳酸钙作为骨料,液压油为调节剂的固液耦合相似材料,实现了对矿井深部开采中高强度、中高渗透岩体的相似模拟,并成功应用于研究煤矿底板断层突水通道演化的模型试验。史小萌等[14,15]研究了以水泥和石膏为黏结剂、以石英砂为骨料的岩层相似材料在固液耦合模型试验中的适用性,证明该材料可以模拟不以吸水特性为研究对象的固液耦合模型试验中孔隙较发育的石灰岩和砂岩。王凯等[16]研制出适用于固液耦合模型试验的断层及围岩相似材料,可用来模拟不同渗透系数的低、中等强度岩体材料，并将该相似材料成功应用于隧道断层突水突泥模型试验中。Liu 等[17]采用范围分析、方差分析、回归分析等方法定量分析了以河砂、碳酸钙、滑石粉、白水泥、凡士林、耐磨液压油混合而成的岩层相似材料在固液耦合试验中的性能，并将研究成果应用于煤矿底板突水模型试验。

现有研究主要聚焦于固液耦合相似材料的研发。由于水的动力黏度高于气体，这些材料渗透率很高(表 4.1)，不适用于要求相似材料渗透率极低的固气耦合模型试验[18]。针对该问题，李树刚团队[19]进行了大量尝试，分别研发了以河砂为骨料、石蜡为黏结剂、液压油为调节剂的适用于固气耦合模型试验的岩层相似材料[18](以下简称固气耦合相似材料)以及以砂子为骨料、以普通水泥和玉米淀粉为胶结剂的固气耦合相似材料。其中第二种相似材料渗透率可达 $5.291×10^{-3}$～$5.361×10^{-2}$mD，实现了更低的渗透率，但该材料主要适用于 1～5kPa 气压环境，并且渗透率可调范围较小、强度低(0.059～0.515MPa)，可模拟的岩石种类极为有限。这些特征严重限制了该材料在固气耦合模型试验中的应用。基于此，本节研发了可应用于高气压固气耦合模型试验的高强度、特低渗岩层相似材料，并通过试验确定了该材料的物理力学参数、各参数影响规律、适用范围。

表 4.1　部分固液耦合相似材料渗透率

骨料	黏结剂	渗透率/mD
石英砂、膨润土	硅油、凡士林	138.9～972.3
中粗河砂	水泥、透水混凝土增强剂	3～52.8
石英砂	水泥、石膏	1.62～466
砂、重晶石粉、滑石粉	白水泥、乳胶	2.2～85

4.2　低渗性岩层相似材料选择

现有固气耦合模型试验对岩层相似材料具有如下要求[3]。

(1) 相似材料强度、渗透率等性质稳定、可调范围大，可通过原料配比对其进行调节。

(2) 相似材料渗透率低，可模拟特低渗岩石(<10mD)[20]。

(3) 相似材料密度与实际岩体材料密度接近，从而在试验中体现自重应力场的影响。

(4) 原材料价格低廉、易得、环保。

(5) 制作过程简单，干燥快速，以加快试验进程。

(6) 原材料及制作过程对人体无任何危害。

根据前人研究成果，铁粉、重晶石粉、石英砂常被用作岩土相似材料的骨料，具有性质稳定，容易调节相似材料的密度、弹性模量、内摩擦角等力学参数的优点[21-23]。本试验采用 200 目的铁粉、200 目的重晶石粉、20～40 目的石英砂为骨料，三种高密度骨料采用粗细结合的方式，可以获取较大的容重、稳定的材料性能。

水泥是性质稳定的低渗性材料之一，在模型试验领域作为黏结剂广泛使用。但普通水泥作为黏结剂时，材料渗透率过大[9,14]，无法模拟低渗性岩石。为此，试验采用凝固快、强度低、密封性好的特种水泥作为黏结剂，以能够增强水泥密封性的密封防水剂作为调节剂。其中，特种水泥是以硫铝酸盐水泥及添加剂经特殊工艺加工而成的。密封防水剂以无机盐为主要渗透材料，添加活性催化剂及功能型助剂配制而成，可渗入水泥内部发生化学反应，产生乳胶体，堵塞孔隙。

综上所述，确定低渗性岩层相似材料的配比如下：200 目的铁粉、200 目的重晶石粉、20～40 目的石英砂为骨料，特种水泥为黏结剂，密封防水剂为调节剂。

4.3 基本物理力学参数测试

4.3.1 测试方案

基于前期大量探索性试验，成型压力(p_m)、黏结剂含量(M_b)、调节剂含量(M_r)对材料性质影响较大，可通过调节以上三个因素，定量控制材料性质。因此，本试验重点研究这三个因素对材料密度(ρ)、弹性模量(E)、单轴抗压强度(σ_c)、渗透率(k_g)的影响规律。这些指标是模型试验中材料的基本物理力学性质，需要首先满足。

本试验采用单因素试验设计法，该方法直观性好，明确表明了各因素对指标变量的影响。前期探索性试验发现，成型压力为 0.5～3kN，黏结剂质量为骨料质量的 12%～20%，调节剂质量为骨料质量的 0%～1%时，材料性能稳定，且三因素之间交互作用不明显。因此，试验设置成型压力为 0.25MPa、0.5MPa、0.75MPa、1.0MPa、1.25MPa、1.5MPa，黏结剂质量为骨料质量的 12%、14%、16%、18%、20%，调节剂质量为骨料质量的 0%、0.2%、0.4%、0.6%、0.8%、1%。试验时，固定其中两个变量，分别研究单一变量条件下材料的物理力学性质。各配比中，铁粉、重晶石粉、石英砂质量比例固定，水量均为特种水泥质量的 105%。

4.3.2　物理力学性质测试方法

试件制作工艺方法：首先把称量好的铁粉、重晶石粉、石英砂和特种水泥搅拌均匀，将称量好的水、密封防水剂搅拌均匀；然后在上述干料中加入搅拌均匀的水、密封防水剂混合溶液搅拌 3min；将搅拌好的混合料倒入钢制模具内，采用压力机压制成型；将压制成型的试件放入 20℃的养护室进行养护，2d 后试件干燥完全，进行物理力学参数测试，如图 4.1(a)所示。

相似材料的密度、单轴抗压强度测定参照《煤和岩石物理力学性质测定方法》(GB/T 23561—2009)，如图 4.1(b)所示。试验中，每种配比制作三个尺寸为 $\phi 50\times100$mm 的试件，用于参数的多次测量。

材料的渗透率测定采用稳态测量方法进行，其计算方法如式(4-1)所示[24]。

$$k_g = \frac{2\mu p_0 QL}{A(p_1^2 - p_2^2)} \tag{4-1}$$

式中，k_g 为材料的实测气体渗透率；L 为试件的高度；A 为试件的横截面积；μ 为气体的动力黏度；Q 为气体渗流量；p_0 为大气压力(0.1MPa)；p_1 为进气口气体压力；p_2 为出气口压力。

由于 Klinkenberg 气体滑脱效应的存在，以上实测气体渗透率 k_g 会大于材料的固有渗透率。为了反映岩石的固有渗透率，需要对实测气体渗透率 k_g 进行如下校正：

$$k_g = k_\infty \left(1 + \frac{2b}{p_1 + p_2}\right) \tag{4-2}$$

式中，k_∞ 为材料的绝对渗透率，即固有渗透率；b 为 Klinkenberg 滑脱系数。通过改变进气口压力 p_1，k_∞ 和 b 可由 k_g 与 $2/(p_1+p_2)$ 之间的回归分析得到。

试验采用自主研发的"相似材料渗透率测试仪"进行，如图 4.2 所示。该仪器设置流量计、流量计量罐两套流量测试系统，流量为 0.1～20L/min 时，采用流量计进行测量；流量为 5×10^{-4}～0.1L/min 时；采用流量计量罐进行测量；在保证精度的基础上扩大了渗透率的测试范围。其中，流量计量罐通过式(4-3)计算渗流气体流量。

$$Q = \frac{p_f V_f V_m}{ZRTt} \tag{4-3}$$

式中，p_f 为流量计量罐内气压；V_f 为流量计量罐体积；V_m 为标况下气体摩尔体积；Z 为气体压缩因子；R 为摩尔气体常数；T 为试验温度；t 为测定时间。

试样罐设置阻气沟槽，如图 4.2(c)所示。试验时，直接将材料预制在样品罐中，保证了材料与罐体内壁的紧密贴合，煤样罐与计量罐置于 20℃恒温水浴中，

并采用 CO_2 作为试验气体。

(a) 试件制备   (b) 力学性能测试

图 4.1 力学性能试验

 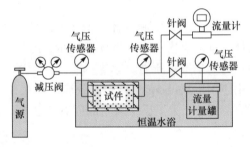

(a) 实物图   (b) 原理图

(c) 试样罐

图 4.2 相似材料渗透率测试仪

4.4 影响因素分析

试验结果显示,材料各性质可调范围大:岩层相似材料的密度为 2.323~2.462g/cm³,单轴抗压强度为 4.16~8.8MPa,弹性模量为 350~1400MPa,渗透率为 $1×10^{-3}$~$460×10^{-3}$mD。材料性质稳定,渗透率可在 1.5MPa 气体压力下维持恒定。材料各物理力学参数均可通过材料配比进行精确调节,图 4.3~图 4.6 展示了配比对材料性质的影响趋势。

4.4.1　密度

材料密度变化范围较小，其原因为本试验固定了各骨料的比例，这是影响材料密度的重要因素。试验结果显示，在各骨料比例固定的情况下，材料密度主要受成型压力和黏结剂含量的影响，基本不受调节剂含量影响。随着成型压力增大、黏结剂含量减小，材料密度呈增大趋势，如图 4.3 所示。

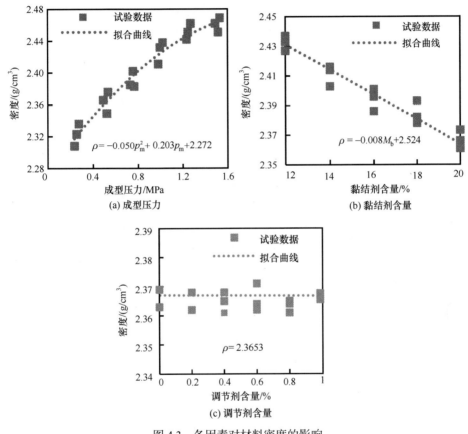

图 4.3　各因素对材料密度的影响

4.4.2　单轴抗压强度及弹性模量

材料的单轴抗压强度和弹性模量具有相同的影响规律。两参数受成型压力、黏结剂含量、调节剂含量影响明显，其中成型压力是其主控因素，黏结剂含量、调节剂含量对两参数有相同程度的影响。随着成型压力、黏结剂含量增大，调节剂含量减小，单轴抗压强度和弹性模量呈线性增长趋势，如图 4.4、图 4.5所示。

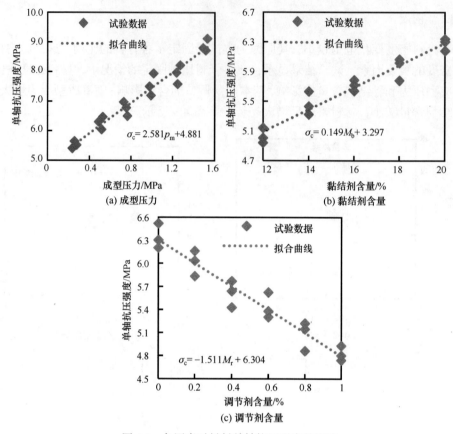

图 4.4 各因素对材料单轴抗压强度的影响

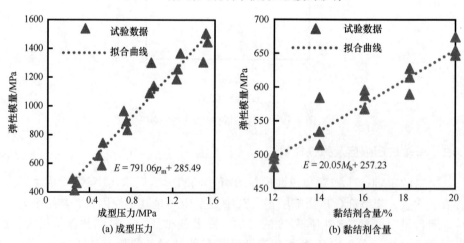

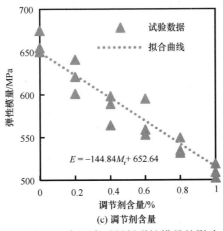

图 4.5　各因素对材料弹性模量的影响

4.4.3　渗透率

材料渗透率受成型压力、黏结剂含量、调节剂含量影响明显，其中黏结剂含量是其主控因素。随着成型压力、黏结剂含量增大，渗透率呈指数下降趋势，随着调节剂含量增大，渗透率呈线性下降趋势，如图 4.6 所示。

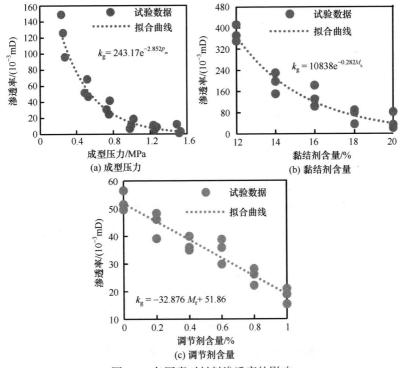

图 4.6　各因素对材料渗透率的影响

　　基于以上分析可以确定相似材料配制方案如下：首先根据材料强度及弹性模量确定材料的成型压力，然后依据材料密度、渗透率确定材料的黏结剂含量，最后通过调整调节剂含量对各参数进行微调，形成最终的材料配比。

4.5　材料适用性分析

　　相似准则规定了试验模型与原型的几何尺寸、边界条件及相似材料的物理力学性质需要满足的关系，决定了试验模型与原型之间的相似性。在模型试验中，试验模型需根据原型及相似准则确定；同时，相似材料可模拟的岩石性质也可利用相似材料性质及相似准则进行反推。

　　固气耦合模型试验可参考文献[19]、[25]构建的固流耦合相似准则，该相似准则基于科学、完善的三维固流耦合数学模型，运用方程分析法推导得出：

$$C_c = C_\sigma = C_E = C_\rho C_L \tag{4-4}$$

$$C_\mu = C_L \tag{4-5}$$

$$C_K = \frac{\sqrt{C_L}}{C_\rho} \tag{4-6}$$

$$C_\varepsilon = 1 \tag{4-7}$$

式中，C_c、C_σ、C_E、C_ρ、C_L、C_μ、C_K、C_ε 分别为内聚力、应力、弹性模量、密度、几何(模型尺寸)、位移、渗透率、应变比尺。

　　在上述比尺中，首先确定密度及几何比尺，然后基于相似准则式(4-4)~式(4-6)，推导出其他物理量的比尺[26]。本相似材料密度与实际岩体材料密度接近，即 $C_\rho = 1$；基于对物理模型试验理论及方法的深入研究，林韵梅认为几何比尺取1/50~1/20时可以很好地兼顾模拟的相似性及试验成本[27]。基于上述相似准则及已经确定的密度比尺，本节计算了不同几何比尺下主要物理量的比尺，见表4.2。

表 4.2　不同几何比尺下主要物理量的比尺

几何比尺 C_L	密度比尺 C_ρ	应力比尺 C_σ	弹性模量比尺 C_E	渗透率比尺 C_K
1/20	1	1/20	1/20	1/4.5
1/30	1	1/30	1/30	1/5.5
1/40	1	1/40	1/40	1/6.3
1/50	1	1/50	1/50	1/7.1

　　为清晰展示本材料的适用性，本节基于上述相似准则分别计算了不同几何比

尺下该相似材料可模拟的岩石性质，见表 4.3。可以发现，该材料可模拟的岩石渗透率范围为 0.004～3.253mD，单从渗透率来说，可覆盖大部分特低渗岩石。将其与常见岩石的物理力学性质(表 4.4)比较，可以发现，该相似材料可以在固气耦合模型试验中很好地模拟致密、高强度的砂岩、石灰岩、花岗岩等。其中，受强度范围限制，该相似材料模拟砂岩时可以采用 1/30～1/20 范围的几何比尺；受强度、弹性模量范围限制，相似材料模拟石灰岩、花岗岩时，可采用 1/50～1/40 的几何比尺。

表 4.3　不同几何比尺下材料模拟岩石性质

几何比尺	密度/(g/cm³)	单轴抗压强度/MPa	弹性模量/GPa	渗透率/mD
1/20	2.323～2.462	83.2～176.0	7.0～28.0	0.004～2.057
1/30	2.323～2.462	124.8～264.0	10.5～42.0	0.005～2.519
1/40	2.323～2.462	166.4～352.0	14.0～56.0	0.006～2.909
1/50	2.323～2.462	208.0～440.0	17.5～70.0	0.007～3.253

表 4.4　常见岩石的物理力学性质[28]

名称	密度/(g/cm³)	单轴抗压强度/MPa	弹性模量/GPa	现场渗透率/mD
砂岩	2.20～2.71	72.4～214	10～100	0.03～1000
页岩	2.30～2.62	35.2	20～80	0.00001～0.01
石灰岩	2.40～2.80	51～245	50～190	0.01～1000
玄武岩	2.50～3.10	355	60～120	0.8～10000
花岗岩	2.30～2.80	226	50～100	0.001～100
片岩	2.50～3.70	10～100	10～80	0.2

然而，该相似材料密度仅可在小范围内调整，对很多岩石来说，都无法实现密度的绝对相似，尚需进一步研究与性质优化。

4.6　小　　结

(1) 研发了一种岩层相似材料，该相似材料渗透率极低，并且可在 1.5MPa 气压下维持稳定，可用于模拟高气压固气耦合模型试验中的特低渗岩石。其配比为：200 目的铁粉、200 目的重晶石粉、20～40 目的石英砂为骨料，特种水泥为黏结剂，水泥密封防水剂为调节剂。

(2) 经测试，该相似材料性质可调范围大：密度为 2.323～2.462g/cm³，单轴抗压强度为 4.16～8.8MPa，弹性模量为 350～1400MPa，渗透率为 1×10^{-3}～460×10^{-3}mD。材料各物理力学参数均可通过材料配比进行精确调节：密度主要受成型压力和黏结剂含量的影响，单轴抗压强度和弹性模量主要受成型压力控制，材料渗透率主要受黏结剂含量控制。

(3) 经计算，在几何比尺为 1/50～1/20 的固气耦合模型试验中，该材料可模拟如下性质的岩石：密度范围为 2.323～2.462g/cm^3，渗透率范围为 0.004～3.253mD，强度范围为 83.2～440MPa，弹性模量范围为 7～70GPa。将其与常见岩石的物理力学性质比较，该相似材料可以在固气耦合模型试验中很好地模拟致密的砂岩、石灰岩、花岗岩等。

参 考 文 献

[1] Li S C, Gao C L, Zhou Z Q, et al. Analysis on the precursor information of water inrush in karst tunnels: A true triaxial model test study[J]. Rock Mechanics and Rock Engineering, 2019, 52(2): 373-384

[2] Wang C J, Yang S Q, Li X W, et al. Comparison of the initial gas desorption and gas-release energy characteristics from tectonically-deformed and primary-undeformed coal[J]. Fuel, 2019, 238: 66-74

[3] Hu Q T, Zhang S T, Wen G C, et al. Coal-like material for coal and gas outburst simulation tests[J]. International Journal of Rock Mechanics and Mining Sciences, 2015, 74: 151-156

[4] Wang G, Li W, Wang P, et al. Deformation and gas flow characteristics of coal-like materials under triaxial stress conditions[J]. International Journal of Rock Mechanics and Mining Sciences, 2017, 91: 72-80

[5] 张杰, 侯忠杰. 固-液耦合试验材料的研究[J]. 岩石力学与工程学报, 2004, 23(18): 3157-3161

[6] 黄庆享, 张文忠, 侯志成. 固液耦合试验隔水层相似材料的研究[J]. 岩石力学与工程学报, 2010, 29(S1): 2813-2818

[7] 李树忱, 冯现大, 李术才, 等. 新型固流耦合相似材料的研制及其应用[J]. 岩石力学与工程学报, 2010, 29(2): 281-288

[8] 韩涛, 杨维好, 杨志江, 等. 多孔介质固液耦合相似材料的研制[J]. 岩土力学, 2011, 32(5): 1411-1417

[9] 李术才, 周毅, 李利平, 等. 地下工程流－固耦合模型试验新型相似材料的研制及应用[J]. 岩石力学与工程学报, 2012, 31(6): 1128-1137

[10] Liu S, Liu W, Shen J. Stress evolution law and failure characteristics of mining floor rock mass above confined water[J]. KSCE Journal of Civil Engineering, 2017, 21(7): 2665-2672

[11] 孙文斌, 张士川, 李杨杨, 等. 固流耦合相似模拟材料研制及深部突水模拟试验[J]. 岩石力学与工程学报, 2015, 34(S1): 2665-2670

[12] Zhang S B, Guo W, Li Y Y, et al. Experimental simulation of fault water inrush channel evolution in a coal mine floor[J]. Mine Water and the Environment, 2017, 36(3): 443-451

[13] 陈军涛, 尹立明, 孙文斌, 等. 深部新型固流耦合相似材料的研制与应用[J]. 岩石力学与工程学报, 2015, 34(S2): 3956-3964

[14] 史小萌, 刘保国, 亓轶. 水泥石膏胶结相似材料在固-流耦合试验中的适用性[J]. 岩土力学, 2015, 36(9): 2624-2630

[15] 黄震, 李晓昭, 李仕杰, 等. 隧道突水模型试验流固耦合相似材料的研制及应用[J]. 中南大学学报(自然科学版), 2018, 49(12): 3029-3039

[16] 王凯, 李术才, 张庆松, 等. 流-固耦合模型试验用的新型相似材料研制及应用[J]. 岩土力学, 2016, 37(9): 2521-2533

[17] Liu S L, Liu W T. Experimental development process of a new fluid-solid coupling similar-material based on the orthogonal test[J]. Processes, 2018, 6(211): 1-17

[18] Lao P X, Zhuo S G, Lin H F, et al. Experimental research on the properties of "solid-gas" coupling physical simulation similar materials and testing by computer of gas in coal rock[J]. Wireless Personal Communications, 2018, 102(2): 1539-1556

[19] 李树刚, 别创峰, 赵鹏翔, 等. 新型"固-气"耦合相似材料特性影响因素研究[J]. 采矿与安全工程学报, 2017, 34(5): 981-986

[20] 杨胜来, 魏俊之. 油层物理学[M]. 北京: 石油工业出版社, 2004

[21] 张强勇, 李术才, 郭小红, 等. 铁晶砂胶结新型岩土相似材料的研制及其应用[J]. 岩土力学, 2008, 29(8): 2126-2130

[22] Li Y, Li X, Zhu W, et al. Study on a new type of analogue material for geotechnical tests and its applications[J]. Advanced Materials Research, 2008, 33-37: 693-698

[23] 董金玉, 杨继红, 杨国香, 等. 基于正交设计的模型试验相似材料的配比试验研究[J]. 煤炭学报, 2012, 37(1): 44-49

[24] Wang H L, Xu W Y, Cai M, et al. Gas permeability and porosity evolution of a porous sandstone under repeated loading and unloading conditions[J]. Rock Mechanics and Rock Engineering, 2017, 50(8): 2071-2083

[25] 胡耀青, 赵阳升, 杨栋. 三维固流耦合相似模拟理论与方法[J]. 辽宁工程技术大学学报, 2007, 26(2): 204-206

[26] 刘晓敏, 盛谦, 陈健, 等. 大型地下洞室群地震模拟振动台试验研究(Ⅰ): 岩体相似材料配比试验[J]. 岩土力学, 2015, 36(1): 83-88

[27] 林韵梅. 实验岩石力学-模拟研究[M]. 北京: 煤炭工业出版社, 1984

[28] 蔡美峰. 岩石力学与工程[M]. 2 版. 北京: 科学出版社, 2002

第 5 章 本安型瓦斯相似气体研发

5.1 瓦斯特性与本安型瓦斯相似气体

鉴于煤与瓦斯突出的复杂性和危险性，物理模拟试验逐渐成为研究其机制和规律的重要手段，随着试验研究的深入，为了与工程现场更加接近，模拟试验尺度逐渐增大，大比尺、真三维物理模拟得到快速发展[1]。当前高魁等[2]进行的试验模拟尺寸已达 2.5m×1.0m×1.5m(长×宽×高)。煤体具有很强的吸附性，模拟试验比尺的增大必然导致试验瓦斯含量急剧增多，假设试验时吨煤瓦斯含量为 8m³/t，大比尺试验模型瓦斯用量将高达几十立方米。

瓦斯是一种无色、无味的气体，达到一定浓度能使人因缺氧而窒息，并且很容易发生燃烧甚至爆炸，具有极大的危险性。因此，学者模拟试验多采用相对安全的二氧化碳代替瓦斯[3]。然而，煤对二氧化碳的吸附能力是瓦斯的 2 倍以上[4]，二氧化碳的初始膨胀能是瓦斯的 1.5 倍以上(1MPa 时)[5]。周文杰[6]进行了二氧化碳和瓦斯两种气体对突出强度影响的对比试验，发现突出煤体质量随着气体吸附性的增加而增大。试验气体为二氧化碳时，突出煤粉质量由 14.992kg 增加到 16.887kg，增幅达到 12.6%。

物理模拟试验中采用瓦斯气体十分危险，而采用二氧化碳气体将引起试验结果的偏差。因此，基于安全性和相似性考虑，有必要开展瓦斯相似性气体研究，以更加合理地模拟煤与瓦斯突出。

5.2 相似指标与气体筛选

5.2.1 相似指标

确定相似气体最直接的方法是进行物理模拟试验，逐一对比待定气体和甲烷产生的试验现象，直到找出与甲烷试验结果相同的气体。但这种方法工作量大，需要筛选的气体种类繁多，可操作性不高。

首先依据相似准则和瓦斯特性确定相似指标，根据相似指标确定筛选气体后，再采用相关性分析、验证性试验等手段来确定相似气体的科学性无疑是经济、科学的研究方法。

瓦斯气体的相似气体首先应当满足模拟试验的相似准则。观察相似准则可以发现，与瓦斯气体相关的相似比尺仅有两项——气体压力和气体吸附量。显然仅有这两项指标并不能确定相似气体，这是因为能量模型和相似准则建立时默认试验原型和试验模型均采用瓦斯气体。改变气体种类后，除满足相似准则外，还应当补充更多的相似指标。

要得到科学的相似指标，首先需要了解瓦斯对突出的影响作用。一般来说，目前得到大家认可的瓦斯的作用主要体现在四个方面[7-10]。

(1) 游离态瓦斯对煤体产生力学作用，吸附态瓦斯对煤体产生非力学作用，两者共同导致煤体强度的变化。

(2) 高压瓦斯瞬间释放引起煤体的进一步破碎和抛出。

(3) 瓦斯内能是突出潜能的主要形式，瓦斯含量一定程度上决定了瓦斯内能的大小。

(4) 瓦斯放散初速度 ΔP 体现了煤中瓦斯的释放能力。

以上四条相似指标与第 4 章推导的相似准则是一致的。陈裕佳得出的相似准则认为，煤与瓦斯突出模拟试验需施加与原型相同的瓦斯压力；张淑同认为试验模型与试验原型中单位质量煤体的瓦斯含量及解吸速度应当相同。以上四条相似指标与陈裕佳、张淑同的观点也是一致的。

因此，基于相似准则和瓦斯作用原理分析，结合当前广为应用的《防治煤与瓦斯突出规定》[11]要求，提出了四项瓦斯相似气体的相似指标：瓦斯含量 Q、瓦斯放散初速度 ΔP、初始释放瓦斯膨胀能 W_p 和含瓦斯煤力学性质 R_c。

1) 瓦斯含量 Q

Q 指煤层内单位质量煤中所含有的瓦斯总体积，体现了瓦斯压力和瓦斯膨胀能的大小。

2) 瓦斯放散初速度 ΔP

ΔP 指 3.5g 规定粒度的煤样在 0.1MPa 压力下吸附瓦斯后向固定真空空间释放时，用压差(mmHg)表示的 10～60s 时间内释放出瓦斯量[12]，其体现了瓦斯的释放能力和抛出能力。

3) 初始释放瓦斯膨胀能 W_p

W_p 是指煤体释放瓦斯时最初一段时间从煤体中释放出来的具备膨胀做功能力的瓦斯能量，它综合反映了地应力、瓦斯压力和煤体对煤与瓦斯突出的作用。

4) 含瓦斯煤力学性质 R_c

R_c 体现了游离态瓦斯和吸附态瓦斯对煤体强度的影响。

因此，上述四项相似指标合理地体现了瓦斯作用机理、相似准则和《防治煤与瓦斯突出规定》的内涵，作为相似指标考察相似气体是科学合理的。

5.2.2 气体筛选

煤中瓦斯主要有吸附态和游离态两种存在状态，且吸附态瓦斯占瓦斯总含量的80%以上。因此，按照相似指标1的要求，相似气体应当具备一定的吸附能力。考虑到前人模拟试验常常采用CO_2或N_2来代替瓦斯(CH_4)[13]，本章首先进行煤对CH_4、CO_2和N_2的吸附性试验。

吸附性试验仍按照相关规范进行，具体过程不再赘述，三种气体的吸附等温线如图5.1所示。

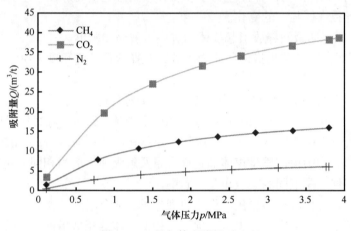

图 5.1 三种气体吸附性对比

可以看出，煤吸附三种气体强度的大小顺序是$CO_2 > CH_4 > N_2$。0.75MPa时，三种气体吸附量比值为$N_2 : CH_4 : CO_2 = 1 : 2.71 : 6.45$，见表5.1。由表可见，煤对$CO_2$的吸附量远大于甲烷。

表 5.1 不同气体吸附量(瓦斯压力为0.75 MPa)

气体种类	CH_4	N_2	CO_2
吸附量 $Q/(m^3/t)$	7.63	2.81	18.12

由于煤对CH_4的吸附能力在CO_2和N_2之间，可以考虑CO_2与N_2二元混合气体作为筛选气体，并且CO_2和N_2两种气体都是常规气体，两者无毒无害、无气味、价格低廉，可降低试验成本并保证试验安全。

为了确定$CO_2 + N_2$的配合比例，按照混合气体体积分数，划分了以下四种混合气体作为筛选气体，见表5.2。$CO_2 + N_2$二元混合气体配制误差小于0.5%。

表 5.2　筛选气体混合比例

类别	气体 1	气体 2	气体 3	气体 4
CO_2 体积分数/%	20	40	60	80
N_2 体积分数/%	80	60	40	20

5.3　相似指标测定与结果分析

2006 年 1 月 5 日，淮南矿业集团公司望峰岗煤矿主井工作面在揭开 C_{13} 煤层后续施工作业中，发生了一起造成 12 名井下作业人员全部遇难的特大型煤与瓦斯突出事故。

本配比试验以该突出事故为背景进行研究。事故鉴定专家组提供的《突出鉴定报告》指出：C_{13} 煤层在采取防突措施以后测量的煤层瓦斯压力 0.26MPa 不可信，因为如此低的瓦斯压力不会发生煤与瓦斯突出事故。鉴于事故发生前 C_{13} 煤层的真实瓦斯压力值无资料可查，因此本试验瓦斯压力取 0.75MPa。

试验中所用的原煤取自望峰岗煤矿 C_{13} 煤层，取煤地点位于 −960m 二副井空车场，即同一矿井同一煤层。试验原煤与突出煤的危险性预测指标及工业分析对比如表 5.3 所示。可见试验煤与突出煤的参数十分接近，试验原煤能够较好地代表突出煤。

表 5.3　突出煤与试验原煤参数对比

参数	密度 /(t/m³)	坚固性 系数 f	放散初速度 ΔP/mmHg①	吸附常数 a/(m³/t)	吸附常数 b/MPa⁻¹	瓦斯压力 /MPa	水分 /%	灰分 /%	挥发分 /%
突出煤	1.35	0.29	10.0	21.710 1	0.972 1	—	1.08	21.12	24.19
试验原煤	1.38	0.28	10.5	21.592 4	0.728 1	取 0.75	1.04	21.05	24.26

　① 1mmHg=133.3223684Pa。

采用上述煤样进行 4 项相似指标测定试验，以选出理想的相似气体。

5.3.1　瓦斯/气体含量 Q 测定

煤是多孔介质，孔径在 400nm 以下孔隙体积约占总孔隙体积的 90%，导致煤体内部具有巨大的比表面积，为煤体吸附气体创造了条件。本书依据《煤的高压等温吸附试验方法》(GB/T 19560—2008)已经测定了多组 CH_4、N_2、CO_2 等单组分气体的吸附等温线。

对单组分气体而言，吸附等温线可直接采用全自动吸附常数测定仪进行测定，但对于二元混合气体则无法采用该仪器。因为在吸附等温线测定过程中需要引进气体压缩因子 Z，见式(5-1)，单组分气体压缩因子有资料可查，不同比例 CO_2 和 N_2 混合后气体的压缩因子无资料可查。因此，无法使用全自动吸附常数测定仪测定气体吸附量。

$$pV = nZRT \tag{5-1}$$

式中，p 为气体压力；V 为气体体积；n 为物质的量；Z 为气体压缩因子；R 为摩尔气体常数；T 为平衡温度。

通过 3.1 节煤的物理力学性质分析可知，煤对瓦斯的吸附是物理吸附，吸附与解吸过程是可逆的。因此，采用排水法测定煤样对气体 1～4 的解吸曲线也可间接获取气体含量 Q。排水法测定试验中无须引进气体压缩因子，这种方法更具合理性，如图 5.2 所示。

图 5.2　排水法测量解吸量

吸附/解吸试验表明，混合气体 1～4 的吸附等温线十分符合 Langmuir 方程，如图 5.3 所示。

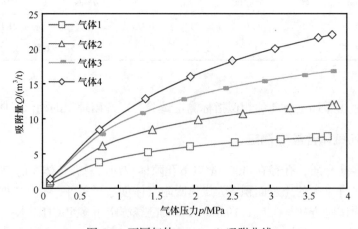

图 5.3　不同气体 Langmuir 吸附曲线

采用 Langmuir 方程拟合后，各气体吸附常数如表 5.4 所示。

表 5.4　不同气体吸附常数

参数	瓦斯	气体 1	气体 2	气体 3	气体 4
吸附常数 a/(m³/t)	21.59	9.83	16.26	23.72	36.52
吸附常数 b/MPa⁻¹	0.73	0.81	0.74	0.64	0.40

由图 5.3 和表 5.4 可知，煤对二元混合气体吸附能力随着 CO_2 比例升高而增大，这是因为煤对 CO_2 的吸附能力最强。但是，由于竞争吸附作用的影响[4, 14]，二元混合气体吸附总量都低于 CO_2 的吸附量。

为了得到任意配比混合气体的吸附量，基于表 5.4，对吸附常数 a、b 进行拟合。a、b 值与 CO_2 体积分数均服从二次函数关系，如图 5.4 所示。

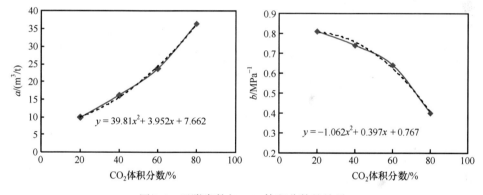

图 5.4　吸附常数与 CO_2 体积分数的关系

根据拟合方程，结合 Langmuir 方程即可确定任意配比混合气体的吸附量。根据试验背景，气体压力取 0.75MPa 时，甲烷吸附量为 7.63m³/t。令混合气体吸附量为 7.63m³/t 时，可得 CO_2 体积分数等于 60%。即 60%体积分数的 CO_2 和 N_2 二元混合气体的吸附量与甲烷相同。

5.3.2　瓦斯/气体放散初速度ΔP测定

实验室测定瓦斯放散初速度ΔP 主要依据《煤的瓦斯放散初速度指标(ΔP)测定方法》(AQ 1080—2009)。

采用 WT-1 型全自动瓦斯放散初速度测定仪测定了瓦斯与气体 1～4 的放散初速度，如图 5.5 所示。

经测定，瓦斯的放散初速度为 10.5mmHg，$\Delta P>10$，表明试验煤体是突出煤。混合气体 1～4 的放散初速度见表 5.5。

图 5.5　瓦斯放散初速度测定

表 5.5　不同气体的放散初速度

类别	瓦斯	气体 1	气体 2	气体 3	气体 4
放散初速度ΔP/mmHg	10.5	7.8	11.5	16.4	25.5

对表 5.5 进行拟合可以发现，混合气体 1～4 放散初速度随 CO_2 体积分数的升高而增大，两者呈 $\Delta P = 31.25x^2 - 1.75x + 7.25$ 关系。数据拟合结果表明，CO_2 体积分数约为 35% 时，二元混合气体的放散初速度与瓦斯相等，如图 5.6 所示。

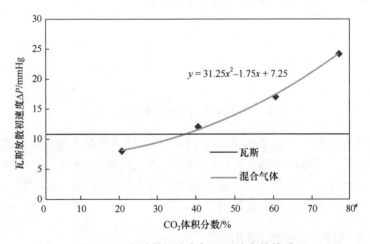

图 5.6　瓦斯放散初速度与 CO_2 浓度的关系

对比图 5.3 和图 5.6 可以发现：瓦斯放散初速度 ΔP 和瓦斯吸附量 Q 分别对应不同 CO_2 体积分数的混合气体(60% 和 35%)。

5.3.3　初始释放瓦斯/气体膨胀能 W_p 测定

初始释放瓦斯膨胀能的概念由中国矿业大学蒋承林等首先提出，近年来，该指标应用于煤矿现场的煤与瓦斯突出矿井鉴定、石门揭煤突出危险性预测以及煤层突出危险性区域划分效果较好。

采用初始释放瓦斯膨胀能测定仪测定了瓦斯及混合气体 1～4 的膨胀能。主要过程如下：将 250g 粒度为 1～2mm 的原煤样品装入煤样罐，用真空泵对煤样罐抽真空；然后向罐内充入待定气体，等待 24h 确保样品在预定气体压力下吸附饱和；启动信息采集单元，快速打开煤样罐上的开关，罐内游离气体和部分解吸气体经过渐缩型管道涌出煤样罐。数据采集单元对气体涌出过程的气体压力和温度数据进行记录。根据试验数据即可计算气体的初始膨胀能。

试验结果表明，初始释放瓦斯膨胀能与吸附平衡压力呈正比关系，如图 5.7 所示，该结果与文献一致。此外，初始释放混合气体膨胀能也与平衡压力呈正比关系。

$$W_p = k \times p \tag{5-2}$$

式中，W_p 为初始释放瓦斯膨胀能，mJ/g；k 为比例系数，mJ/(g·MPa)；p 为气体平衡压力，MPa。

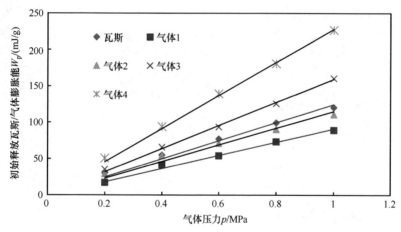

图 5.7　初始释放瓦斯/气体膨胀能与吸附平衡压力的关系

根据初始膨胀能曲线斜率计算得出的各气体的比例系数 k 见表 5.6。气体压力为 0.75MPa 时，根据式(5-2)可计算不同气体的初始膨胀能，计算得出与 CH_4 膨胀能接近的混合气体的 CO_2 体积分数约为 45%。

表 5.6　不同气体膨胀能和比例系数

气体种类	比例系数 k/(mJ/(g·MPa))	初始膨胀能 W_p/(mJ/g)
瓦斯	124.4	93.3
气体 1	90.8	68.1
气体 2	114.8	86.1

续表

气体种类	比例系数 k/(mJ/(g·MPa))	初始膨胀能 W_p/(mJ/g)
气体 3	159.1	119.3
气体 4	227.9	170.9

5.3.4　含瓦斯/气体煤力学性质 R_c 测定

单轴抗压强度是岩石类材料最重要的力学指标之一，能够很好地代表材料的力学性质。本次试验采用第 3 章研制的煤岩相似材料制作配比和工艺，压制了 50 余组理想单轴抗压强度为 1.5MPa(不含瓦斯)的 ϕ50mm×100mm 标准试件作为含瓦斯/气体煤单轴抗压强度测试样品。

含瓦斯/气体煤单轴抗压强度测定试验采用自主研制的含瓦斯煤力学参数测定仪进行，该仪器密封效果好，最大密封压力可达 6MPa，配合使用伺服试验机可获取标准试件在不同充填气体条件下的单轴抗压强度，如图 5.8 所示。

图 5.8　不同吸附性气体条件下相似材料强度测定

向试验仪器腔体内充入瓦斯或混合气体 1~4 即可得到标准试件在瓦斯或混合气体 1~4 下的单轴抗压强度。为使试验结果更精确，每组试验取 3 组样品进行测定，3 组样品平均值作为单轴抗压强度。根据试验背景，试验气体压力选为 0.75MPa。

试验结果表明，煤的单轴抗压强度随气体种类的变化略有变化，由于试验的气体压力均为 0.75MPa，这种变化幅度比较微小。5 种气体的单轴抗压强度实测值如表 5.7 所示。由表 5.7 可见，CO_2 体积分数为 54%时，混合气体对试件单轴抗压强度的影响与甲烷一致。

表 5.7 不同气体下单轴抗压强度

气体种类	无气体	瓦斯	气体1	气体2	气体3	气体4
单轴抗压强度/MPa	1.52	1.30	1.34	1.32	1.29	1.22

5.4 瓦斯与相似气体的相关性分析

从相似指标测定结果可以看出，单项相似指标确定一种气体配比，4 个相似指标共确定 4 种气体配比，见表 5.8。

4 个相似指标确定的混合气体中 CO_2 体积分数各不相同，范围为 35%～60%。为此，采用相关性分析确定与瓦斯相似程度最高的气体配比。引入相关指数 R^2，计算公式为式(5-3)。

表 5.8 4 个相似指标的 4 种气体配比

相似指标	瓦斯/气体含量	瓦斯/气体放散初速度	初始瓦斯/气体膨胀能	含瓦斯/气体煤力学性质
二氧化碳体积分数/%	60	35	45	54

$$R^2 = 1 - \frac{\sum_{i=1}^{n}(y_i - \hat{y}_i)^2}{\sum_{i=1}^{n}(y_i - \bar{y}_i)^2} \tag{5-3}$$

式中，$\sum_{i=1}^{n}(y_i - \hat{y}_i)^2$ 为残差平方和；$\sum_{i=1}^{n}(y_i - \bar{y}_i)^2$ 为总偏差平方和；$\bar{y}$ 是 y 的样本均值；$\hat{y}$ 是 y 的估测值。

相关性分析通过对两个或多个具备相关性的变量元素进行分析，从而衡量多个变量因素的相关密切程度。相关指数越接近 1，越能说明两组数据的相似度高。

相关性分析结果见表 5.9。结果表明，4 种混合气体与瓦斯均表现出较好的相似性，这是由于混合气体中 CO_2 浓度为 35%～60%，跨度范围仅为 25%。其中 45% CO_2 体积分数的混合气体与瓦斯相似度最高，可以作为瓦斯的相似气体。

表 5.9　相关性分析

气体种类	瓦斯/气体含量 Q/(m³/t)	瓦斯/气体放散初速度ΔP/mmHg	初始瓦斯/气体膨胀能 W_p/(mJ/g)	含瓦斯/气体煤单轴抗压强度 R_c/MPa	相关指数
瓦斯	7.63	10.5	93.3	1.30	1.000
60%CO₂	7.64	16.4	119.3	1.29	0.875
35% CO₂	5.12	10.5	79.7	1.33	0.966
45%CO₂	6.20	12.8	92.6	1.32	0.998
54%CO₂	7.17	15.4	107.8	1.30	0.959

5.5　小　　结

(1) 瓦斯含量 Q、瓦斯放散初速度 ΔP、含瓦斯煤单轴抗压强度 R_c、初始释放瓦斯膨胀能 W_p 4 个指标综合体现了煤与瓦斯突出准备、发生过程中瓦斯的作用机制，4 个指标作为考察相似气体的相似指标是合理的。4 个指标确定了 4 种不同的二元混合气体配比。混合气体中 CO_2 体积分数为 35%～60%。

(2) 模拟试验证实，在试验条件下，45% CO_2 和 55% N_2 混合气体突出临界值为 0.70～0.75MPa，与甲烷突出临界值区间一致。0.75MPa 试验压力下两种气体突出强度误差约为 1.6%，远小于当前模拟试验广泛使用的高纯 CO_2。因此，在煤与瓦斯突出物理模拟试验中 45% CO_2 和 55% N_2 混合气体作为甲烷的相似气体更为准确。

(3) 在小型突出模拟试验中，为了对比相似气体与瓦斯对突出的影响，采用了高纯甲烷，但由于模型体积小，瓦斯用量少，在室外试验时危险性不大。但随着大比尺物理模拟的快速发展，试验气体用量必将增大，这时，采用相似气体代替瓦斯将充分保证试验安全和试验相似性。

(4) 由于相似指标会随着瓦斯压力的变化而改变，并且不同地区原煤的物理力学性质差异也很大。因此，本章是以望峰岗煤矿突出事故为基础开展的工作，探索的相似气体配比适用于该试验背景。当模拟试验的原型条件不同时，相似气体可依据相似指标另行测定。

参 考 文 献

[1] 张春华, 刘泽功. 实验室煤与瓦斯突出模拟试验回顾及展望[J]. 中国安全科学学报, 2011, 21(3): 48-53

[2] 高魁, 刘泽功, 刘健. 基于相似模拟和地质力学模型试验的突出装置研制及应用[J]. 岩土力学, 2015, 36(3): 711-718

[3] 蔡成功. 煤与瓦斯突出三维模拟实验研究[J]. 煤炭学报, 2004, 29(1): 66-69

[4] 唐书恒, 汤达祯, 杨起. 二元气体等温吸附-解吸中气分的变化规律[J]. 中国矿业大学学报, 2004, 33(4): 448-452

[5] 徐乐华, 蒋承林. 二氧化碳/甲烷/氮气条件下煤样的初始释放瓦斯膨胀能研究[J]. 煤炭技术, 2014, 33(12): 185-187

[6] 周文杰. 煤与瓦斯突出影响因素的模拟实验研究[D]. 重庆: 重庆大学, 2012

[7] 胡千庭, 文光才. 煤与瓦斯突出的力学作用机理[M]. 北京: 科学出版社, 2013

[8] 王刚, 程卫民, 谢军, 等. 煤与瓦斯突出过程中煤体瓦斯的作用研究[J]. 中国安全科学学报, 2010, 20(9): 116-120

[9] 景国勋, 张强. 煤与瓦斯突出过程中瓦斯作用的研究[J]. 煤炭学报, 2005, 30(2): 169-171

[10] 李尧斌. 瓦斯含量法预测煤与瓦斯突出试验研究[D]. 淮南: 安徽理工大学, 2013

[11] 国家安全生产监督管理总局. 防治煤与瓦斯突出规定[M]. 北京: 煤炭工业出版社

[12] 国家安全生产监督管理总局. AQ 1080-2009　煤的瓦斯放散初速度指标(ΔP)测定方法[S]. 北京: 煤炭工业出版社

[13] 袁瑞甫, 李怀珍. 含瓦斯煤动态破坏模拟实验设备的研制与应用[J]. 煤炭学报, 2013, 38(z1): 117-123

[14] 杨宏民, 王兆丰, 任子阳. 煤中二元气体竞争吸附与置换解吸的差异性及其置换规律[J]. 煤炭学报, 2015, 40(7): 1550-1554

第6章　相关基础试验仪器的研发

为辅助煤与瓦斯突出物理模拟试验仪器，深入研究含瓦斯煤物理力学性质，共同揭示突出机理与规律，研发了一系列基础试验仪器。基础试验仪器主要包括可视化恒容固气耦合试验仪、标准试件环向位移测试系统、岩石三轴力学渗透测试仪、煤粒初始瓦斯释放膨胀能测试仪、煤粒瓦斯放散测定仪和相似材料气体渗透率测试仪。同时，仪器的研发为相似准则构建、相似材料研发、科学的试验方案制定、试验仪器设计提供了理论依据。

6.1　可视化恒容固气耦合试验仪研发

6.1.1　研发意义

我国是世界上煤与瓦斯突出事故最严重的国家，煤与瓦斯突出预测、预警与防控已成为我国高瓦斯矿井安全生产亟待突破的科学问题，是国家能源安全的重要战略需求和突破方向[1, 2]。然而，煤与瓦斯突出为高度非线性固气耦合动力学过程，目前数学模型、本构关系仍不完善，突出机理尚不明确[3-5]。

自20世纪50年代初开始，国内外一些研究者就试图在实验室条件下，对突出的个别环节或突出综合过程进行模拟，研发了一系列试验装置并做了大量的试验研究[6-11]。Yin等[12]利用自行研制的"含瓦斯煤热流固耦合三轴伺服渗流试验装置"，进行不同初始围压和不同瓦斯压力组合条件下，不同卸围压速度对含瓦斯煤岩力学和瓦斯渗流特性影响试验研究。袁瑞甫和李怀珍[13]研制了含瓦斯煤动态破坏模拟试验设备，得到了不同强度煤体在应力-瓦斯压力作用下的破坏条件和规律。田坤云和张瑞林[14]研制了高压水及负压加载状态下三轴应力渗流试验装置，装置含有水力压裂控制系统能够模拟抽采钻孔负压状态下煤体内的瓦斯运移规律及考察高压水对煤体的压裂效果。徐佑林等[15]采用含瓦斯煤热流固三轴伺服试验系统进行不同瓦斯压力、围压和卸围压速率组合条件下的卸围压试验。潘一山等[16]利用自主研发的含瓦斯或含水煤岩三轴压缩破裂电荷监测装置，对标准型煤试样进行含瓦斯煤岩围压卸荷瓦斯渗流及电荷感应试验，得到了瓦斯渗流特性及电荷感应规律与煤岩变形损伤过程的影响关系。Wang等[17]通过试验手段研究了煤样瓦斯快速减压解吸引起的能量破坏现象。Liu等[18]使用特制密封压力系统，开展了不同瓦斯压力条件下具有突出倾向含瓦斯煤样的单轴压缩试验研究。Chen 等[19]采用煤岩应力-渗透率耦合试验装置，研究了卸荷下的被保护层煤岩渗透性分布特性和时空演化规律。

综上所述，国内外学者对含瓦斯煤体力学试验仪器的功能开发和监测采集升级改造等方面取得了显著成效，但存在以下不足[20-22]：①加载过程容积不恒定，因加载压头下压造成试验空间内容积减小，导致加载精度降低；②试验过程无法实现可视，试验装置体积较大且操作烦琐；③试件围压加载多为油压，导致不能高速卸围压。因此，为研究含瓦斯煤物理力学特性，研发了可视化恒容固气耦合试验仪，并成功应用于固气耦合加载不同强度型煤峰后瞬间卸围压试验中，为研究固气耦合条件下含瓦斯煤物理力学特性提供了科学试验仪器。

6.1.2　仪器构成与原理

以图 6.1 说明可视化恒容固气耦合试验仪的工作原理：①可视化恒容固气耦合试验仪为标准试件的试验空间，具体的设计方案后面详述。其后门可拆卸，方

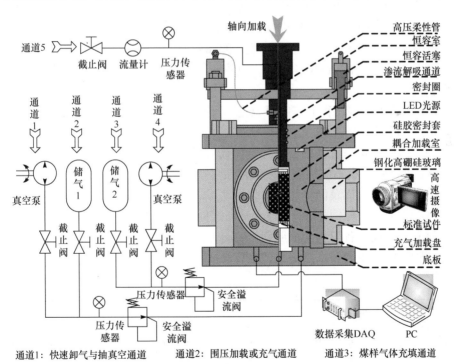

图 6.1　仪器原理

便试件放入，其他三面设有可视观察窗口，内置发光二极管(LED)光源，配合高速摄像机实现试验过程的可视化，仪器体积小巧(长 340mm×宽 340mm×高 460mm)，可直接放置在常规单轴伺服压力机工作平台上进行轴向加载。②试验仪通过高压软管外接气体加载模块，模块内设"围压卸载与抽真空通道"、"围压加载通道"、"煤样气体充填通道"、"煤样抽真空通道"和"渗流解吸通道"，分别与可视化恒容固气耦合试验仪的底板、压头等位置接口连接，实现对试验空间和标准试件的抽真空、围压加卸载及固气耦合渗流功能。③轴向加载模块主要为伺服压力机及其加载控制系统，压力机与可视化恒容固气耦合试验仪的压头配合实现对标准试件的恒容轴向伺服加载，可施加静动态荷载。④试件变形监测模块通过预先安装在标准试件上的环向位移传感器[23]获取信号，并将信号通过导线由底板引出，与外接采集设备连接，实现试验过程中标准试件的环向变形监测。

6.1.3　仪器功能与技术指标

可视化恒容固气耦合试验仪具有如下功能：

(1) 实现了固气耦合与轴向加载过程中的反应室体积恒容，即消除了因压头伸入导致空间体积改变迫使压力不恒定的加载误差。

(2) 实现了高压气体围压加载，可快速卸气压，模拟煤层揭露瓦斯压力瞬间下降情况。

(3) 实现了试验过程的三向可视化，可高速记录煤岩变形破碎全过程。

(4) 实现了完全密封，能够开展原煤和型煤标准试件的单轴、三轴固气耦合物理力学试验，可考虑不同吸附特性加载不同气体和轴向荷载种类。

(5) 可试验探索不同加载阶段含瓦斯煤全应力应变过程中裂隙扩展、损伤扩容、变形破碎粉化以及能量耗散演化等动态响应特征。

(6) 可试验探索不同加载阶段含瓦斯煤标准试件的渗透解吸规律。

整套试验仪器各模块功能明确、协同工作，最大限度地简化了试验步骤，提高了试验精度，主要技术指标见表 6.1。

表 6.1　关键技术指标

基本尺寸/mm				气压充填与加卸载		
试验仪外形尺寸	加载室尺寸	窗口玻璃尺寸	试件尺寸	轴向荷载/kN	最大气压加载/MPa	最大卸气速率/(L/s)
340×340×460	$\phi140×200$	$\phi80×50$	$\phi50×100$	200	10	5.4

6.1.4 仪器详细介绍

1. 设计方案

可视化恒容固气耦合试验仪主要由恒容装置和耦合加载室构成，如图 6.2 所示。其中，恒容装置位于轴向压头与顶板之间，耦合加载室是由顶底板、环形加载室通过四根拉杆构成的密闭空间；底板设有内外信号航空插头，内外航空插头之间采用密封引线连接。另外，底板中间和轴向压头中间均设有气体通道，分别与气体加载模块的控制阀块连接，阀块内预制通道并安装压力传感器、安全溢流阀和截止阀，用以监测各通道压力变化和实现安全试验。详细构成与说明如下。

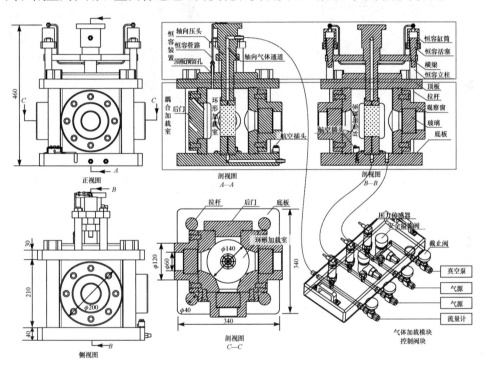

图 6.2 可视化恒容固气耦合试验仪与气体加载模块设计(单位：mm)

2. 恒容装置

可视化恒容固气耦合试验仪自带恒容装置，用以完成对试件轴向的恒容加卸载，由两端对称的恒容缸筒与恒容活塞形成密闭空间，其中恒容活塞通过横梁与轴向压头固定连接，恒容缸筒通过恒容立柱固定在顶板上，缸筒顶部连接恒容管路，管路最终通过顶板预留孔进入环形加载室，形成联通回路。

恒容装置工作原理为(图 6.2 剖视图 A—A 与 B—B 和图 6.3)：试验过程中恒容活塞随着压头的下压同步下移，反应室内气体压力通过管路进入恒容室，压头伸入反应室部分截面积等于两端恒容室内截面积之和,即反应室减小体积等于恒容室增大体积,从而实现容积恒定,排除压强改变对试验过程的干扰;经换算,当对耦合加载室充入 10MPa 气体时,压头轴向将受到 1.96t 反作用力($F=P \cdot S=10 \times (\pi \times 252)=19.625$kN)。因此,恒容装置的作用为:①加载恒容,消除压强干扰,提高试验准确性;②消除气压对压头反作用力,保证试验安全。

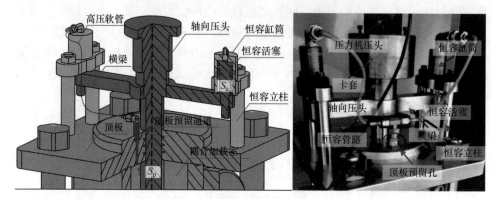

图 6.3　恒容装置原理图和实物

3. 耦合加载室

耦合加载室是实现试验可视化的关键单元,其玻璃窗口选用钢化高硼硅玻璃,这种材质具有低膨胀率、耐高温、高强度、高硬度、高透光率等优点,并在室内顶板安装环形 LED 灯,通过密封引线装置供给电源。为保证安全试验对主体结构进行数值计算校核,如图 6.4 所示,耦合加载室内壁布置 10MPa 均匀压力时,最大变形发生在玻璃位置处,最大变形量和最大相对变形量分别为 0.010mm 和 0.004mm,最大应力发生在耦合加载室两端内侧边角,为 52.2MPa,计算结果显示结构刚度与强度均满足设计要求。

为保证试验仪在高压密封环境下对耦合加载室内各物理量进行实时监测和数据传输,在试验仪底板特别设置密封引线通道(图 6.5),以绝缘漆包线作为导线贯穿通道,灌注密封胶进行密封,导线两端分别连接微型航空插头作为转换接口,并固定在支架上方便插拔。

此外,为保证装置密闭性,在耦合加载室与顶底板两端、压头与顶板接触面、恒容活塞等位置分别装配不同尺寸密封圈进行密封,在玻璃与玻璃窗接触位置采用石墨垫圈进行密封处理。并在不添加煤样条件下充入氮气进行气密性检验,共注入氮气压力 3MPa,密封时间 48h。通过获取的室内压力曲线(图 6.6)可知,在该时间段内氮气压力处于稳定状态,装置密封措施可行,满足试验要求。

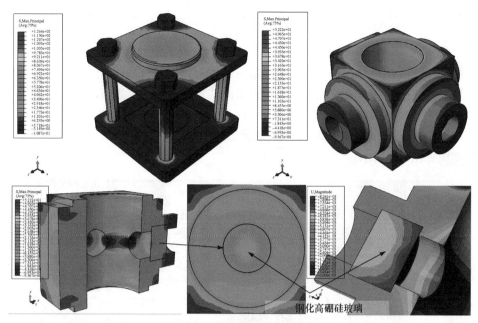

图 6.4　试验仪数值计算云图

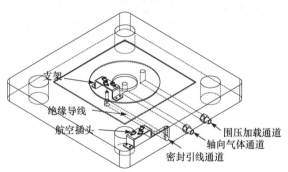

图 6.5　密封引线单元

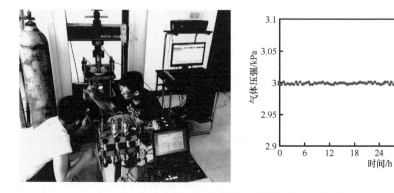

图 6.6　仪器气密性检测与保压曲线

4. 仪器连接

将可视化恒容固气耦合试验仪置于伺服压力机工作平台上,轴向压头通过锁定结构与伺服压力机连接;环向变形监测装置通过试验仪后门进入,安装在标准试件上;仪器各气体通道与气体加载控制阀块连接;内置传感器通过底板密封引线通道与外接采集设备连接,并在试验仪观察窗外安装高速摄像机,共同实现试验过程中煤岩体抽真空、轴向-围压加载及渗流测试与物理信息监测。系统配合实物图如图 6.7 所示。

图 6.7　系统配合实物图

6.1.5　冲击力测试

在开展含瓦斯煤的轴向冲击扰动试验时,由于冲击历程极短,冲击接触时间为毫秒级别,理论计算存在误差,故采用冲击试验的方式对固气耦合过程中煤体承受的冲击力进行实测,试验过程中将平膜式-冲击力传感器置于型煤试件上端,可视化恒容固气耦合试验仪加载压头下端,如图 6.8 所示。

冲击装置与测试传感器安装完毕后,分别进行充气状态中弹性阶段和塑性阶段冲击力测试试验,以及在常压空气对比试验,试验过程与结果如下。

测试一:对恒容加载室充入 1.0MPa 氦气,在加载过程的峰前弹性阶段进行冲击力测试,冲击高度 400mm,砝码质量 1kg,采集频率 20000Hz,试验结果如图 6.9 所示。

测试二:对恒容加载室充入 1.0MPa 氦气,在加载过程的峰后应力阶段进行连续三次冲击力测试,冲击高度 400mm,砝码质量 1kg,采集频率 20000Hz,试验结果如图 6.10 所示。

测试三:对比测试二,在常压空气状态下,加载过程的峰后应力阶段进行连续三次冲击力测试,冲击高度 400mm,砝码质量 1kg,采集频率 20000Hz,试验结果如图 6.11 所示。

　　其中，测试一冲击值 7103N；测试二，连续三次冲击值：7007N～4997N～3685N；测试三，连续三次冲击值：7096N～5278N～3331N。平均冲击接触时间约 0.00058s，三种测试方式中首次冲击力均值为 7068.7N。并得到以下结论：① 在加载过程中，试验仪自带的恒容系统使得气压的存在不影响冲击力大小；②在

(a) 轴向冲击力测试　　　　　　　　　　　(b) 耦合加载室内部

图 6.8　冲击力测试试验

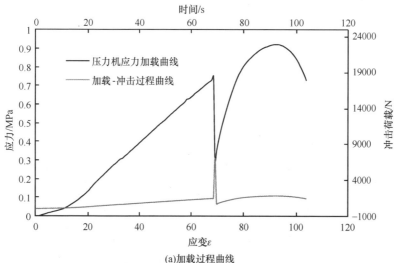

(a)加载过程曲线

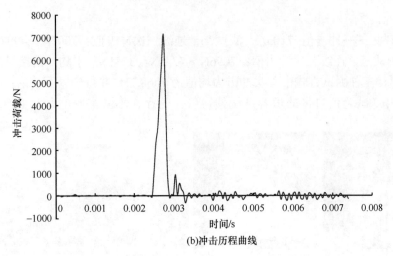

(b)冲击历程曲线

图 6.9　加载弹性阶段冲击力测试曲线

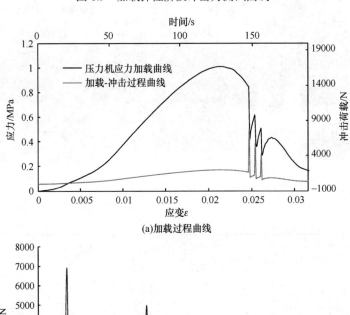

(a)加载过程曲线

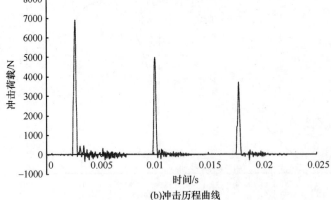

(b)冲击历程曲线

图 6.10　加载塑性阶段冲击力测试曲线

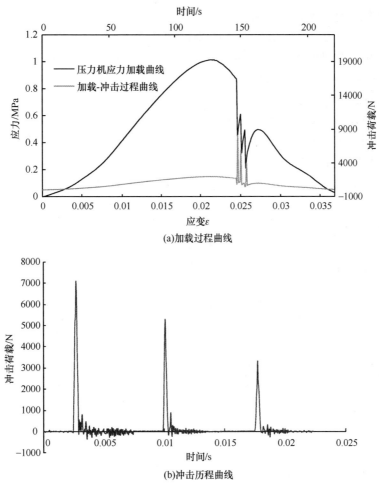

图 6.11　加载塑性阶段冲击力测试曲线(常压空气)

不同应力加载阶段，首次冲击力大小可视为相同；③因连续冲击导致煤体损伤，骨架松动，连续冲击时，冲击值呈现 1.33 倍的衰减趋势。

6.2　标准试件环向位移测试系统研发

6.2.1　研发意义

1807 年 Thomas Young 在拉伸和压缩试验中，发现了材料纵向变形的同时伴随着横向变形的产生，1829 年 Simeon Denis Poisson 提出弹性常数概念，即泊松比。研究表明，单轴压缩时岩样环向变形比轴向变形更早、更快地偏离与轴向应力的线性关系[24-26]，但由于弹性阶段特别是峰后塑性阶段环向变形监测困难，研究程度较低，有必要进一步加强[27, 28]。

　　目前，岩石力学试验采用的轴向和环向变形的测量方法与原理分为非接触法测量和接触法测量两类。非接触法测量主要为光干涉测量法、光导热塑全息照相法、数字散斑面内相关法(digital speckle correlation method, DSCM)等光学法[29, 30]。例如，Widdle 等[31]提出了一种非接触式的激光散斑应变计；郭文婧等[32]基于数字散斑相关方法发展了一种虚拟引伸计测量方法，给出了虚拟引伸计的原理和实现方法，并用试验验证了虚拟引伸计的可靠性；马永尚等[33]利用三维数字图像相关技术得到单轴压缩状态下带中心圆孔花岗岩岩板破坏全过程，以及岩石破坏过程中观测面的三维位移和应变，直观地反映岩石表面裂隙的产生、扩展及相互连通的演化过程。但此类方法系统成本较高，且精度受光线、环境、操作等外界因素影响。

　　接触法作为环向变形测试的主流方法，以机械法、电测法、引伸计测试为代表[34, 35]。机械法主要采用机械式千分表顶在试件表面，直接获取测点位移，操作简单，但通过若干点的变形表征环向变形存在一定误差；电测法主要为在试件上粘贴纵向和横向电阻应变片，通过应变仪采集微应变间接测量环向变形，如李顺群等[36]设计了一种接触式三维应变花，建立了三维应变花各测试数据与常规应变之间的转换矩阵，并给出了求解该问题的必要条件。但应变片的粘贴增加了试件的局部刚度，测量误差大，而且无法测量峰后位移，操作不便且为一次性使用。

　　引伸计法为制作的成套传感器安装在试件表面，配合二次仪表采集数据获得纵横向应变数据测得环向位移计算泊松比[37]。国内外研发了不同的引伸计，MTS链式引伸计环向位移测试方法与仪器；王伟等[38]研制了轴、径向变形引伸计，并开发了配套软件，综合性能良好。目前，应用成熟的环向变形测试方法与仪器主要有四柱悬臂式、MTS 链式、LVDT(linear variable differential transformer)引伸计等(图 6.12)。其中，MTS 链式引伸计所测为环形整体变形，通过引伸计转换位移，精

(a) 四柱悬臂式引伸计　　　　(b) MTS链式引伸计　　　　(c) LVDT引伸计

图 6.12　常用环向位移传感器

度和可靠度好，但价格较高。

除此之外，李铀[39]提出利用电容原理测量试件横向变形的想法，但未能实施。Paepegem 等[40]、Yilmaz 等[41]采用光栅传感器测试了材料横向-竖向变形数据及泊松比；汪斌等[42]基于 MTS815 岩石三轴试验系统配置的轴向和链式侧向变形引伸计测试技术改进了原有的侧向应变计算方法，建立了一套专门针对变形传感器的多功能标定器具和标定方法。

本书综合现有环向变形测试方法与技术，研发了环向位移测试系统。

6.2.2　系统构成

环向位移测试系统主要由链式滚带、夹持锁定结构(包括固定盘、预紧弹簧、锁定指针和联动指针)、角位移传感器、DAQ 数据采集设备和采集程序组成(图 6.13)。

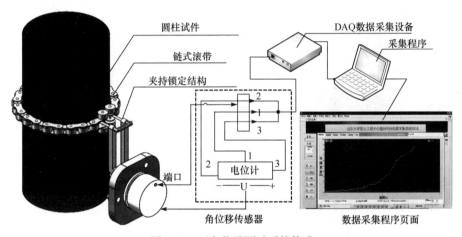

图 6.13　环向位移测试系统构成

其中，链式滚带、夹持锁定结构为不锈钢材质，角位移传感器采用导电塑料电位器或霍尔角位移传感器，可将 0°～360°的旋转角度变化量转变为 0～5V 的电压信号并输出，通过高速 DAQ 数据采集设备和采集程序最终将电压信号转换为环向位移并采集记录，传感器绝缘耐压值 1000V(AC.RMS)1min，使用温度环境：–55～125℃，传感器自身密封性良好，可放置于高压气体或液压油中，应用于多相耦合加载和三轴试验。

6.2.3　测试方法与原理

系统工作时，将链式滚带缠绕于标准圆柱试件中部位置，锁定指针和联动指针与链式滚带两端连接固定，并借助预紧弹簧将滚带夹持锁定，其锁定指针和联动指针尾部分别与固定盘和角位移传感器随动轴连接，当试件受轴向荷载产生环向变形时，链式滚带两端间距随之变化，致使两针之间发生角度变化，通过角位移传感器记录变形过程中角度变化值 θ，表征和计算试件材料的环向位移变形量，环向变形监测量程与预紧弹簧的劲度系数和材质相关，本节所用弹簧为 304 不锈钢材质，弹性范围内所受最大拉力 5N，劲度系数 0.17N/mm，最大环向变形监测量 30mm，满足除盐岩类蠕变材料后期加速蠕变变形测试外的煤岩体材料测试要求[43]。为防止变形超限损坏装置，设置限位销钉，经换算，经过限位销钉和固定盘中心点 O 的连线与法线 OO' 对应夹角为 25°，工作原理如图 6.14 所示。

在系统测试精度方面，导电塑料电位器的分辨率理论上为无限小，主要取决于 DAQ 数据采集设备的精度。采用的角位移传感器和数据采集卡的精度均为 0.1% F.S.(满量程误差)，角度分辨率为 $\Delta\theta=0.36°$，换算为环向变形分辨率 $P'=L\sin(\Delta\theta)=0.004$mm，其中 L 是联动指针长度 39.5mm。

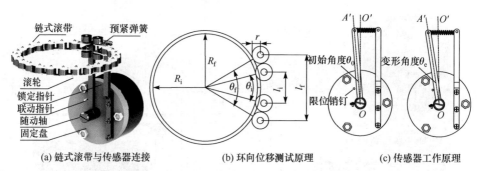

(a) 链式滚带与传感器连接　　(b) 环向位移测试原理　　(c) 传感器工作原理

图 6.14　环向位移测试原理

根据图 6.14(b)，设试件初始半径 R_i，试件变形后半径 R_f，滚筒半径 r，初始弦长为 l_i，变形后弦长为 l_f，分别对应初始角度 θ_i，变形后角度 θ_f，对应弧度 $\theta_i=\pi\cdot\theta_i/180°$，$\theta_f=\pi\cdot\theta_f/180°$；因为试件变形前后链条的长度 l_c 保持不变，所以

$$l_c=(R_i+r)(2\pi-\theta_i)=(R_f+r)(2\pi-\theta_f) \tag{6-1}$$

设试件半径的变化 $\Delta R=R_f-R_i$，角度变化为 $\Delta\theta=\theta_f-\theta_i$，则由式(6-1)有

$$(R_i+r)(2\pi-\theta_i)=(R_i+\Delta R+r)[2\pi-(\theta_i+\Delta\theta)] \tag{6-2}$$

整理得

$$\Delta R=\frac{(R_i+r)\Delta\theta}{2\pi-\theta_i-\Delta\theta} \tag{6-3}$$

实测变形 $\Delta l=l_f-l_i$，由角位移传感器间接测量，即通过夹持锁定结构将角位移传感器安装在链式滚带上。夹持锁定结构的两根杆分为固定杆和转动杆，两杆之间顶端安装弹簧，距角位移传感器的长度为 L，并设定两者平行为 0 位。当安装在链式滚带上时，会产生初始角度 θ_0，当试件被压缩周长变大时，相对于固定

杆，转动杆会向外扩张，两者夹角也会逐渐变大，设最终角度值为 θ_e，得到传感器角度变化量与变形公式：

$$\Delta\theta_s = \theta_e - \theta_0 \tag{6-4}$$

$$\Delta l = L(\sin\theta_e - \sin\theta_0) \tag{6-5}$$

根据图 6-14(b)有

$$l_f = l_i + \Delta l \tag{6-6}$$

由三角函数关系整理得到式(6-7)：

$$2(R_i + \Delta R + r)\sin\frac{\theta_i + \Delta\theta}{2} = 2(R_i + r)\sin\frac{\theta_i}{2} + \Delta l \tag{6-7}$$

将式(6-4)代入式(6-7)得

$$\Delta l = \frac{2(R_i + r)(2\pi - \theta_i)}{2\pi - \theta_i - \Delta\theta}\sin\frac{\theta_i + \Delta\theta}{2} - 2(R_i + r)\sin\frac{\theta_i}{2} \tag{6-8}$$

因链条长度 l_c、滚筒半径 r 和试件半径 R_i 已知，代入式(6-1)可求出初始角度 θ_i，Δl 由式(6-7)计算得到，代入式(6-8)中可获得试件加载变形后角度变化量 $\Delta\theta$，进而得到试件半径变化值 ΔR。

整理得到试件环向变形量 ΔC 和环向应变 ε_c 如式(6-9)和式(6-10)所示：

$$\Delta C = 2\pi(R_f - R_i) = 2\pi\Delta R \tag{6-9}$$

$$\varepsilon_c = \frac{\Delta R}{R_i} \tag{6-10}$$

6.2.4 系统主要参数

系统主要功能参数见表 6.2。

表 6.2 环向位移测试系统测试参数

量程/mm	精度/mm	使用温度/℃	使用环境	最大压力/MPa	输出电压/V
30	0.004	−55～125	气压/油压	10	0～5

6.2.5 系统测试精度验证

为检验系统有效性，采用 ϕ50mm×100mm 的聚氨酯圆柱形标准试件开展了单轴压缩试验，试验照片如图 6.15 所示。聚氨酯圆柱形标准试件具有材料完全弹性特点，可多次试验，施加相同荷载试件变形完全相同，方便采用其他方式(MTS 链式引伸计和近景摄影测量)进行对比分析。

试验按照位移加载，加载速率为 0.3mm/s，达到试件的最大加载应力 2.0MPa 时保持 60s 后卸载，最大加载应力对应的轴向位移为 12.6mm。试验得到了聚氨酯标准试件在单轴压缩过程中轴向-环向位移对比曲线，如图 6.16 所示，轴向位移与数字摄影测量对比曲线如图 6.17 所示。

图 6.15　环向位移测试系验证试验

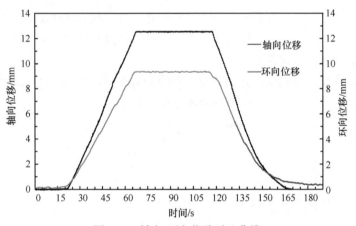

图 6.16　轴向-环向位移对比曲线

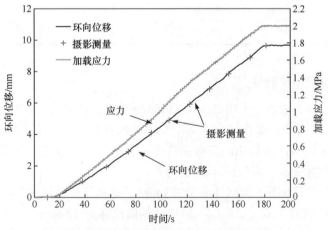

图 6.17　轴向位移与数字摄影测量对比

为进行验证对比，分别应用本节方法和 MTS 链式方法测试同一个聚氨酯试件的泊松比，每种方法测试三次取平均值，最终得到的结果见表 6.3。本节方法所测得的数值与 MTS 方法测得的聚氨酯试件的泊松比分别为 0.473 和 0.472，误差小于 0.22%，与聚氨酯材料的泊松比一致。

表 6.3　聚氨酯试件泊松比

测试方案	泊松比			
	1	2	3	平均值
本节方法	0.472	0.474	0.473	0.473
MTS 链式	0.471	0.473	0.472	0.472

6.3　岩石三轴力学渗透测试仪研发

6.3.1　研发意义

在矿井生产过程中，采掘工程破坏了原岩应力场的平衡和原始瓦斯压力的平衡，形成了采掘周围岩体的应力重新分布和瓦斯流动。在煤层瓦斯运移过程中，渗透率是反映煤层内瓦斯渗流难易程度的物性参数之一，同时，渗透率也是瓦斯渗流力学与工程的重要参数。因此，煤层瓦斯渗透率的测算方法研究是瓦斯渗流力学发展的关键技术，也是煤矿安全工作者研究煤与瓦斯突出等一系列矿山安全问题的关键入手点[44-47]。

为研究煤储层渗透特性，自 20 世纪 70 年代起，就有国内外学者研发相关渗流试验设备进行了系列研究，并取得许多研究成果。由于瓦斯对煤体物理力学性质影响明显，文献[48]～[51]率先设计了固气耦合仪器为煤体的力学和渗透率测量提供了固气耦合环境。文献[52]～[56]设计的"含瓦斯煤热固流耦合三轴伺服渗流装置"实现了轴压、围压的伺服加载和试验过程的温度控制，可进行常规三轴应力条件下含瓦斯煤的渗流规律及变形破坏特征试验研究。文献[57]、[58]设计的煤岩三轴蠕变-渗流-吸附解吸试验装置操作便捷，精度较高，且充分考虑了温度变化对试验的影响。文献[59]～[61]设计的"多功能真三轴流固耦合试验系统"通过特殊设计的内密封渗流系统配合伺服增压系统，实现了真三轴应力状态下含瓦斯煤岩力学特性与渗流规律研究。文献[62]设计的真三轴固气耦合煤渗流试验系统，研究了型煤和原煤在真三轴应力作用下的变形破坏特征和瓦斯渗流特性，并着重分析了中间主应力的影响。文献[63]设计的"一种新型的气固耦合煤剪切渗流真三轴仪"可用于开展三维不均匀应力下含瓦斯煤岩的真三轴剪切和压缩渗流试验,研究三维应力条件下剪切应力对含瓦斯煤力学和渗透性能的影响。

　　然而，各单位所设计开发的渗流试验装置，虽在一定程度上推进了渗流力学的研究并加深了煤层瓦斯运移机制的认识，但也存在以下不足：①大多仪器只针对不含瓦斯煤岩渗透率特性的研究，对含瓦斯煤岩渗透率研究的仪器较少；②渗流系统密封效果差，无法研究整个受力变形过程中含瓦斯煤岩渗透特性的演化规律；③未能实现长时间恒定加载，瓦斯气体要达到吸附解吸平衡需要一个较长的时间(短则一两天，长则一两周)，如果试验设备不能提供长时间的恒载功能，将会影响试验结果的准确性；④试件变形数据的测量不够完善，能同时测量轴向和环向变形的装置很少，且测量精度低；⑤对于加载过程中的煤岩渗透率特性测试，大部分试验仪器需要借助外置压力机来完成加载，需要多人才能完成，试验操作复杂，试件更换困难，极大降低了试验效率。为此，迫切需要研制出一套操作便捷、功能更趋完备的含瓦斯煤渗流试验装置，以便更深层次地探索各因素对瓦斯渗流的作用机制，为煤层气抽采等提供技术参考。

　　针对以上不足，自主研发了功能更加完善的岩石三轴力学渗透测试仪。

6.3.2　仪器功能与技术参数

　1. 主要功能

　　岩石三轴力学渗透测试仪可进行三轴伺服加载固气耦合条件下含瓦斯煤渗流规律及其在渗流过程中的变形破坏特征方面的试验研究。

　2. 主要技术参数

　　系统主要技术参数见表 6.4。

表 6.4　系统主要技术指标

技术参数	指标值
轴压控制范围	0～300kN
试验力加载速度	0.01～10kN/s
力加载精度	±1%
位移加载速度	0.001～200mm/min
围压控制范围	0～30MPa
轴向位移测量范围	0～50mm
轴向位移分辨率	0.001mm
环向位移测量范围	0～20mm
环向位移分辨率	0.001mm
试样尺寸	$\phi50$mm×100mm

6.3.3 仪器构成与各部分关键技术

岩石三轴力学渗透测试仪采用模块化设计思想，由三轴压力及变形测量单元、气体充填与采集单元、液压加载单元以及流量控制和采集单元四个单元构成(图 6.18)，各单元分工明确，相互配合，共同完成试验，各单元功能在下文逐一描述。

图 6.18 含瓦斯煤三轴力学渗透测试系统

1. 三轴压力及变形测量单元

三轴压力及变形测量单元是本试验仪器最核心的一个单元，为试验提供了三轴应力加载及密闭的渗流空间，并且可以同时测量试件的轴向和环向位移。它包括三轴压力室、内密封渗流室、环向位移测定模块和轴向位移测定模块。

1) 三轴压力室

三轴压力室由轴压室和围压室构成，主要包括加载活塞杆、轴压套筒、定心法兰、围压套筒等，并在连接处均设置有 O 形圈密封，防止液压油泄漏(图 6.19)。主要关键技术如下：①通过调整活塞和压头的面积比，配合液压加载系统，可以为试样提供 0~150MPa 的轴向应力；②直径 50mm 的活塞杆中心开有直径 8mm 的注气通道，并在压头底面设置蜂窝状结构实现对试件的"面式充填"(图 6.20)，更加接近实际煤层瓦斯流动情况；③通过设置定心法兰，实现对活塞杆的导向作用，保证试样在整个实验过程中始终处于压头中心位置，避免了偏心力的存在；④通过自制的 L 型转接头，灌入环氧树脂密封胶，实现了对环向位移传感器引线通道的优质密封。

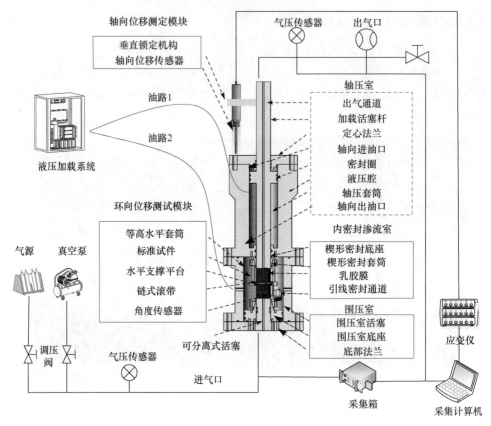

图 6.19 三轴压力单元原理图

图 6.20 面式充填结构

2) 内密封渗流室

内密封渗流室位于围压室内，如图 6.19 所示。内密封渗流室的设计目的是实现三轴应力条件下气液的自由渗流控制与监测，为达到设计目的，需解决的关键问题是如何实现试件边壁、边角的有效密封，保证流体在试件中的定向流动。为此，进行了如下设计：采用壁厚 1mm 的乳胶套包裹试件形成渗流空间，并通过楔形密封底座和楔形密封套筒进行密封，突破了传统的"线密封"，实现"面密封"。两者之间通过螺栓连接，通过旋紧螺栓实现高密封性。内密封渗流室和楔形密封结构实物如图 6.21 所示。

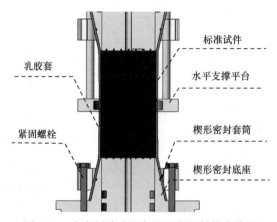

图 6.21 内密封渗流室与楔形密封结构实物图

3) 环向位移测定模块

在高压气体及动力扰动下，试件环向变形剧烈、迅速、高度不均匀，这就要求测量装置具有测量范围全面、量程大、响应灵敏、精度高的特点。在传统的环向变形测量方法中，仅有 MTS 链式引伸计符合以上要求[64, 65]，但由于其价格昂贵，长期应用于高压环境中，会导致试验成本极高。

为此，采用自主研发的基于角度量测的"环向位移测试装置"。该装置的研发借鉴了 MTS 链式引伸计环向结构，并兼顾仪器内部尺寸，主要由链式滚带、夹持锁定结构、角位移传感器、DAQ 数据采集设备和采集程序组成，如图 6.13 所示。与 MTS 链式引伸计不同的是，该装置采用角位移传感器代替应变片监测环向变形。其工作原理为，当试件产生环向应变时，两指针之间发生角度变化并被角位移传感器记录，通过换算可得到试件的环向变形量。该装置精度可达 0.004mm、量程 39.5mm，尺寸小、造价低，可应用于高压气体环境及动力扰动环境，符合试验要求。此外，设置了滚带水平支撑台与等高调平套筒，实现了链式滚带的水平精准安装。

　4) 轴向位移测定模块

　　轴向位移测定模块由轴向位移传感器和垂直锁定机构构成。为了提高轴向位移的测试精度，轴向位移传感器选用 WFCW 型光纤传感器。该传感器是以高精度光栅作为检测元件的精密测量装置，量程为 20mm，最小的位移分辨率为 0.5μm，具有信号稳定、抗干扰、测量精准、耐水耐腐蚀等特点。为了保证传感器安装和加压活塞杆水平，减小测量误差，设计图 6.22 所示的垂直锁定机构。

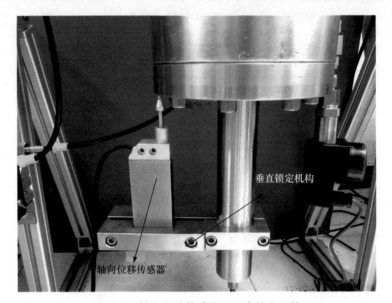

　　垂直锁定机构

　　轴向位移传感器

图 6.22　轴向位移传感器及垂直锁定机构

　2. 气体充填与采集单元

　　气体充填与采集单元由抽真空装置、气源、减压阀、注气通道传感器、出气通道传感器和采集箱构成。抽真空装置采用循环水式真空泵，最大真空度可达 −0.098MPa，可排除试件和仪器内残余气体对试验精度的影响。采用高灵敏度气体减压阀，可保持注入气体压力的稳定性与可调性。在注气通道和出气通道分别设置高精度高频率传感器，并配备高采集频率和高精度采集系统。

　3. 液压加载单元

　　液压加载单元采用独立的两路伺服液压加载系统，且配备有功能齐全的采集软件。通过供油管路与仪器油缸上下两个供油通道连接实现对仪器的加卸载，最大供油压力为 30MPa，施加在试件上为 150MPa。此加载系统设有两种加载模式，按力加载和按位移加载。力加载最大精度为 0.01kN/s，位移加载最大精度为 0.001mm/min。其优势在于根据试验要求提前编写程序，就可实现自动伺服加卸载、长时精准保压、自动采集与保存等功能，并且具有分辨率高、控制精度高、无漂移、故障率低、控制方式的无冲击转换等优点，实现了数据采集的自动化，保证了数据采集的可靠性，液压采集软件界面如图 6.23 所示。

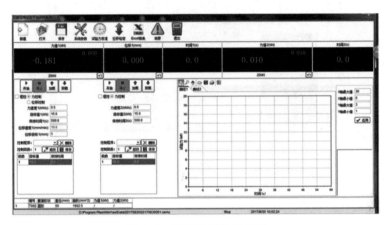

图 6.23　液压采集软件界面

4. 流量控制和采集单元

为实现流量的精确控制与采集，采用质量流量计，质量流量计及软件控制页面如图 6.24 所示。该质量流量计响应时间短(40ms)、精度高(1%)、可实时连续采集并显示流量数据，用特制的高压软管(耐压 20MPa)连接到三轴压力单元的出气通道，在出气通道和质量流量计之间设有一个控制阀门，气体吸附过程中阀门处于关闭状态，在测量出气通道流量时打开阀门。

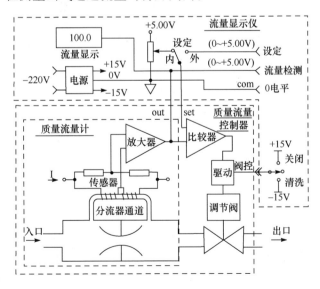

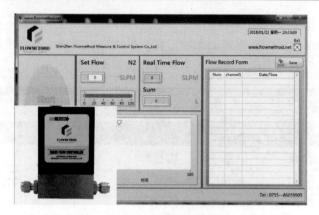

图 6.24 质量流量计及采集软件

6.3.4 仪器操作流程

试验的操作流程具体如下。

(1) 操作人员佩戴口罩、眼罩、绝缘手套等安全设施。

(2) 实验室窗户打开使空气流通防止气体泄漏弥漫实验室。

(3) 将试验仪器组装好,内部装上乳胶套,在试验支架上将油缸端朝上垂直放置,连接上测试仪器和试验所需气瓶,具体如图 6.25 所示。

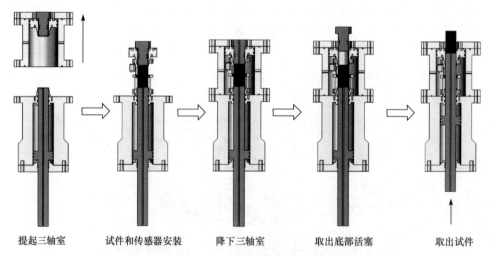

| 提起三轴室 | 试件和传感器安装 | 降下三轴室 | 取出底部活塞 | 取出试件 |

图 6.25 仪器和试件安装步骤示意图

(4) 开启压力机,具体操作为:先打开压力机轴向通道和环向通道的开关,然后打开控制软件,将试验力和位移清零。

(5) 检查仪器气密性。将制备好的试件装入三轴渗流试验装置,首先缓慢匀速加载轴压到 0.5MPa,再缓慢匀速加载围压到 0.3MPa,然后再通入 0.2MPa 的瓦斯。待各个压力稳定后，关闭进气口阀门和出气口阀门。若传感器数值长时间保持不变，则证明仪器气密性良好。

(6) 将测试所用试件在底部活塞口取出，将新的型煤试件周围涂上凡士林，如图 6.26 所示，然后在底部活塞口装入试件。

图 6.26　涂抹凡士林

(7) 将底部活塞重新装上，然后将试验仪器垂直放置。

(8) 将试验仪器连接真空泵，抽真空 24h。

(9) 先将轴压加到预定的压力，再把围压加到预定的压力，最后通入气体，保压 12h。要保证轴压大于围压大于气体压力。

(10) 确保测试系统完好，然后打开出口处阀门，等流量稳定后采集进气口压力、出气口压力和出气口气体流量。

(11) 更改试验条件重复试验。

6.4　瓦斯膨胀能测定仪优化改进

6.4.1　研发意义

煤与瓦斯突出是煤矿井下生产过程中的一种动力现象[66]，造成突出的原因有很多，国内外学者也提出了许多假说[2]。从能量角度分析，突出能量主要来自煤岩体弹性潜能和瓦斯膨胀能[67,68]，而瓦斯膨胀能远远大于煤岩体弹性潜能，具有数量级上的差距[69-71]。因此，研究煤体瓦斯膨胀能的大小及其影响规律对预测煤与瓦斯突出具有重要意义[72,73]。

目前，国内外专家学者对瓦斯膨胀能进行了多角度研究，提出了不同的计算方法。李成武等[74]认为突出过程短暂，仅有几秒至几十秒，且煤与瓦斯的导热系数很低，因此将突出过程看作绝热过程并依据热力学定律进行计算。齐黎明等[75]将突出看作等温过程，并根据瓦斯总量守恒，推导出了瓦斯膨胀能与瓦斯压力和含量之间的关系表达式。姜永东等[76]将突出近似看作等温过程，并用自制的瓦斯膨胀能装置，根据热力学第一定律计算了瓦斯膨胀能做功。于宝海和王德明[77]根据瓦斯膨胀能基本计算方法，以煤层瓦斯流动压力场分布规律为基础，分别建立了煤壁释放瓦斯膨胀能和钻孔释放瓦斯膨胀能理论方程式。An 等[78]提供了一种计算突出发生时瓦斯膨胀能的方法，煤损伤引起的新裂缝、气体条件等因素对瓦斯膨胀能的影响规律。蒋承林等[79-81]首次提出初始释放瓦斯膨胀能的概念，即煤体暴露面附近煤体质点受地应力作用破坏后大裂隙内及由小裂隙(孔隙)最先释放到大裂隙中的瓦斯在向外界环境膨胀过程中转化出来的能量，并依据空气动力学理论，提出了初始释放瓦斯膨胀能的测定方法，设计了测定仪器，对瓦斯膨胀能的影响因素进行了相关试验研究。

煤与瓦斯突出是一个时间极短的过程，初始释放瓦斯膨胀能是突出的主要能量来源，可以反映突发的风险[82]，因此对初始释放瓦斯膨胀能的研究非常重要。而初始释放瓦斯膨胀能测定仪是初始释放瓦斯膨胀能试验研究的主体，因此在文献[79]的仪器基础上进行优化改进，设计了新型初始释放瓦斯膨胀能测定仪，实现了高压气体密封、快速释放和气压、温度数据的同步高速采集，提高了瓦斯膨胀能测定结果的精确度。

6.4.2　测定原理

初始释放瓦斯膨胀能是从煤体裂隙中解吸出来向外膨胀做功而产生的能量。其测定原理为：将煤样放入一个带有快速释放机构的煤样罐中(图 6.27)，充入一定气体压力的瓦斯，待煤样吸附平衡后，打开快速释放机构，由于罐内的压强大于大气压，煤样中的吸附瓦斯就会解吸出来，向外膨胀做功，并转化为动能，因此只要测得快速释放机构打开后喷口处各时刻的瓦斯动能，就得出了煤样罐内瓦斯气体的膨胀能 $W_{0总}$。

$W_{0总}$ 既包括煤体裂隙中解吸出来的瓦斯膨胀能，也包括罐内自由空间瓦斯气体的膨胀能。再将与煤样等体积的石英砂放入煤样罐中，充入与煤样吸附平衡后相同压力的瓦斯气体，打开快速释放机构泄压测得的膨胀能即为自由空间瓦斯气体的膨胀能 $W_{游}$。两者相减即可得出煤样中的初始释放瓦斯膨胀能。

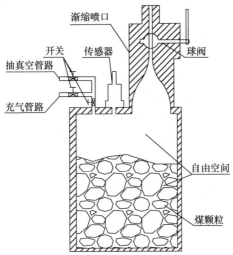

图 6.27　煤样罐内自由空间示意图

6.4.3　设计思路与仪器构成

　　初始释放瓦斯膨胀能测定仪采用模块化设计思路，主要由参考罐、煤样罐、连接管路阀门、快速释放机构和水浴锅、气压温度快速采集单元等组成，仪器结构如图 6.28 所示。

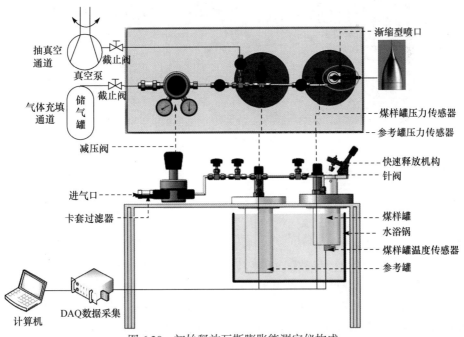

图 6.28　初始释放瓦斯膨胀能测定仪构成

　　瓦斯膨胀能测定仪主要由瓦斯储气罐、真空泵和减压阀等构成,用来为煤样抽真空和充填一定压力的瓦斯;参考罐用以计算煤样罐中添加煤样后的空间,具体通过不吸附的 He 测试,煤样罐是煤样吸附和解吸瓦斯的空间,快速释放机构用以瞬间打开煤样罐,释放煤样罐中的瓦斯气体,模拟突出瓦斯释放过程。参考罐和煤样罐为 304 不锈钢材质,最高耐压 20MPa。温控水浴可以保证煤样在试验过程中温度恒定;气压温度快速采集单元由自主研发数据采集控制系统、两个高精度(0.1% F.S.)气体压力传感器(量程−0.1～2MPa,分辨率 2kPa)和一个高精度高灵敏度温度传感器组成(温度分辨率 0.01℃,响应时间小于 1ms)。瓦斯膨胀能测定仪实物照片如图 6.29 所示。

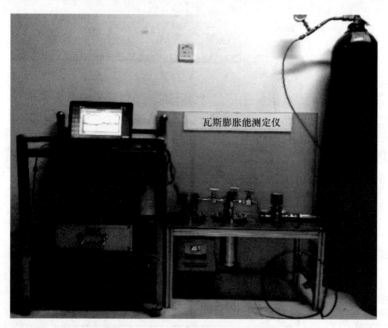

图 6.29　瓦斯膨胀能测定仪实物照片

6.4.4　仪器优化改进与性能指标

　　新仪器做出的优化改进主要包括以下四个方面:

　　(1) 优化了布局结构,减小了气压测量误差。之前的仪器采用高中低三个气体压力传感器和电磁阀,结构复杂,操作不便,由于电磁阀的气密性较难保证且打开瞬间对气压有影响,导致测量误差较大,而且经试验过程中的数据推算可知,气压 2kPa 以下的膨胀能仅占总膨胀能的不到 0.1%。因此,新仪器摒弃了中压和低压两个传感器和电磁阀,只采用一个高精度高压传感器,量程−0.1～2.0MPa,精度 0.1% F.S.,而前人测定仪器的高压传感器精度仅为 0.5% F.S.。这就使得仪器结构简单，操作方便，而且能有效减小测量误差。

(2) 改进提高了仪器气密性，实现了瓦斯气体快速释放。之前的仪器采用球阀控制煤样罐的开关释放气体，球阀使用次数多导致密封性不良而且打开过程较慢，不满足气体瞬间释放的要求。新仪器将球阀改为快速释放机构(图 6.30)，该机构通过螺纹与渐缩喇叭形喷口连接，试验时其上的橡胶堵头压住喷口，具有良好的密封效果；当打开时，橡胶堵头能在 1ms 内快速打开抬起，满足快速释放气体的要求。

图 6.30　快速释放机构

(3) 为研究喷口面积对瓦斯膨胀能的影响，渐缩喇叭形喷口设计为可拆卸结构。其通过组合垫圈与煤样罐密封连接，即可以更换安装不同喷口面积的渐缩喇叭形喷口，仪器配备的三种不同喷口面积分别为 $3.39mm^2$、$2.26mm^2$、$1.13mm^2$，如图 6.31 所示。

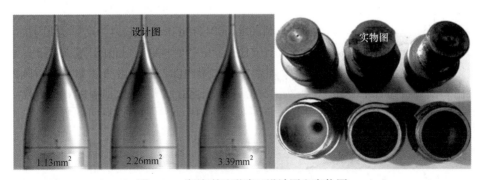

图 6.31　渐缩喇叭形喷口设计图和实物图

(4) 增加了微型温度传感器, 实现了瓦斯气体释放过程煤体温度的快速测量。煤样罐底部安装有自主研发的气体密封温度传感器: K 型热电偶直径仅有 0.3mm, 穿过直径 0.5mm、长度 30mm 的探针, 封装在 L 型不锈钢弯头中(图 6.32), 通过螺纹安装在煤样罐底部。前人采用的 p-n 结型温度传感器响应时间为 0.2s, 分辨率仅为 0.5℃, 且无法直接测量煤样温度。而本仪器采用的微型温度传感器导热性能优越, 响应时间在 1ms 内, 分辨率达 0.01℃, 由于探针插入煤样内, 可以直接测量煤样内部温度, 测定结果更加精确。

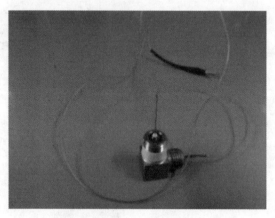

图 6.32　温度传感器

系统的具体指标见表 6.5。

表 6.5　系统的具体技术指标

序号	单元名称	单元构成	主要技术参数	数量
1	膨胀能测定主体单元	煤样罐	内径 60mm, 高度 110mm, 壁厚 10mm, 底部带 ZG1/4 引线接口, 材质 304 不锈钢, 整体加工, 无焊接, 耐压 6MPa	1 个
		参考罐	内径 60mm, 高度 190mm, 壁厚 10mm, 材质 304 不锈钢, 整体加工, 无焊接, 耐压 6MPa	1 个
		煤样罐法兰盘	直径 160mm, 厚度 27mm, 材质 304 不锈钢, 可安装喇叭形喷口, 压力传感器, 耐压 6MPa	1 个
		参考罐法兰盘	直径 160mm, 厚度 20mm, 材质 304 不锈钢, 可安装压力传感器, 耐压 6MPa	1 个
		试验台	高 360mm, 长 700mm, 宽 400mm, 面板厚 10mm, 材质 304 不锈钢, 支架材质高强铝合金, 耐压 6MPa	1 个
		喇叭形喷口	喷口直径分别为 1.2mm, 1.7mm, 2.1mm, 材质 304 不锈钢, 耐压 6MPa	3 个
		瞬间揭露开关	耐压 3MPa, 完全密封, 可实现瞬间揭露功能	3 个

续表

序号	单元名称	单元构成	主要技术参数	数量
2	数据采集控制单元	煤样罐压力传感器	量程-0.1~2.0MPa，精度≤0.1%F.S.，频率≥500 Hz，供电电压12~36V，输出电压0~5V，接口 M14×1.5，引线方式航空插头	1个
		参考罐压力传感器	量程-0.1~6.0MPa，精度≤0.1%F.S.，频率≥500 Hz，供电电压12~36V，输出电压0~5V，接口 M16×1.5，引线方式航空插头	1个
		高灵敏度 L 型耐高压微型温度传感器	测温范围-20~200℃，精度≤0.1%F.S.，探头尺寸直径 0.2mm，长度 1mm，响应时间≤1s，输出电压 0~5V，供电电压 24V，耐压强度 6MPa，密封抗压 6MPa，引线直径 0.1mm	1个
		数据采集控制系统	采样频率 500kSa/s，垂直分辨率 12bit，通道数 16 模拟通道(单端差分输入)，16 数字通道(输入输出)，4 通道 32 位计数器，双量程 0~5V，0~10V，电压采集和电流采集可选，供电电压 24V，航空插头数 16	1套
3	高压瓦斯控制单元	瓦斯储气罐	瓦斯气体压力 6MPa	1瓶
		减压阀	输入压力 0~15MPa，输出压力 0~2.5MPa，CV 值 0.08，内设过滤网	1个
		真空泵	功率 430W，真空度范围 0~-0.098MPa，泵筒体积 30L	1台
		高压软管	耐压 30MPa	1根
4	温度控制单元	数显恒温水浴锅	控温范围室温~100℃(可调)，控温精度 0.1℃，外形尺寸 35cm×20cm×18cm，内胆尺寸 31cm×16cm×14cm，功率 600W	1台

6.5　煤粒瓦斯放散测定仪研发

6.5.1　研发意义

研究煤中瓦斯放散特征，对于探索煤矿现场瓦斯涌出规律、煤层瓦斯流动机理，预测煤与瓦斯突出具有重要意义。煤与瓦斯突出时内部瓦斯压力至突出表面是按梯度递减的，每一级压差之间都会因压力变化而解吸。为了更好地测定不同放散压力环境下的瓦斯解吸规律，并为相似气体和相似理论参数选取提供科学依据，设计并研制成功了煤粒瓦斯放散测定仪。

6.5.2　仪器构成与简介

试验仪器功能欠缺是制约煤粒瓦斯非常压放散特征研究的主要因素。针对煤粒非常压放散环境难以实现的问题，自主研发了"煤粒瓦斯放散测定仪"。试验仪器采用模块化设计方案，主要包括吸附解吸单元、温度控制单元、真空脱气单元、信息采集-恒压控制单元四个单元，原理如图 6.33 所示。

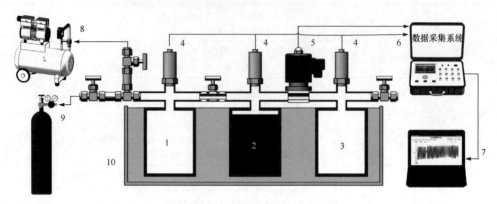

图 6.33　煤粒瓦斯放散测定仪原理图

1-参考罐；2-煤样罐；3-计量罐；4-压力传感器；5-电磁阀；6-采集控制系统；7-计算机；8-真空泵；
9-高压气瓶；10-恒温水浴

吸附解吸单元主要由参考罐、煤样罐、计量罐组成，可耐压 10.0MPa，是煤粒瓦斯气体吸附解吸的主要空间。试验仪器主要参数见表 6.6。温度控制单元可将试验温度控制在室温至 100℃范围内，精度达±0.1℃。真空脱气单元可将仪器压力抽至−0.098MPa，以消除仪器管路及试验煤样原有气体干扰。信息采集-恒压控制单元包括安装在参考罐、煤样罐和计量罐的 3 个高频高精度压力传感器、管路中的电磁阀以及自主研发的采集控制系统，其压力信号采集频率可达 500Hz，精度±4kPa。

表 6.6　仪器主要参数

项目	技术指标
供电电压	AC220V
气压精度	0.1% F.S.
控温精度	±0.1℃
采集频率	1～500Hz
控温范围	室温～100℃
最大耐压	10.0MPa
吸附平衡压力	0～6.0MPa
解吸环境压力	−0.05～2.0MPa
最大真空度	−0.098MPa

续表

项目	技术指标
外形尺寸	600mm×350mm×500mm
参考罐	ϕ50mm×120mm
煤样罐	ϕ50mm×100mm
计量罐	ϕ100mm×160mm

整套系统具有耐高压，压力信号采集频率高、精度高，操作便捷等特点，可实现恒温下瓦斯吸附量测定、特定放散环境压力下瓦斯放散速度及放散量测定功能，系统照片如图 6.34 所示。

图 6.34　煤粒瓦斯放散测定仪实物图

6.5.3　测量原理及方法

通过参考罐压力传感器吸附前后压力变化，可测得煤样吸附气体量，其原理及测试方法参见《煤的高压等温吸附试验方法》(GB/T 19560—2008)。通过对煤样罐、计量罐瓦斯压力的实时精确采集，基于式(6-11)可得到罐内的实时气体量变化，继而得到瓦斯放散量、放散速度等放散特征。通过压力传感器、电磁阀、采集控制系统配合可实现恒定放散环境压力的控制，其原理为采集控制系统实时采集煤样罐游离空间瓦斯压力 p，并与预先设定的放散环境压力值 p_0 进行对比，当 $p>p_0$ 时，控制电磁阀瞬时打开，直至 $p=p_0$，电磁阀瞬时关闭。电磁阀响应时间极短，仅为 0.01s，可保持放散环境压力稳定在 $p_0\pm5\text{kPa}$。

$$V = \left(\frac{p_1 V_f}{Z_1 RT} + \frac{p_2 V_2}{Z_2 RT} \right) V_m \times 1000 \qquad (6-11)$$

式中，V 为标况条件下罐内气体量；V_f 为煤样罐游离空间体积；V_2 为计量罐空间体积；p_1 为煤样罐游离空间实时气体压力；p_2 为计量罐实时气体压力；Z_1、Z_2 分别为 p_1、p_2 气体压力下对应的气体压缩因子；R 为摩尔气体常数；T 为试验温度；V_m 为标况下气体摩尔体积。

6.6　相似材料渗透率测试仪研发

6.6.1　研发意义

相似材料的渗透性测定是相似材料物理力学性质测定的重要部分，也是本项目中含瓦斯煤层顶底板岩石相似材料研发的核心步骤。然而，现有渗透率仪器主要针对高强度低渗性岩石试件而研发，渗透率测定范围较小，不适用于渗透率测定范围较大的岩石相似材料研发过程；另外，渗透率测定过程中采用涂抹甘油、橡胶套密封、施加围压的方法保证试件边界密封，该方法对于低强度、高孔隙率的相似材料密封效果一般。为了准确、高效地进行相似材料渗透率测定，进而推动含瓦斯煤层顶底板岩石相似材料研发进程，研制了密封效果好、渗透率测定范围大的相似材料渗透率测定仪。

6.6.2　仪器简介和工作原理

该仪器可以实现自然状态下相似材料渗透率测定，具有压力温度等参数方便可调、材料边界密封效果好、渗透率测定范围大的优点。

装置主要包括样品罐、气体计量罐、流量计和压力传感器。主要原理图如图 6.35 所示。

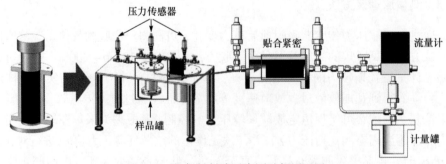

图 6.35　相似材料渗透率测试仪原理图

仪器工作原理为：相似材料在样品罐中成型，并可通过螺栓安装于仪器，保证了材料边界的密封；仪器采用紧凑科学的结构设计，配合高精度压力传感器，保证了进出口压力的精确采集；样品罐初级口设置流量计、气体计量罐，其中流量计进行大量程流量计量,计量罐进行小量程流量计量,保证了大范围的渗透率测定。
仪器具体参数见表 6.7。

表 6.7 相似材料渗透率测定仪主要技术参数

仪器外形尺寸/mm	煤样罐/mm	入口压力/MPa	流量/(L/min)	温度/℃	温度控制精度/℃	压力控制精度/MPa
600×350×500	$\phi 50×100$	0.0～6.0	0.0～20	室温～100℃	±0.1℃	0.1%F.S.

为解决试件四周与煤样罐之间的密封问题,采用以下两种方法克服:一是直接在煤样罐内将试件压制成型,无须取出,等试件干燥后直接将煤样罐连接到仪器上进行试验。二是煤样罐内壁加工沟槽,起到阻气作用,具体如图 6.36 所示。

图 6.36 煤样罐实物图

相似材料渗透率测定仪实物如图 6.37 所示。

图 6.37 相似材料渗透率测定仪实物图

6.7　基础试验仪器的应用

6.7.1　含瓦斯煤力学特性研究

1. 静态加载过程中气体吸附诱发煤体劣化试验

为研究煤岩体在吸附耦合与加载过程中的力学特性，定量分析强度、变形、裂隙扩展等物理力学参数的变化规律，采用多种性质气体，开展了一系列吸附劣化试验研究，文献[83]、[84]为煤岩体耦合致裂作用下的强度劣化研究，通过所得峰值强度数据代入劣化率计算公式(6-12)，采用劣化率 f 表达：

$$f = (1 - \sigma_{max}/\sigma_i) \times 100\% \tag{6-12}$$

式中，σ_{max} 为吸附后煤岩体极限承载力；σ_i 为常压空气时煤体极限承载力。

利用第 2 章所述的可视化恒容固气耦合试验仪与环向位移测试系统，采用同强度型煤试件充入高纯度 He、N_2、CH_4 和 CO_2 并与常压空气单轴加载对比分析，其中，参考前人试验经验[85-87]，气体压力与型煤预制强度均选择为 1.0MPa，其中气体压力 1.0MPa 是指加载试验过程中的气体压力。试验前，通过对恒容耦合室内充入试验气体并由软件实时监测压力曲线及气源实时补充实现，煤体吸附稳压时间 24h，为避免温度和空气干扰，试验均在 25℃的恒温实验室和抽真空后开展；待充分吸附后，通过轴向加载模块的位移控制方式对试件轴向加载，加载速率 1mm/min，监测试验过程中煤体强度、轴向-环向变形规律；采用高速摄像机对耦合加载过程中煤体裂隙发育特征进行实时录像，设最大峰值强度为 σ_{max}，由于残余应力的存在，为方便对比分析，选取峰后加载进程中 10%～90%峰值强度点为研究对象，并以 10%峰值强度点为试件最终破坏状态，提取各阶段加载图像进行裂隙对比分析，并列出最终裂隙发育图像。试验参数见表 6.8，试验加载路径如图 6.38 所示。

表 6.8　试验关键参数(试验一)

试验编号	预制强度/MPa	试验气体	气体压力/MPa	试验温度/℃	吸附时间/h
1	1.0	He	1.0	25	24
2	1.0	N_2	1.0	25	24
3	1.0	CH_4	1.0	25	24
4	1.0	CO_2	1.0	25	24

(a) 试验现场照片

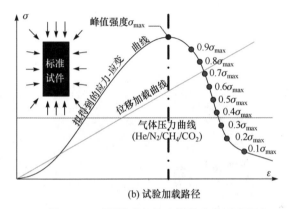

(b) 试验加载路径

图 6.38　不同性质气体中煤体劣化试验研究

试验结果：

　　首先通过获取环向变形和轴向变形整理得到常压空气条件下，煤体全应力-应变曲线和体应变曲线，通过高速摄像机监测得到加载过程中煤体裂缝发育特征，如图 6.39 所示。

　　由体应变与应力-应变曲线可知，在常压状态下进行单轴加载，由于煤体内部孔隙存在，在压缩初始，轴向压缩应变大于侧向膨胀，环向变形量可视为零，煤体处于压密阶段，之后应力-应变曲线成近似直线型发展，随着应力继续增加，试件体积由最初的压缩状态变成膨胀状态，即产生扩容现象，试件体积从压缩变为膨胀的转折点为扩容起始点，Alkan 等[88]将其定义为压缩-扩容边界(C/D 边界)，当试件进入塑性变形阶段特别是峰后应力阶段，煤体内部结构遭到破坏产生宏观裂隙。

　　以相同试验条件，对煤体分别充入相同压力的 He、N_2、CH_4 和 CO_2，试验曲线如图 6.40 所示。

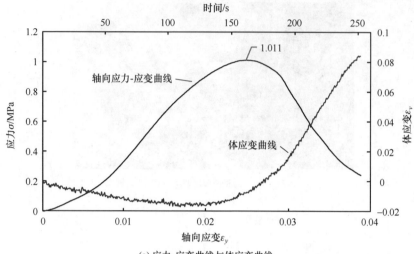

(a) 应力-应变曲线与体应变曲线

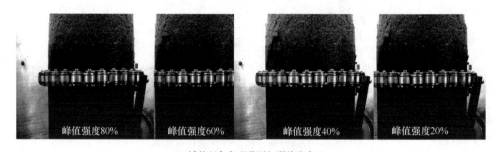

(b) 试件环向变形监测与裂纹发育

图 6.39 煤体单轴加载曲线与变形监测

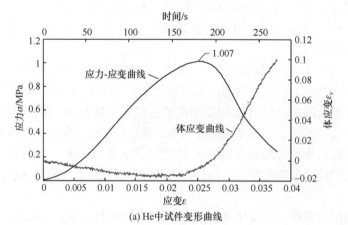

(a) He中试件变形曲线

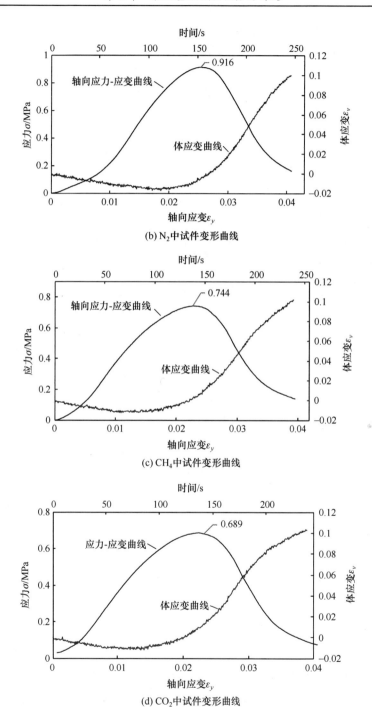

图 6.40　不同气体中煤体应力-应变与体应变曲线

　　在经典连续介质理论中，弹性模量、抗压强度、硬度等与材料性质有关的参数是不会受尺度影响的，也就是不会由于所观察的尺度不同而发生变化。但是在室内加载试验研究中，很多学者发现：由于试件加载属于硬端部加载，加载压头对岩石试件在水平方向上有较强的限制作用，在相同的应力作用下，试件端部将形成上下对称三角压应力区，环向变形相对试件来说要小得多，试件中部受端部影响较小，考虑压头摩擦力迫使端部应力偏高造成的端部效应，截取试件中间高度 80mm 范围内区域进行裂隙对比分析[89-91]。最终裂隙发育图像如图 6.41 所示。

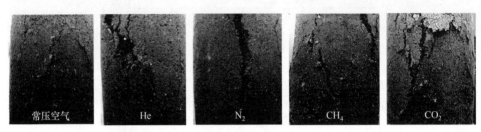

图 6.41　　不同气体中煤体峰后裂隙发育($\sigma=0.1\sigma_{max}$)

　　通过试验对比可知，充入惰性气体 He 基本不对煤体产生劣化作用，而对煤体充入吸附性较强的 CO_2 气体则显著降低了煤体强度等力学参数，通过计算得知，He 对煤体的吸附量为零，而煤体在 1.0MPa CO_2 压力环境中的吸附量为 23.27cm³/g，因此有必要对吸附量与煤体劣化结果进行分析讨论。进而通过所得峰值强度数据及实测煤体对 4 种气体的吸附平衡常数，代入 Langmuir 等温吸附方程和劣化率计算式(6-12)，得到煤体强度劣化率曲线与吸附量曲线，如图 6.42 所示。

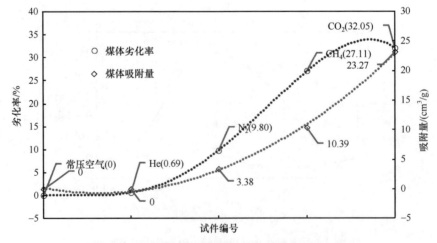

图 6.42　　不同气体中煤体劣化规律与吸附量关系曲线

由图 6.42 可知,在同等吸附压力和煤体强度下,煤体对 4 类气体的吸附量顺序为:$CO_2 > CH_4 > N_2 > He$,随着煤体吸附量的增加,煤体强度不断降低,劣化程度增大,其中充 CO_2 煤体吸附量最大,为 $23.27335cm^3/g$,对应劣化率为 32.05%,充 He 吸附量为 0,可认为不吸附无劣化作用。详细试验数据见表 6.9。

表 6.9　试验数据(试验一)

试验编号	试验气体	峰值强度/MPa	减小量/MPa	降低百分比/%	吸附量/(cm^3/g)
1	常压空气	1.014	0	0	0
2	He	1.007	0.007	~0	0
3	N_2	0.916	0.098	9.80	3.380205
4	CH_4	0.743	0.271	27.11	10.3936
5	CO_2	0.689	0.325	32.05	23.27335

2. 动静联合加载过程中气体吸附诱发煤体劣化试验研究

利用可视化恒容固气耦合试验系统与环向变形测试系统,采用同强度型煤试件充入高纯度 He、N_2、CH_4 和 CO_2 并与常压空气单轴加载对比分析,气体压力设置为 1.0MPa,煤体吸附稳压时间 24h,其他条件均与上述试验一致。在试验一的基础上,当试件进入峰后且强度达到峰值强度的 80% 时,选择 1kg 砝码并将冲击砝码提升到 400mm 高度进行冲击试验,记录观察试验过程中煤体强度、轴向-环向变形及裂隙发育规律,试验加载路径如图 6.43 所示,试验关键参数见表 6.10。

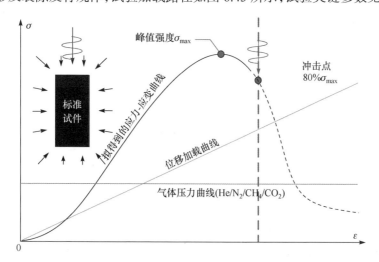

图 6.43　不同性质气体中煤体冲击扰动试验加载路径

表 6.10   试验关键参数(试验二)

试验编号	预制强度/MPa	试验气体	冲击节点	冲击力均值/N	冲击作用时间均值/ms	吸附压力/MPa	吸附温度/℃	吸附时间/h
1	1.0	He	峰后 $0.8\sigma_{max}$	7068.7	0.58	1.0	25	24
2	1.0	N_2	峰后 $0.8\sigma_{max}$	7068.7	0.58	1.0	25	24
3	1.0	CH_4	峰后 $0.8\sigma_{max}$	7068.7	0.58	1.0	25	24
4	1.0	CO_2	峰后 $0.8\sigma_{max}$	7068.7	0.58	1.0	25	24

试验测试曲线如图 6.44 所示。

冲击前后图像对比与试件最终破坏形态如图 6.45 所示。

将不同条件中煤体应力-应变和体应变曲线合并处理,如图 6.46(a)、(b)所示;将冲击前后所测试件轴向和环向变形整理得到体积扩容曲线,并代入应变率计算方程(6-13)得到冲击应变率曲线,如图 6.46(c)所示。

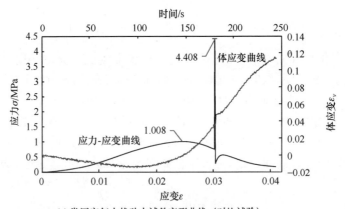

(a) 常压空气中扰动中试件变形曲线(对比试验)

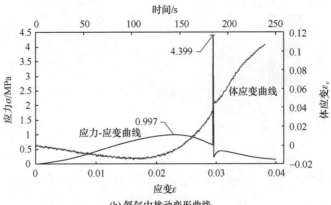

(b) 氦气中扰动变形曲线

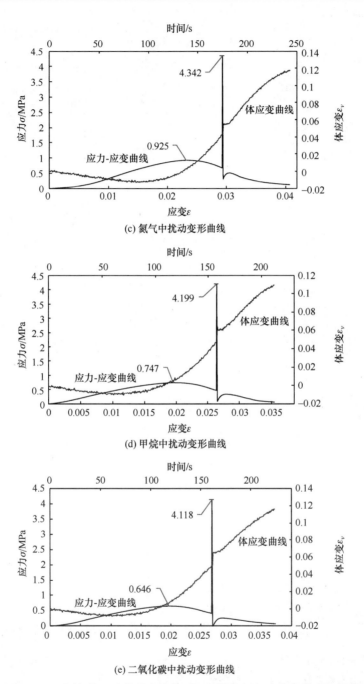

(c) 氮气中扰动变形曲线

(d) 甲烷中扰动变形曲线

(e) 二氧化碳中扰动变形曲线

图 6.44　不同气体、动静联合加载过程中煤体应力-应变与体应变曲线

(a)常压空气中扰动冲击试件裂隙扩展图像（对比试验）

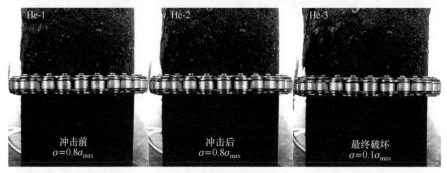

(b)氦气中扰动冲击试件裂隙扩展图像

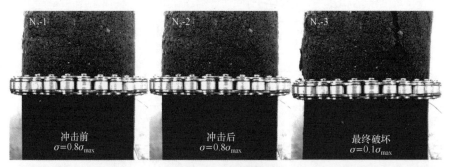

(c)氮气中扰动冲击试件裂隙扩展图像

(d)甲烷中扰动冲击试件裂隙扩展图像

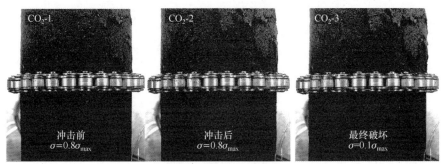

(e)二氧化碳中扰动冲击试件裂隙扩展图像

图 6.45　不同气体、动静联合加载冲击前后图像对比与试件最终破坏形态

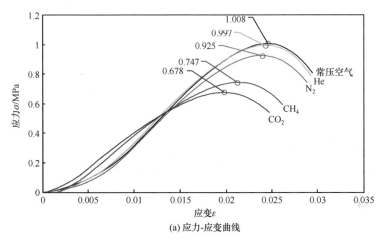

(a) 应力-应变曲线

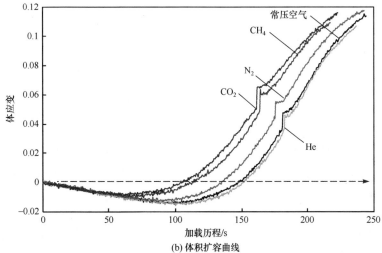

(b) 体积扩容曲线

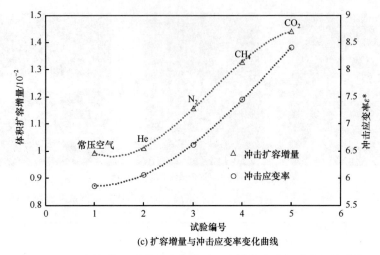

(c) 扩容增量与冲击应变率变化曲线

图 6.46　不同气体、动静联合加载过程中煤体劣化与冲击规律曲线

冲击应变率计算公式为

$$\varepsilon'=\mathrm{d}\varepsilon/\mathrm{d}t \tag{6-13}$$

式中，$\mathrm{d}\varepsilon$ 为应变量；$\mathrm{d}t$ 为单位时间。

　　由图 6.46 可知，在同等气体压力下，煤体强度-变形发展趋势与数值均与试验 1 保持一致，静态特征规律不再赘述；由图 6.46(c)可知，随着气体吸附性能的提高，相同应力阶段时受同等大小冲击作用后，煤体体积扩容量更大，更容易失稳破坏，其中吸附 CO_2 的体积扩容量对比常压空气中时增大了 1.45 倍，通过换算得到各类气体在该条件下冲击应变率均在 $10^0\sim10^1$ 范围内，冲击试验属于中应变率加载试验[91]，如图 6.47 所示。

　　结合图 6.45，煤体破坏形态特征对比图像可知，随着气体吸附性能的提高，相同应力阶段的煤体受冲击扰动后裂纹数量增加，裂隙发育更加丰富，在静态加载末期，充入 CO_2 煤体表面裂纹数量最多，并呈现"鱼鳞片"状膨胀和脱落趋势。试验详细数据见表 6.11。

3. 气体吸附诱发煤体损伤劣化试验与裂隙演化分形特征

　　利用可视化固气耦合试验仪器，采用同强度型煤试件充入高纯度 He、N_2、CH_4 和 CO_2 并与不充气单轴加载对比分析，气体压力设置为 1MPa，煤体吸附稳压时间 24h，为避免温度干扰，试验均在 25℃的恒温试验室内开展；待充分吸附后，通过轴向加载模块的位移控制方式对试件轴向加载，加载速率 1mm/min，监测试验过程中煤体强度、轴向-环向变形规律；采用高速摄像机对耦合加载过程中煤体裂隙发育特征进行实时录像，由于残余应力的存在，选取峰后加载进程中 10%～90%峰值强度点为研究对象，提取各阶段加载图像导入仿真软件进行分维计算，试验加载路径如图 6.48 所示。

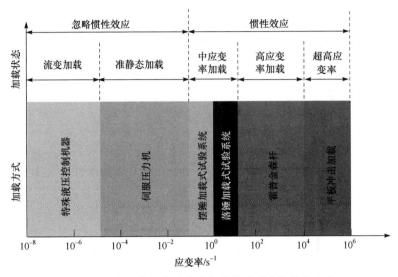

图 6.47　应变率加载试验设备分类及对应加载应变率

表 6.11　试验数据(试验二)

试验组号	平均单轴强度/MPa	试验气体	实测峰值强度/MPa	冲击扩容增量/10^{-2}	冲击应变率
1	1.014	常压空气	1.008	0.99	5.85
2	1.014	He	0.997	1.01	6.06
3	1.014	N_2	0.925	1.16	6.61
4	1.014	CH_4	0.747	1.33	7.44
5	1.014	CO_2	0.678	1.44	8.41

　　通过获取环向变形和轴向变形整理得到不同气体环境下煤体全应力-应变曲线和体应变变化曲线如图 6.49 所示。

　　由图 6.49 可知，由于煤体内部孔隙存在，在压缩初始阶段，轴向压缩应变大于侧向膨胀，环向变形量可视为零，煤体处于压密阶段，之后应力-应变曲线呈近似直线型发展，随着外力继续增加，体应变由负值转换为正值，出现扩容，当试件进入峰后阶段时，煤体内部结构遭到破坏产生宏观裂隙。随着气体吸附性能的提高，煤体更早地由压密阶段进入扩容阶段，煤体达到极限承载值与体积扩容点的位置不断提前，先后顺序为 $CO_2 > CH_4 > N_2 > He$。

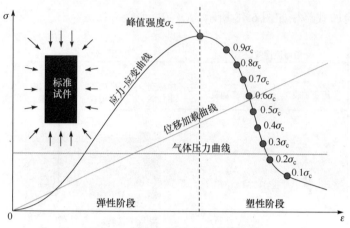

图 6.48　试验加载路径与数据监测

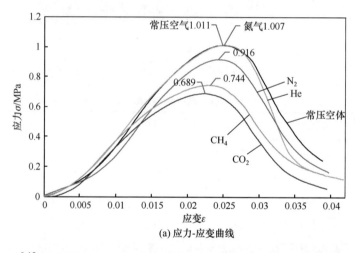

(a) 应力-应变曲线

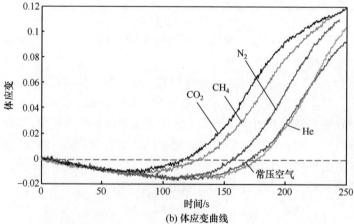

(b) 体应变曲线

图 6.49　不耦合状态下煤体应力-应变曲线和体应变变化曲线

通过高速摄像机监测得到加载过程中煤体裂隙发育特征，由于监测图像较多，选择以 10%峰值强度点为例进行说明，如图 6.50(a)所示，导入仿真软件得到不同固气耦合加载中煤体峰后裂纹演化过程，如图 6.50(b)所示。

(a) 煤体峰后破裂图像

常压空气 ($\sigma/\sigma_c=0.9$)	常压空气 ($\sigma/\sigma_c=0.8$)	常压空气 ($\sigma/\sigma_c=0.7$)	常压空气 ($\sigma/\sigma_c=0.6$)	常压空气 ($\sigma/\sigma_c=0.5$)	常压空气 ($\sigma/\sigma_c=0.4$)	常压空气 ($\sigma/\sigma_c=0.3$)	常压空气 ($\sigma/\sigma_c=0.2$)	常压空气 ($\sigma/\sigma_c=0.1$)
He($\sigma/\sigma_c=0.9$)	He($\sigma/\sigma_c=0.8$)	He($\sigma/\sigma_c=0.7$)	He($\sigma/\sigma_c=0.6$)	He($\sigma/\sigma_c=0.5$)	He($\sigma/\sigma_c=0.4$)	He($\sigma/\sigma_c=0.3$)	He($\sigma/\sigma_c=0.2$)	He($\sigma/\sigma_c=0.1$)
N_2($\sigma/\sigma_c=0.9$)	N_2($\sigma/\sigma_c=0.8$)	N_2($\sigma/\sigma_c=0.7$)	N_2($\sigma/\sigma_c=0.6$)	N_2($\sigma/\sigma_c=0.5$)	N_2($\sigma/\sigma_c=0.4$)	N_2($\sigma/\sigma_c=0.3$)	N_2($\sigma/\sigma_c=0.2$)	N_2($\sigma/\sigma_c=0.1$)
CH_4($\sigma/\sigma_c=0.9$)	CH_4($\sigma/\sigma_c=0.8$)	CH_4($\sigma/\sigma_c=0.7$)	CH_4($\sigma/\sigma_c=0.6$)	CH_4($\sigma/\sigma_c=0.5$)	CH_4($\sigma/\sigma_c=0.4$)	CH_4($\sigma/\sigma_c=0.3$)	CH_4($\sigma/\sigma_c=0.2$)	CH_4($\sigma/\sigma_c=0.1$)
CO_2($\sigma/\sigma_c=0.9$)	CO_2($\sigma/\sigma_c=0.8$)	CO_2($\sigma/\sigma_c=0.7$)	CO_2($\sigma/\sigma_c=0.6$)	CO_2($\sigma/\sigma_c=0.5$)	CO_2($\sigma/\sigma_c=0.4$)	CO_2($\sigma/\sigma_c=0.3$)	CO_2($\sigma/\sigma_c=0.2$)	CO_2($\sigma/\sigma_c=0.1$)

(b) 煤体峰后裂隙演化过程

图 6.50　不同气体环境中煤体裂隙发育与演化过程

通过所得峰值强度数据及实测煤体对 4 种气体的吸附平衡常数劣化率计算公式(6-12)和 Langmuir 等温吸附方程(6-14)得到煤体强度劣化率曲线与吸附量曲线，如图 6.51 所示。

$$X=abp/(1+bp) \tag{6-14}$$

式中，a、b 为吸附平衡常数；p 为加载时吸附压力。

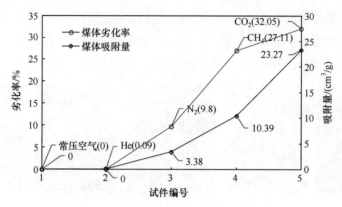

图 6.51 不同气体吸附后煤体劣化规律

由图 6.51 可知，在同等吸附压力下，煤体对 4 类气体的吸附量顺序为：$CO_2 > CH_4 > N_2 > He$，随着煤体吸附量的增加，煤体强度不断降低，劣化率升高，其中充 CO_2 煤体吸附量最大，为 23.27cm³/g，对应劣化率为 32.06%，充 He 劣化率 0.09%，吸附量为 0，可认为不吸附。

吸附作用中的煤体内部，其细观缺陷在耦合加载条件下的损伤演化规律十分复杂，理论研究表明岩体宏观物理性能的响应能够代表材料内部的劣化程度。因此可以运用宏观唯象损伤力学方法来研究气体吸附状态中煤体的细观损伤，通过试验所测试件在加载过程中的应力-应变关系，可将吸附煤体的损伤变量表示为无损状态时弹性模量与吸附损伤后的弹性模量之比来表示，如式(6-15)所示。需要指出的是，在自然界中不存在无损材料，即完全不含损伤的煤体是不存在的，大多数煤岩材料都带有不同形式的初始损伤，因此可将煤体在不吸附状态下的初始损伤状态作为基准损伤状态进行对比分析。煤体损伤因子变化曲线如图 6.52 所示。

$$\omega = 1 - \frac{E^*}{E_0} \tag{6-15}$$

式中，ω 为损伤因子；E^* 为吸附条件下煤体弹性模量；E_0 为不吸附状态下煤体弹性模量。

从损伤因子的变化规律可知，在气体吸附与荷载的共同作用下使得煤体的总损伤加剧，其中吸附 CO_2 的损伤因子为 0.323，是同条件下吸附 N_2 损伤因子的 6.1 倍。这说明随气体吸附性能的提高，煤体损伤劣化程度越来越大，抵抗破坏的能力越来越弱，也最终导致图 6.51 中煤体劣化率的增大。

当煤体处在峰前应力阶段时，由于吸附作用，加剧了煤体损伤劣化，导致其细观损伤进一步增加，内部的微孔隙可能扩展、分叉，而这些微损伤的汇合及贯通最终导致宏观裂纹的产生。为定量描述煤体在峰后宏观裂隙的扩展规律，采用

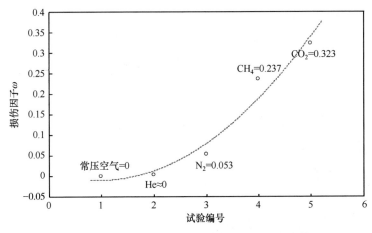

图 6.52　不同气体吸附后煤体损伤因子变化趋势

盒维数法，即通过不同尺寸的正方形格子($\delta \times \delta$)覆盖要测量的裂隙，得到不同尺寸下覆盖住测量物体的正方形格子数目 $N(\delta)$，最终根据格子尺寸与格子数目关系计算出分形维数，定义公式如下：

$$\lg N(\delta) = \lg k - D \lg \delta \tag{6-16}$$

式中，δ 为方格尺寸；k 为常数；D 为分形维数。

　　运用仿真软件对加载过程监测图像进行处理，将裂隙逐一提取并结合式 (6-15)进行计算，得到不同吸附气体在相同应力状态下裂隙分形维数，以峰后峰值强度 10%为例，如图 6.53 所示。

　　由图 6.53 最终截取的煤体裂隙破坏形态和分形拟合曲线可知：①各拟合曲线相关性系数 R^2 均大于 0.95，属于显著相关，说明气体吸附作用下煤岩表面裂纹分布具有明显的分形特性；②随着煤体吸附程度的提高，分形维数 D 不断提高，煤体裂隙发育更加复杂，由于 He 不与煤基质发生吸附反应，其裂纹发展形态与不加气裂纹形态类似，从宏观裂纹出现至最终破坏形态，均是由一条约 45°的倾斜裂隙不断扩展而成，属于典型的剪切破坏模式；③充入 N_2 的煤体其裂隙大致与水平面成 90°方向垂直发展，直至开裂破坏，属于典型的张拉破坏，随着气体吸附性质的提高，充入 CH_4 和 CO_2 的试件，由于加载过程中煤体吸附膨胀应力的存在，降低了煤体宏观强度并迫使其更容易发生失稳破坏，宏观裂隙发育和破坏模式也更加复杂，产生若干条主干裂隙的同时伴随着次生裂隙的不断发育，其分形维数更大，分别为 1.4355 和 1.4639。进一步整理得到煤体在不同气体耦合加载中峰后各阶段分形曲线，如图 6.54 所示。

　　综合分析，煤体在峰后不同气体加载过程中，分形维数在 0.6～1.5 变化，并随着加载进程的增加呈线性函数关系逐渐增大；与此同时，由于宏观裂纹的不断扩展，裂隙密度增长速率随加载进程的增加不断加大，当加载进程为 90% 时，即 10% 峰值强度，吸附 CO_2 的裂隙密度最大超过了煤基质的 10%。综上所述，通过计算分形维数和裂纹密度可以很好地描述吸附煤体裂纹发展的复杂性和规律性，不同应力阶段分形维数越大，煤体劣化程度越高，相同应力阶段的分形维数越高，气体吸附能力也就越强，裂隙发育则越复杂，裂隙密度也随之增加。

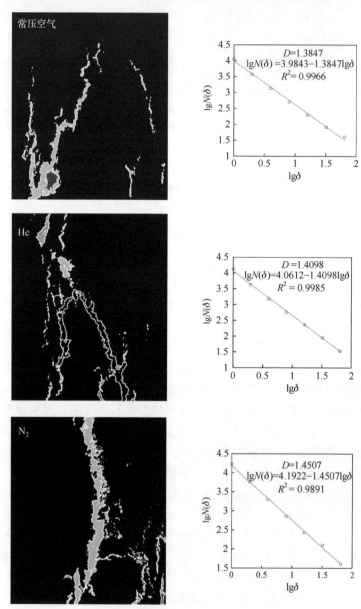

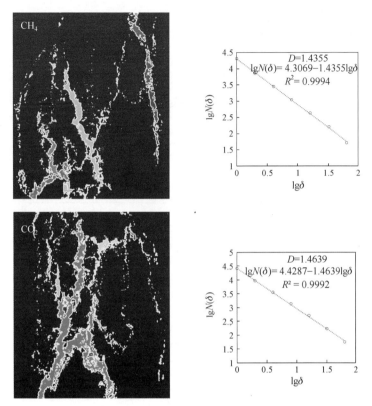

图 6.53 峰后相同应力阶段煤体裂纹发展特征与分维计算对比

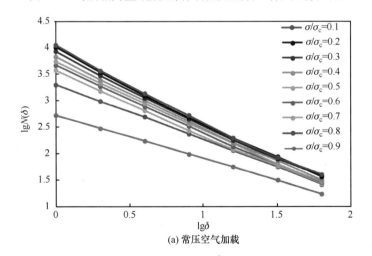

(a) 常压空气加载

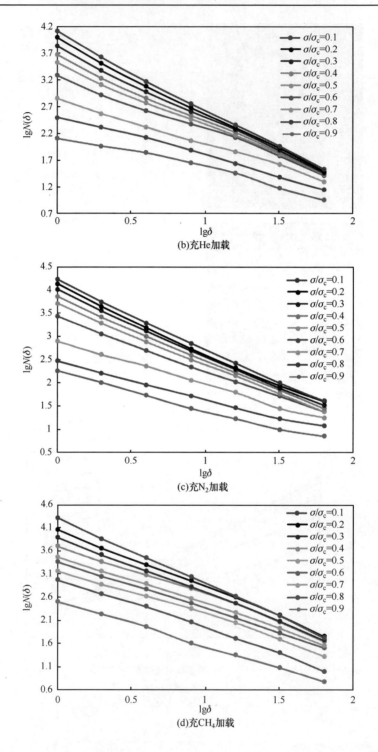

(b)充He加载

(c)充N₂加载

(d)充CH₄加载

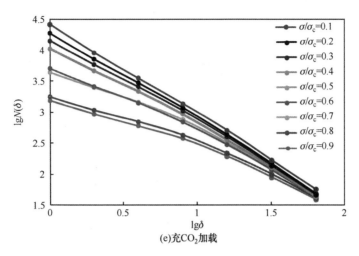

(e)充CO_2加载

图6.54　不同耦合环境中煤体各阶段分形曲线

4. 气体吸附诱发煤体损伤劣化的数值模拟试验

采用 PFC2D 数值分析软件，结合煤体吸附过程中宏细观力学参数的损伤劣化特征规律与峰后裂隙演化研究成果，基于 PFC 的接触模型开发了分析模型，得到不同试验条件中气体吸附诱发煤体损伤劣化的数值演化结果，数值试验模型如图 6.55 所示。

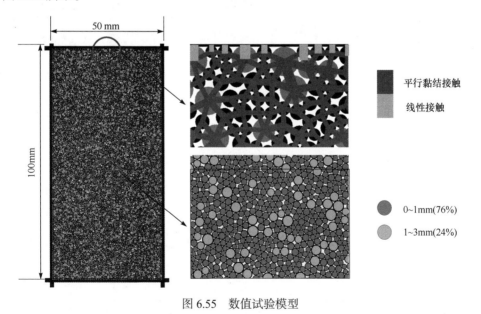

图 6.55　数值试验模型

通过对黏结有效模量 E^* 的不断取值，得到 E^*=35MPa 时，最接近室内试验数据

(图 6.56)，并得到弹性模量与黏结有效模量的函数关系：$E^* = 0.567E$，计算结果如图 6.57 所示。

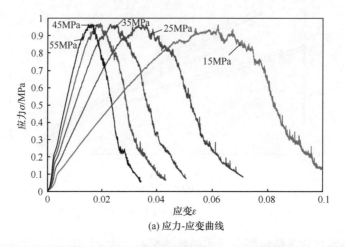

(a) 应力-应变曲线

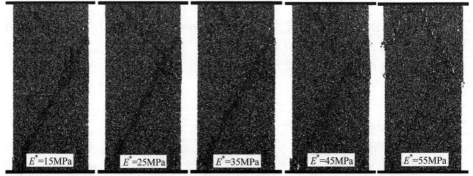

(b) 最终裂隙形态

图 6.56　不同黏结模量取值对模拟结果的影响

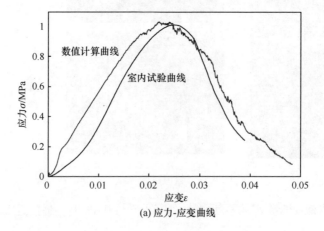

(a) 应力-应变曲线

(b) 最终裂隙扩展形态

图 6.57　数值模拟与试验结果对比

6.7.2　煤岩吸附瓦斯放散特性研究

利用"煤粒瓦斯放散测定仪"测试了不同放散环境压力下的煤粒瓦斯放散特征，并建立了考虑放散环境压力的煤体瓦斯放散模型。

试验选取粒径为 1～3mm 的煤样在 30℃恒定温度下进行试验，以便与前人测定结果进行对比分析。依据突出矿井瓦斯参数现场数据[92]及《防治煤与瓦斯突出规定》中涉及瓦斯压力的相关规定，确定煤样吸附平衡压力为 0.8MPa(相对压力)，放散环境压力分别为 0.0MPa(大气压力)、0.1MPa、0.2MPa、0.3MPa、0.4MPa、0.5MPa，对应的试验组分别为 0.8-0.0、0.8-0.1、0.8-0.2、0.8-0.3、0.8-0.4、0.8-0.5。试验煤样取自淮南矿业集团公司新庄孜矿 B_6 煤层，煤样的特征参数见表 6.12。

表 6.12　试验样品特征参数

坚固性系数	真密度/(g/cm³)	视密度/(g/cm³)	孔隙率/%	吸附常数 a/(cm³/g)	吸附常数 b/MPa^{-1}	水分/%	灰分/%	挥发分/%
0.21	1.47	1.42	3.4	21.7654	0.7362	2.3	22.46	28.62

突出过程极为短暂，瓦斯放散初期规律对准确测定瓦斯含量和预测煤与瓦斯突出具有重要意义。从瓦斯解吸释放内能的角度来讲，前 120s 内煤层的瓦斯解吸变化将是决定煤与瓦斯突出的关键因素[93]。因此，本次试验确定测定时间为 120s。

煤粒自 0.8MPa 吸附平衡压力放散至不同环境压力下的瓦斯放散量、放散速度随时间变化曲线如图 6.58、图 6.59 所示。

　　为便于试验结果分析，基于测得的吸附常数 a、b(表 6.12)，通过 Langmuir 方程获得各组试验条件对应的瓦斯吸附量，即瓦斯压力从放散环境压力 p_a 增至吸附平衡压力 p_b 对应的煤粒瓦斯吸附量 Q_{ba}，见表 6.13。

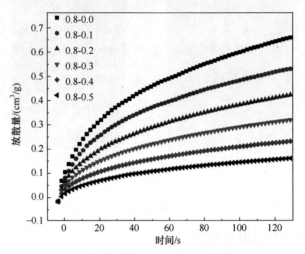

图 6.58　不同放散环境压力下放散量随时间变化曲线

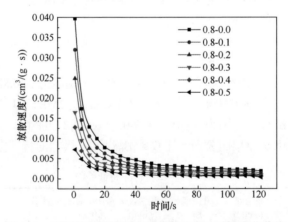

图 6.59　不同放散环境压力下放散速度随时间变化曲线

表 6.13　试验煤粒瓦斯吸附量及前 80s 瓦斯放散量

参数	试验组别					
	0.8-0.0	0.8-0.1	0.8-0.2	0.8-0.3	0.8-0.4	0.8-0.5
瓦斯吸附量 Q_{ba}/(cm³/g)	8.07	6.58	5.27	4.13	3.12	2.30
前 80s 瓦斯放散量 Q_t/(cm³/g)	0.562	0.457	0.364	0.280	0.206	0.147
前 80s 瓦斯放散量 Q_t 占对应吸附量 Q_{ba} 比例/%	6.97	6.95	6.90	6.79	6.62	6.42

试验结果显示，非常压放散环境压力下，瓦斯放散量、放散速度随时间变化趋势同常压放散环境压力下趋势一致，即瓦斯放散量随时间延长而变大，同时放散速度随时间延长而放缓。

相同吸附压力下，放散环境压力的不同对煤粒瓦斯放散速度、放散量影响较大。其影响规律为：放散环境压力越大，放散速度越小，且相同时间内瓦斯放散量越小。以第 20s 时数据为例，0.8-0.0 试验放散量为 0.313cm³/g，放散速度为 0.0083cm³/(g·s)，而 0.8-0.5 试验放散量仅为 0.081cm³/g，放散速度仅为 0.0021cm³/(g·s)，仅为常压放散环境下对应物理量的 25%。

某时间段内各放散环境压力下瓦斯放散量占对应瓦斯吸附量 Q_{ba} 比例相近。前 80s 内 0.0～0.5MPa 放散环境压力下瓦斯放散量占对应瓦斯吸附量 Q_{ba} 比例均接近 6.90%。其中，前 20s 的变化较为剧烈，前 20s 放散量变化幅度占测定时间内总变化幅度约 48%，而放散速度变化幅度占总变化幅度约 85%。

据研究，煤粒瓦斯放散遵循菲克扩散定律，其过程可采用经典扩散模型进行描述，其解析解可用式(6-17)表示。由式(6-17)可知，煤粒瓦斯放散量、放散速度主要由扩散系数和极限放散量决定。扩散系数是影响瓦斯在煤粒内扩散的重要动力学参数，表征物质扩散能力，煤样粒度、水分、温度、吸附压力等均会对扩散系数造成影响[94]。

$$\frac{Q_t}{Q_\infty} = 6\sqrt{\frac{Dt}{\pi r_0^2}} \tag{6-17}$$

式中，Q_t 为 t 时刻的累计瓦斯放散量；Q_∞ 为极限放散量(大致等于初始吸附量)；D 为扩散系数；r_0 为煤粒半径。

计算 120s 内 0.0～0.5MPa 放散环境压力下煤粒的扩散系数分别为 $9.63×10^{-7}cm^2/s$、$9.52×10^{-7}cm^2/s$、$9.51×10^{-7}cm^2/s$、$9.46×10^{-7}cm^2/s$、$9.43×10^{-7}cm^2/s$、$9.41×10^{-7}cm^2/s$。各放散环境压力下煤粒扩散系数几乎一致，这就解释了本试验得出的各放散环境压力下瓦斯放散量占对应瓦斯吸附量 Q_{ba} 比例相近的现象。而不同放散环境压力下瓦斯放散量差异则是由对应瓦斯吸附量 Q_{ba} 的差异造成的。

乌斯基诺夫式

$$Q_t = v_0\left[\frac{(1+t)^{1-n}-1}{1-n}\right]$$

的得出具有充实的理论依据，各参数具有明确的物理意义，其中 v_0 表示 t=0 时的瓦斯放散强度，n 是取决于煤质的系数。对于本试验，由于煤质相同，各放散环境压力下的 n 值应该相等；另外，由菲克扩散定律可知，煤粒瓦斯放散强度主要取决于扩散系数和瓦斯吸附量，而试验结果证明，各放散环境压力下煤粒扩散系数几乎一致，因此 v_0 应该与瓦斯吸附量呈比例关系。

试验数据的拟合结果证明了上述推论。各组试验的拟合公式中参数 n 值随放散环境压力的增长变化不大，其值均在 0.72 左右，如图 6.60(a)所示。而参数 v_0 值与各试验条件下的吸附量线性关系较好，如图 6.60(b)所示，其线性关系可表示为式(6-18)，对应本次试验，$\omega=0.0951$。

$$v_0 = \omega Q_{\mathrm{ba}} = \omega\left(\frac{abp_{\mathrm{b}}}{1+bp_{\mathrm{b}}} - \frac{abp_{\mathrm{a}}}{1+bp_{\mathrm{a}}}\right) \tag{6-18}$$

式中，v_0 为乌斯基诺夫式中的参数，表征 $t=0$ 时的瓦斯放散强度；ω 为新引入参数，描述 v_0 与吸附量的线性关系。

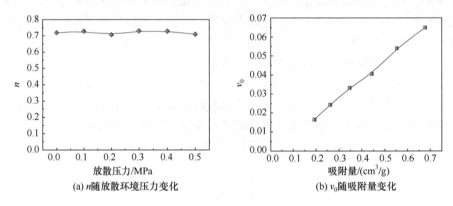

图 6.60　乌斯基诺夫式参数变化规律

依据以上参数的变化规律，将式(6-18)代入乌斯基诺夫式，可对拟合度较高的乌斯基诺夫式进行修正。修正后的放散量公式为

$$Q_t = \omega\left(\frac{abp_{\mathrm{b}}}{1+p_{\mathrm{b}}} - \frac{abp_{\mathrm{a}}}{1+p_{\mathrm{a}}}\right)\frac{(1+t)^{1-n}-1}{1-n} \tag{6-19}$$

放散速度公式为放散量公式对时间 t 的一阶导数，表示为

$$v_t = \omega\left(\frac{abp_{\mathrm{b}}}{1+p_{\mathrm{b}}} - \frac{abp_{\mathrm{a}}}{1+p_{\mathrm{a}}}\right)(1+t)^{-n} \tag{6-20}$$

式中，n 为乌斯基诺夫式中的参数，其大小取决于煤质。

相比于原公式，修正后的公式增加了对放散环境压力影响因素的考虑，通过引入吸附平衡常数 a、b 以及吸附平衡压力 p_{b}、放散环境压力 p_{a}，反映出放散环境压力对煤粒放散特征的影响。

对于粒度成分、水分、测试温度固定的煤样，通过测定瓦斯常压放散特征确定参数 ω 与 n，便可获得该煤样在固定吸附平衡压力、任意放散环境压力下的瓦

斯放散特征。经 30 余组非常压放散试验验证，公式拟合度均在 0.98 以上，证明
该公式可以较好地描述短时间内煤粒瓦斯非常压放散特征。图 6.61、图 6.62 为淮
南矿业集团公司新庄孜矿 B_6 煤层 1～3mm 煤粒在 30℃恒温、吸附平衡压力
1.2MPa 下的非常压瓦斯放散特征试验值与修正的乌斯基诺夫式计算值对比，其
中经瓦斯常压放散确定参数值为 $\omega=8.226\times10^{-3}$，$n=0.70772$。

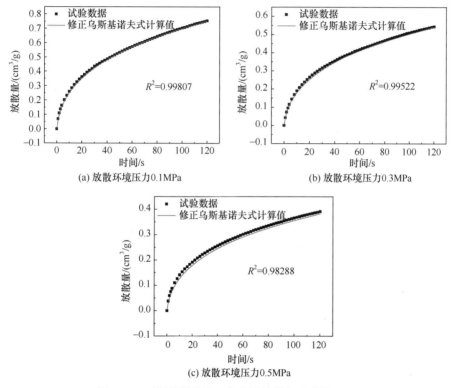

图 6.61　瓦斯放散量修正乌式计算值与试验值对比

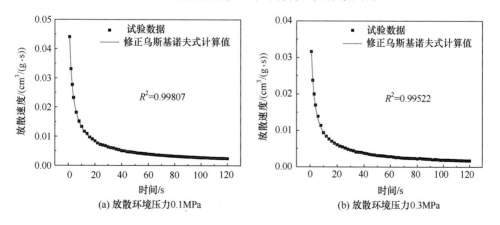

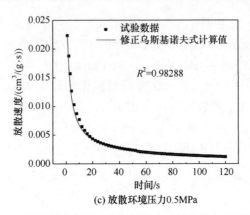

(c) 放散环境压力0.5MPa

图 6.62　瓦斯放散速度修正乌斯基诺夫式计算值与试验值对比

6.7.3　瓦斯膨胀能影响规律研究

利用煤粒初始释放瓦斯膨胀能测定仪开展不同喷口面积、瓦斯压力和煤样粒径对初始释放瓦斯膨胀能的影响规律和温度效应试验。

1. 喷口面积和瓦斯压力对膨胀能的影响规律

不同喷口面积和瓦斯压力下测试得到的初始释放瓦斯膨胀能见表 6.14。其随瓦斯压力的变化规律如图 6.63 所示。

表 6.14　不同喷口面积和气压下初始释放瓦斯膨胀能结果

瓦斯压力/MPa	初始释放瓦斯膨胀能/(mJ/g)		
	喷口面积 1.13mm²	喷口面积 2.26mm²	喷口面积 3.39mm²
0.5	14.12	12.44	10.45
0.75	29.09	24.40	21.60
1.0	37.36	29.44	24.94
1.25	44.85	34.72	31.86
1.5	55.55	46.88	38.97

由膨胀能变化曲线可以看出，随着气体压力的增加，初始释放瓦斯膨胀能也逐渐增加，两者呈线性关系。在相同的气体压力下，喷口面积越大，对应的瓦斯膨胀能越小。以 1.0MPa 气体压力为例，喷口面积为 1.13mm² 时，瓦斯膨胀能为 37.36mJ/g；当喷口面积为 2.26mm² 时，所测瓦斯膨胀能为 29.44mJ/g；当喷口面积为 3.39mm² 时，所测瓦斯膨胀能减小为 24.94mJ/g。喷口面积每增加一倍，所测瓦斯膨胀能减小幅度达 15% 以上。这是因为喷口面积越大，瓦斯气体在突出过程中持续的时间越短，从煤体裂隙中解吸出来的瓦斯越少，测得膨胀能越小。而

后续解吸出来的瓦斯，由于瓦斯压力较小，并不会引起突出，故不计入初始释放瓦斯膨胀能。以 1.0MPa 气体压力为例，当喷口面积分别为 1.13mm²、2.26mm²、3.39mm² 时，瓦斯膨胀能的有效测定时间分别为 3.9s、1.8s 和 1.1s。

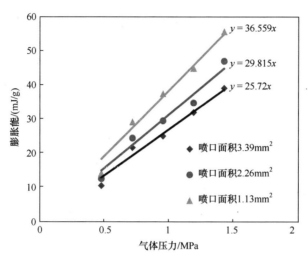

图 6.63　喷口面积和瓦斯压力对膨胀能的影响规律

喷口面积的变化，并不会影响膨胀能与气体压力之间的线性关系，而且随着喷口面积增大，斜率相应减小。这是由于在瓦斯压力较大时，不同喷口面积之间瓦斯气体在突出过程中持续时间的差值越大，因而造成的膨胀能差值越大。例如，在 1.0MPa 气体压力下，喷口面积为 1.13mm² 和 2.26mm² 瓦斯气体在突出过程中持续时间的差值为 2.1s，而在 1.5MPa 气体压力下，差值高达 3.2 s。

2. 喷口面积和煤样粒径对膨胀能的影响规律

在 1MPa 气体压力下，初始释放瓦斯膨胀能随煤样粒径的变化规律测定结果见表 6.15。

表 6.15　不同喷口面积和煤样粒径初始释放瓦斯膨胀能结果

煤样粒径/mm	平均粒径/mm	初始释放瓦斯膨胀能/(mJ/g)		
		喷口面积 1.13mm²	喷口面积 2.26mm²	喷口面积 3.39mm²
0.15～0.6	0.375	52.97	39.22	30.49
0.6～1.25	0.925	37.36	29.44	24.94
1.25～3	2.125	32.04	24.80	20.03
3～5	4	26.67	21.20	18.58
5～10	7.5	23.66	19.11	16.44

喷口面积和煤样粒径对膨胀能的影响规律如图 6.64 所示。由膨胀能变化曲线可知，煤样粒径越大，初始释放瓦斯膨胀能越小。

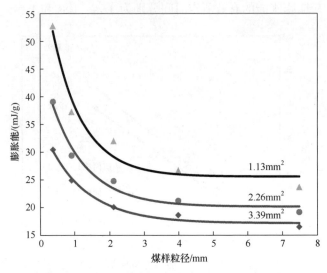

图 6.64　喷口面积和煤样粒径对膨胀能的影响规律

利用绘图软件对结果进行曲线拟合，结果如下：瓦斯膨胀能 W 与煤样平均粒径 d 呈负指数下降的关系：

$$\begin{cases} 1.13\text{mm}^2 : W = 25.609 + 40.578\text{e}^{-1.138d} \\ 2.26\text{mm}^2 : W = 20.121 + 26.693\text{e}^{-0.978d} \\ 3.39\text{mm}^2 : W = 17.124 + 18.208\text{e}^{-0.863d} \end{cases} \qquad (6\text{-}21)$$

由此可知，瓦斯膨胀能 W 与煤样平均粒径 d 呈负指数下降的关系，且满足关系式

$$W = a + b\text{e}^{-kd} \qquad (6\text{-}22)$$

式中，a、b、k 为相关系数。

在相同气体压力下，喷口面积越大，对应的相关系数 a、b、k 越小，即瓦斯膨胀能越小。喷口面积越大，瓦斯持续放散的时间越短，从煤体中解吸出来的吸附瓦斯越少，因此测得膨胀能越小。

3. 瓦斯释放过程煤体的温度变化

试验获得了瓦斯释放过程煤体内的温度变化情况，图 6.65 给出了前 5s 的温度变化曲线。

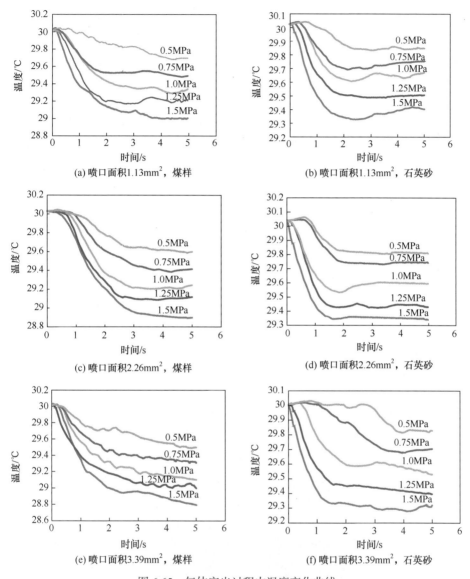

图 6.65　气体突出过程中温度变化曲线

由图 6.65 可以看出，气体快速释放过程中，煤样罐内温度急剧下降，当试验材料为煤样时，最大下降幅度达 1.2℃，当试验材料为石英砂时，幅度最大为 0.7℃。在相同的喷口面积和相同的瓦斯压力下，煤样的温度降低值总是大于石英砂，最大差值达 0.5℃。

煤样罐内温度下降原因是高压气体降压吸热和瓦斯解吸吸热。其中煤样温度的下降跟以上两个原因都有关，而石英砂温度的降低只跟高压气体降压吸热有关，同时整个过程十分短暂，煤与石英砂的导热系数极低，因此传感器测到的温度应为气体和煤与石英砂颗粒的表面温度，所以可认为吸附瓦斯解吸而造成的温度变化最大为 0.5℃。

6.7.4 受力过程煤岩气体渗透特性研究

利用岩石三轴力学渗透测试仪，进行含瓦斯煤变形破坏全过程中的渗透率测定试验。

1. 试验原理

试验过程中，煤样中气体的流动遵循气体渗流理论，即煤层中的瓦斯运移符合线性渗流规律——达西定律。根据采集煤样中的气体流量以及煤样两端的气体压力，计算得到含瓦斯煤的渗透率。计算渗透系数 k 的公式如下[64]：

$$k = \frac{2Qp\mu L}{A(p_i^2 - p_o^2)} \tag{6-23}$$

式中，k 为渗透率；Q 为标准大气压下瓦斯渗流流量；p 为标准大气压力；μ 为瓦斯气体动力黏度；L 为试件长度；A 为试样横截面面积；p_i 为进气口瓦斯压力，p_o 为出气口瓦斯压力。

2. 试样制作与准备

试验所需煤样采用与原煤力学特性变化规律具有良好一致性且力学性质稳定可控的型煤，采用新庄孜矿 B_6 煤层原煤干燥后经破碎筛分后的煤粉，并使用文献[95]的方法制作了若干个型煤标准试样(图 6.66)，试样制备参数见表 6.16。

图 6.66　型煤标准试样

表 6.16　试件制备参数

试样尺寸	粒径分布(0～1mm：1～3mm)	黏结剂浓度/%	预制强度/MPa
ϕ50mm×100mm	0.76：0.24	3.25	2.00

3. 试验方案

为有效控制变量，深入研究孔隙压力对含瓦斯煤渗透特性的影响规律，进行相同型煤预制强度、相同围压、不同孔隙压力的三轴渗流试验，具体试验方案见表 6.17。

表 6.17　试验方案

编号	试件强度/MPa	瓦斯压力/kPa	围压/kPa
1	2	300	700
2	2	400	700
3	2	500	700
4	2	600	700

4. 试验步骤

(1) 试件安装：首先选择完整无损的厚度为 1mm 的乳胶膜，通过楔形密封套筒将其安装在楔形密封基座上，为保证气密性，均匀对称地紧固螺栓。先将活塞杆前进一段距离以保持乳胶膜竖直安装。其次将标准试件安装完毕，最后安装环向位移测试模块。

(2) 管路连接：将进气管路、出气管路、进油管路和出油管路连接完毕，并检查各系统是否正常工作。

(3) 真空脱气：检查试验容器气密性，打开出气阀门，使用真空泵进行脱气，脱气时间一般为 24h，以保证良好的脱气效果。

(4) 吸附平衡：脱气后，关闭出气阀门，并施加一定的轴压和围压，调节高压气体钢瓶出气阀门，保持瓦斯压力一定，向试件内充气，充气时间一般 24h，使气体充分吸附平衡。

(5) 进行试验：启动电脑加载控制程序，按照制定的试验方案进行不同条件下的试验。

5. 试验结果与讨论

试验获得了四组含瓦斯煤样全应力-应变与渗透率关系曲线，如图 6.67～图 6.70 所示。

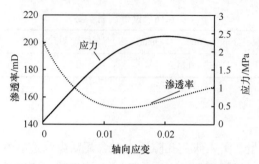

图 6.67　全应力-应变与渗透率关系曲线(试件 1)

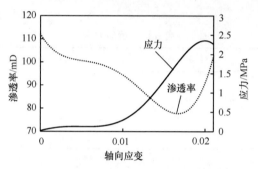

图 6.68　全应力-应变与渗透率关系曲线(试件 2)

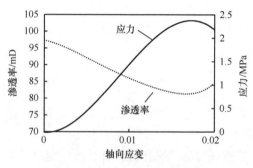

图 6.69　全应力-应变与渗透率关系曲线(试件 3)

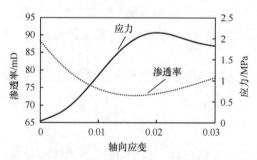

图 6.70　全应力-应变与渗透率关系曲线(试件 4)

　　试验分析了相同强度型煤、相同围压不同瓦斯压力等条件下煤岩渗透率变化规律，结果表明：

　　(1) 型煤试件轴向受力初期的渗透率变化较小，可作为煤岩在该静态三轴应力状态下的初始渗透率。

　　(2) 不同三轴应力状态下的含瓦斯煤岩渗透率与应变的关系都呈经典的 V 形趋势。

　　(3) 随着轴向应变的增加，煤样内部微裂隙闭合渗透率减小；煤样进入塑性屈服阶段后，在应力峰值前，由于煤岩体中裂隙扩展，渗透率开始增大，并达到最大渗透率。

　　(4) 最终渗透率低于初始渗透率。最终渗透率低于初始渗透率主要是因为在应力加载后期的二次压实，减小了试件的孔隙和裂隙，使试件更加密实。

　　(5) 在三轴应力状态下的含瓦斯煤岩渗透率随着围压的增大渗透率减小，表明在压缩过程中围压对煤岩的裂隙起到压密的作用，抑制了煤岩内部裂隙的发展。

　　此外，前三组试验同时采集了三轴应力状态下煤岩的轴向和环向变形数据，试验结果如图 6.71 所示。

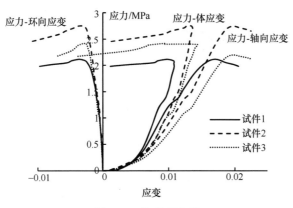

图 6.71　体应变曲线

　　由图 6.71 的测试结果可知，相同强度的型煤在相同围压的状态下，瓦斯压力越大型煤试件强度越低。轴向加载过程中，型煤试件的体应变先增大到最大值，然后减小。前期的应变突增是试件二次压实的结果，同时造成了试件的渗透率降低，随着轴向压力的进一步加载，试件径向迅速膨胀造成内部裂隙进一步发育、孔隙增大，对气体的阻力减小，型煤试件的渗透率增加。因此，试验一直处于被压缩状态，内部孔隙、裂隙进一步被压实，所以试件的最终渗透率低于起始渗透率。

6.8 小　结

从研发思路、设计原理、功能参数等方面详细介绍了可视化恒容固气耦合试验仪、标准试件环向位移测试系统、岩石三轴力学渗透测试仪、煤粒初始释放瓦斯膨胀能测定仪、煤粒瓦斯放散测定仪和相似材料气体渗透率测试仪等六套基础试验仪器，并通过试验验证了仪器系统的可行性，为煤与瓦斯突出试验仪器的设计以及相似体系构建和相似材料研发等提供了思路与参考，同时为深入研究含瓦斯煤物理力学特性提供了科学试验仪器。

参 考 文 献

[1] 申宝宏. 中国煤矿灾害防治战略研究[M]. 徐州：中国矿业大学出版社, 2011

[2] 胡千庭, 周世宁, 周心权. 煤与瓦斯突出过程的力学作用机理[J]. 煤炭学报, 2008, 33(12): 1368-1372

[3] 袁亮, 薛生, 谢军. 瓦斯含量法预测煤与瓦斯突出的研究与应用[J]. 煤炭科学技术, 2011, 39(3): 52-56

[4] Qiao J Y. Julia sets and complex singularities in diamond-like hierarchical Potts models[J]. Science in China, 2005, (3): 102-126

[5] Qiao J Y. On the preimages of parabolic periodic points[J]. Nonlinearity, 2000, 13(3): 813-818

[6] 聂百胜, 卢红奇, 李祥春, 等. 煤体吸附-解吸瓦斯变形特征实验研究[J]. 煤炭学报, 2015, 40(4): 40-45

[7] Lawson H E, Tesarit D, Larson M K, et al. Effects of overburden characteristics on dynamic failure in underground coal mining[J]. International Journal of Mining Science and Technology, 2017, 27(1): 121-129

[8] 唐巨鹏, 潘一山, 杨森林. 三维应力下煤与瓦斯突出模拟试验研究[J]. 岩石力学与工程学报, 2013, (5): 960-965

[9] 刘清泉. 多重应力路径下双重孔隙煤体损伤扩容及渗透性演化机制与应用[J]. 中国矿业大学, 2015

[10] 严家平, 李建楼. 声波作用对煤体瓦斯渗透性影响的实验研究[J]. 煤炭学报, 2010, 35(Z1): 81-85

[11] 滕腾, 高峰, 高亚楠, 等. 循环气压下原煤微损伤及其破碎特性试验研究[J]. 中国矿业大学学报, 2017, 46(2): 306-311

[12] Yin G Z, Li W P, Jiang C B, et al. Mechanical property and permeability of raw coal containing methane under unloading confining pressure[J]. International Journal of Mining Science and Technology, 2013, 23(6): 789-793

[13] 袁瑞甫, 李怀珍. 含瓦斯煤动态破坏模拟实验设备的研制与应用[J]. 煤炭学报, 2013, 38(S1): 117-123

[14] 田坤云, 张瑞林. 高压水及负压加载状态下三轴应力渗流试验装置的研制[J]. 岩土学,

2014, 35(11): 3338-3344

[15] 徐佑林, 康红普, 张辉, 等. 卸荷条件下含瓦斯煤力学特性试验研究[J]. 岩石力学与工程学报, 2014, 33(S2): 3476-3488

[16] 潘一山, 罗浩, 李忠华, 等. 含瓦斯煤岩围压卸荷瓦斯渗流及电荷感应试验研究[J]. 岩石力学与工程学报, 2015, 34(4): 713-719

[17] Wang S G, Elsworth D, Liu J S. Rapid decompression and desorption induced energetic failure in coal[J]. Journal of Rock Mechanics and Geotechnical Engineering, 2015, 7(3): 345-350

[18] Liu X F, Wang X R, Wang E Y, et al. Effects of gas pressure on bursting liability of coal under uniaxial conditions[J]. Journal of Natural Gas Science and Engineering, 2017, 39: 90-100

[19] Chen H D, Cheng Y P, Ren T, et al. Permeability distribution characteristics of protected coal seams during unloading of the coal body[J]. International Journal of Rock Mechanics and Mining Sciences, 2014, 71: 105-116

[20] 黄滚, 张鑫, 尹光志, 等. 煤瓦斯多场耦合显微观测试验装置的研制与应用[J]. 岩土力学, 2015, 36(S2): 715-721

[21] Mitra A, Harpalani S, Liu S. Laboratory measurement and modeling of coal permeability with continued methane production: Part 1-Laboratory results[J]. Fuel, 2012, 94: 110-116

[22] Day S, Fry R, Sakurovs R. Swelling of coal in carbon dioxide, methane and their mixtures[J]. International Journal of Coal Geology, 2012, 93: 40-48

[23] 王汉鹏, 李清川, 李术才, 等. 基于角度量测的岩土圆柱试件环向变形测试方法及系统应用[J]. 岩石力学与工程学报, 2018, 37(11): 2576-2583

[24] 李晓照, 邵珠山. 脆性岩石渐进及蠕变失效特性宏细观力学模型研究[J]. 岩土工程学报, 2016, 38(8): 1391-1398

[25] 夏开文, 徐颖, 姚伟, 等. 静态预应力条件作用下岩板动态破坏行为试验研究[J]. 岩石力学与工程学报, 2017, 36(5): 1122-1132

[26] Moustabchir H, Arbaoui J, Azari Z, et al. Experimental/numerical investigation of mechanical behaviour of internally pressurized cylindrical shells with external longitudinal and circumferential semi-elliptical defects[J]. Alexandria Engineering Journal, 2018, 57(3): 1339-1347

[27] 唐浩, 李天斌, 陈国庆, 等. 水力作用下砂岩三轴卸荷试验及破裂特性研究[J]. 岩土工程学报, 2015, 37(3): 519-525

[28] 尤明庆, 华安增. 岩样三轴压缩过程中的环向变形[J]. 中国矿业大学学报, 1997, (1): 3-6

[29] 种照辉, 李学华, 鲁竞争, 等. 基于数字图像与数值计算的节理岩体锚固效应研究[J]. 岩土工程学报, 2017, 39(7): 1225-1233

[30] Angelidi M, Vassilopoulos A P, Keller T. Displacement rate and structural effects on Poisson ratio of a ductile structural adhesive in tension and compression[J]. International Journal of Adhesion and Adhesives, 2017, 78: 13-22

[31] Widdle R D, Bajaj A K, Davies P. Measurement of the Poisson's ratio of flexible polyurethane foam and its influence on a uniaxial compression model[J]. International Journal of Engineering Science, 2008, 46(1): 31-49

[32] 郭文婧, 马少鹏, 康永军, 等. 基于数字散斑相关方法的虚拟引伸计及其在岩石裂纹动态

观测中的应用[J]. 岩土力学, 2011, 32(10): 3196-3200

[33] 马永尚, 陈卫忠, 杨典森, 等. 基于三维数字图像相关技术的脆性岩石破坏试验研究[J]. 岩土力学, 2017, 38(1): 117-123

[34] 王波, 吴亚波, 郭洪宝, 等. 2D-C/SiC复合材料偏轴拉伸力学行为研究[J]. 材料工程, 2017, 45(7): 91-96

[35] 第五强强, 张伟伟. 基于应变片的弹性体分布式位移测量方法[J]. 西北工业大学学报, 2017, 35(3): 422-427

[36] 李顺群, 高凌霞, 冯慧强, 等. 一种接触式三维应变花的工作原理及其应用[J]. 岩土力学, 2015, 36(5): 1513-1520

[37] ASTM. Standard test method for Poisson's ratio at room temperature[S]. ASTM, 2010

[38] 王伟, 题正义, 张宏岩. 改进型岩石试验机检测系统的研究[J]. 矿山机械, 2008, 36(4): 63-65

[39] 李铀. 利用电容原理测量试件的横向变形[J]. 岩土力学, 1990, (3): 75-78

[40] Paepegem W V, de Baere I, Lamkanfi E, et al. Monitoring quasi-static and cyclic fatigue damage in fibre-reinforced plastics by Poisson's ratio evolution[J]. International Journal of Fatigue, 2010, 32(1): 184-196

[41] Yilmaz C, Akalin C, Kocaman E S, et al. Monitoring Poisson's ratio of glass fiber reinforced composites as damage index using biaxial fiber Bragg Grating sensors[J]. Polymer Testing, 2016, 53: 98-107

[42] 汪斌, 朱杰兵, 邬爱清. MTS815系统变形测试技术的若干改进[J]. 长江科学院院报, 2010, 27(12): 94-98

[43] Zhang Q B, Zhao J. A review of dynamic experimental techniques and mechanical behaviour of rock materials[J]. Rock Mechanics and Rock Engineering, 2014, 47(4): 1411-1478

[44] Zhu W, Liu L, Liu J, et al. Impact of gas adsorption-induced coal damage on the evolution of coal permeability[J]. Rock Mechanics & Rock Engineering, 2013, 46(6): 1353-1366

[45] Wei L, Tianwei R, Andreas B, et al. Architecture, stress state and permeability of a fault zone in Jiulishan coal mine, China: Implication for coal and gas outbursts[J]. International Journal of Coal Geology, 2018, 198: 1-13

[46] Sobczyk J. A comparison of the influence of adsorbed gases on gas stresses leading to coal and gas outburst[J]. Fuel, 2014, 115(2): 288-294

[47] Yang D, Chen Y, Tang J, et al. Experimental research into the relationship between initial gas release and coal-gas outbursts[J]. Journal of Natural Gas Science and Engineering, 2018, 50: 157-165

[48] Chen H D, Cheng Y P, Zhou H X, et al. Damage and permeability development in coal during unloading[J]. Rock Mechanics and Rock Engineering, 2013, 46(6): 1377-1390

[49] Liu Y, Li X, Li Z, et al. Experimental study of the surface potential characteristics of coal containing gas under different loading modes (uniaxial, cyclic and graded)[J]. Engineering Geology, 2019, 249: 102-111

[50] Liu X, Wang X, Wang E, et al. Effects of gas pressure on bursting liability of coal under uniaxial conditions[J]. Journal of Natural Gas Science & Engineering, 2017, 39: 90-100

[51] Zhao H, Wang T, Zhang H, et al. Permeability characteristics of coal containing gangue under the effect of adsorption[J]. Journal of Petroleum Science and Engineering, 2019, 174: 553-562

[52] Li B, Yang K, Xu P, et al. An experimental study on permeability characteristics of coal with slippage and temperature effects[J]. Journal of Petroleum Science and Engineering, 2019, 175: 294-302

[53] Wang G, Li W, Wang P, et al. Deformation and gas flow characteristics of coal-like materials under triaxial stress conditions[J]. International Journal of Rock Mechanics and Mining Sciences, 2017, 91: 72-80

[54] Ju Y, Zhang Q, Zheng J, et al. Experimental study on CH_4 permeability and its dependence on interior fracture networks of fractured coal under different excavation stress paths[J]. Fuel, 2017, 202: 483-493

[55] Jiang C, Duan M, Yin G, et al. Experimental study on seepage properties, AE characteristics and energy dissipation of coal under tiered cyclic loading[J]. Engineering Geology, 2017, 221: 114-123

[56] Peng S J, Xu J, Yang H W, et al. Experimental study on the influence mechanism of gas seepage on coal and gas outburst disaster[J]. Safety Science, 2012, 50(4): 816-821

[57] Wang D, Lv R, Wei J, et al. An experimental study of the anisotropic permeability rule of coal containing gas[J]. Journal of Natural Gas Science and Engineering, 2018, 53: 67-73

[58] Wang D, Peng M, Wei J, et al. Development and application of tri-axial creep-seepage-adsorption and desorption experimental device for coal[J]. Journal of China Coal Society, 2016, 25(8): 27-43

[59] Li M, Yin G, Xu J, et al. A novel true triaxial apparatus to study the geomechanical and fluid flow aspects of energy exploitations in geological formations[J]. Rock Mechanics and Rock Engineering, 2016, 49(12): 4647-4659

[60] Lu J, Yin G, Li X, et al. Deformation and CO_2 gas permeability response of sandstone to mean and deviatoric stress variations under true triaxial stress conditions[J]. Tunnelling and Underground Space Technology, 2019, 84(FEB): 259-272

[61] Li M, Yin G, Xu J, et al. Permeability evolution of shale under anisotropic true triaxial stress conditions[J]. International Journal of Coal Geology, 2016, 165: 142-148

[62] Du W, Zhang Y, Meng X, et al. Deformation and seepage characteristics of gas-containing coal under true triaxial stress[J]. Arabian Journal of Geosciences, 2018, 11(9): 1-13

[63] Wang G, Wang P, Guo Y, et al. A novel true triaxial apparatus for testing shear seepage in gas-solid coupling coal[J]. Geofluids, 2018, 2018: 1-9

[64] Wang H, Xu W, Cai M, et al. Gas permeability and porosity evolution of a porous sandstone under repeated loading and unloading conditions[J]. Rock Mechanics and Rock Engineering, 2017, 50(6): 1-13

[65] Wang H, Zhang Q, Yuan L, et al. Development of a similar material for methane-bearing coal and its application to outburst experiment[J]. Rock and Soil Mechanics, 2015, 36(6): 1676-1682

[66] 朱连山. 关于煤层中的瓦斯膨胀能[J]. 煤矿安全, 1985, (2): 47-50

[67] 俞启香. 矿井瓦斯防治[J]. 徐州: 中国矿业大学出版社, 1992

[68] 文光才. 煤与瓦斯突出能量的研究[J]. 矿业安全与环保, 2003, (6): 1-3

[69] 王刚, 程卫民, 谢军, 等. 瓦斯含量在突出过程中的作用分析[J]. 煤炭学报, 2011, 36(3): 429-434

[70] 景国勋, 张强. 煤与瓦斯突出过程中瓦斯作用的研究[J]. 煤炭学报, 2005, (2): 169-171

[71] 陈鲜展, 袁亮, 薛生, 等. 瓦斯含量法在煤与瓦斯突出能量分析中的应用[J]. 中国安全科学学报, 2017, (10): 93-98

[72] Lim K T, Aziz K. Matrix-fracture transfer shape factors for dual-porosity simulators[J]. Journal of Petroleum Science and Engineering, 1995, 13(3): 169-178

[73] Mora C A, Wattenb Arger R A. Analysis and verification of dual porosity and CBM shape factors[J]. Journal of Canadian Petroleum Technology, 2013, 48(2): 17-21

[74] 李成武, 解北京, 曹家琳, 等. 煤与瓦斯突出强度能量评价模型[J]. 煤炭学报, 2012, 37(9): 1547-1552

[75] 齐黎明, 陈学习, 程五一. 瓦斯膨胀能与瓦斯压力和含量的关系[J]. 煤炭学报, 2010, 35(S1): 105-108

[76] 姜永东, 郑权, 刘浩, 等. 煤与瓦斯突出过程的能量分析[J]. 重庆大学学报, 2013, 36(7): 98-101

[77] 于宝海, 王德明. 煤层释放瓦斯膨胀能研究[J]. 采矿与安全工程学报, 2013, 30(5): 773-777

[78] An F, Yuan Y, Chen X, et al. Expansion energy of coal gas for the initiation of coal and gas outbursts[J]. Fuel, 2019, 235: 551-557

[79] 蒋承林, 陈松立, 陈燕云. 煤样中初始释放瓦斯膨胀能的测定[J]. 岩石力学与工程学报, 1996, (4): 92-97

[80] 韩颖, 蒋承林. 初始释放瓦斯膨胀能与煤层瓦斯压力的关系[J]. 中国矿业大学学报, 2005, (5): 650-654

[81] 侯世松, 蒋承林. 初始释放瓦斯膨胀能测定原理与应用[J]. 采矿与安全工程学报, 2008, (3): 322-326

[82] Xu L, Jiang C. Initial desorption characterization of methane and carbon dioxide in coal and its influence on coal and gas outburst risk[J]. Fuel, 2017, 203: 700-706

[83] 邓华锋, 李建林, 朱敏, 等. 饱水-风干循环作用下砂岩强度劣化规律试验研究[J]. 岩土力学, 2012, 33(11): 3306-3312

[84] 崔峰, 来兴平, 曹建涛, 等. 煤岩体耦合致裂作用下的强度劣化研究[J]. 岩石力学与工程学报, 2015, 34(S2): 3633-3641

[85] 王汉鹏, 张庆贺, 袁亮, 等. 含瓦斯煤相似材料研制及其突出试验应用[J]. 岩土力学, 2015, 36(6): 1676-1682

[86] 尹光志, 赵洪宝, 许江, 等. 煤与瓦斯突出模拟试验研究[J]. 岩石力学与工程学报, 2009, 28(8): 1674-1680

[87] 刘延保, 曹树刚, 李勇, 等. 煤体吸附瓦斯膨胀变形效应的试验研究[J]. 岩石力学与工程学报, 2010, 29(12): 2484-2491

[88] Alkan H, Cinar Y, Pusch G. Rock salt dilatancy boundary from combined acoustic emission and triaxial compression tests[J]. International Journal of Rock Mechanics and Mining Sciences, 2007, 44(1): 108-119

[89] Brown E T. Book review: Fundamentals of rock mechanics[J]. Tectonophysics, 1977, 38(3): 367-368

[90] 梁正召, 张永彬, 唐世斌, 等. 岩体尺寸效应及其特征参数计算[J]. 岩石力学与工程学报, 2013, 32(6): 1157-1166

[91] Zhang Q B, Zhao J. A Review of dynamic experimental techniques and mechanical behaviour of rock materials[J]. Rock Mechanics and Rock Engineering, 2014, 47(4): 1411-1478

[92] 胡千庭. 煤与瓦斯突出的力学作用机理及应用研究[D]. 北京: 中国矿业大学, 2007

[93] 李云波, 张玉贵, 张子敏, 等. 构造煤瓦斯解吸初期特征实验研究[J]. 煤炭学报, 2013, 38(1): 15-20

[94] 刘彦伟. 煤粒瓦斯放散规律、机理与动力学模型研究[D]. 焦作: 河南理工大学, 2011

[95] Wang H, Zhang Q, Yuan L, et al. Development of a similar material for methane-bearing coal and its application to outburst experiment[J]. Rock and Soil Mechanics, 2015, 36(6): 1676-1682

第 7 章　煤与瓦斯突出物理模拟试验仪器研发原理

现有煤与瓦斯突出试验仪器基本是依靠突出口的瞬间打开模拟煤层揭露过程，突出条件考虑不充分；无法综合考虑地质构造、地应力、煤体强度、瓦斯含量及施工过程等影响因素及进行煤与瓦斯突出定量模拟。且现有仪器的气体密封能力无法满足试验模型的真三维固气耦合加载及长时间稳压需求。

为此，在现有煤与瓦斯突出物理模拟试验仪器基础上，以综合假说和 CSIRO 突出模型为基础，综合考虑多种煤与瓦斯突出关键因素，合理确定相似比尺及模拟范围，实现全过程煤与瓦斯突出物理模拟。具体研究目标如下：

(1) 试验仪器可综合考虑地应力、瓦斯、煤体结构及物理力学性质、地质构造和施工过程。

(2) 试验仪器结构空间合理，模型尺寸科学，提供足够的空间预制水平或倾斜煤层、顶底板和地质构造。

(3) 试验仪器具备模拟煤与瓦斯突出从准备、发动、发展到终止全周期过程的功能。

(4) 试验仪器具备多元化的信息采集功能，主要物理量包括应力、应变、温度、瓦斯压力、声发射信号等，信息采集速率快、频率高。

7.1　突出关键因素与突出物理模拟试验仪器系统构成

7.1.1　突出关键因素

近年来，对于煤与瓦斯突出机理的研究逐步从单一因素控制发展至多因素联合控制，煤与瓦斯突出关键影响因素包括工作面附近的静态或动态应力、高瓦斯压力和含量、煤体结构及物理力学性质、地质构造、施工过程等。为了通过物理模拟试验真实模拟煤与瓦斯突出各关键影响因素，首先需要了解各影响因素的作用机制。

1. 地应力因素

地应力状态(大小和方向)和煤与瓦斯突出之间有密切的关系。相关研究表明，在煤与瓦斯突出的危险地带，地应力状态往往超常，而在未发生煤与瓦斯突出的地带，地应力状态则正常或偏低。

地应力在煤与瓦斯突出的发生过程中起主要控制作用，地应力往往控制着孔洞的破坏范围并引导孔洞的发展方向。前人总结的地应力的作用主要有以下三方面[1]：

(1) 地应力驱动围岩或煤层产生变形、位移，甚至突然破坏。

(2) 地应力场间接影响气体压力场的分布，从而影响瓦斯压力梯度在破坏煤体中的作用。

(3) 地应力场影响煤层气的释放，当地应力增加时，煤层透气性系数按负指数规律降低。围岩中地应力增高时，巷道前方的煤体瓦斯不易排放，而造成较高的瓦斯压力梯度，煤岩体一旦破坏，高瓦斯压力将迅速释放。

2. 瓦斯的作用

煤矿瓦斯的主要成分是甲烷。甲烷是植物在成煤过程中伴生的气体，因此又称作煤层气。在漫长的地质年代中，腐植型有机质的分解和高温高压下煤层的碳化变质均会生成大量瓦斯。瓦斯含量是煤层中瓦斯多少的表征，瓦斯含量指煤层内单位质量或单位体积的煤在自然条件下所含的瓦斯量。煤体的瓦斯含量，主要取决于煤的变质程度、煤层赋存条件、水文地质、地质构造和围岩性质等因素。一般情况下，同一煤层的瓦斯含量随深度增加而增大。瓦斯主要以游离态和吸附态存在于煤裂隙和孔隙中，如图 7.1 所示。

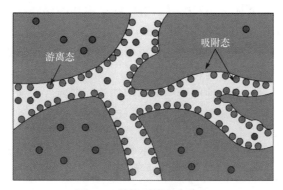

图 7.1　煤体瓦斯赋存状态

前人总结的瓦斯作用主要有以下三个方面[2]：

(1) 吸附态瓦斯引起煤的变形，促使煤体中产生潜能。

(2) 吸附在微孔表面的瓦斯分子对微孔起楔子作用，降低了煤的强度。

(3) 某方向气体压力降低将产生很大的瓦斯压力梯度，从而产生作用于压力降低方向的力。

因此，无论游离态瓦斯还是吸附态瓦斯均对煤与瓦斯突出产生一定影响。

3. 煤体结构及物理力学性质

煤体结构指煤层在地质历史演化过程中经受各种地质作用后表现的结构特征。通常情况下，煤可分为原生结构煤和构造煤。构造煤是原生结构煤在构造应力作用下发生明显物理化学变化的产物，发生煤与瓦斯突出的往往是构造煤。

煤体的物理力学性质对突出发生的影响很大，煤的强度性质(抵抗破坏的能力)、瓦斯解吸和放散能力、透气性能等都对突出的发动与发展起着重要作用[3]。一般来说，煤越硬，裂隙越小，所需的破坏力越大，要求的地应力和瓦斯压力越高。在煤与瓦斯突出的机制中，煤体物理力学性质主要受煤的力学强度制约，煤的力学强度越小，突出阻力就越小，突出发生的可能性就越大。因此，煤体结构和力学性质一定程度上反映了煤与瓦斯突出的难易程度，控制着突出的发生。

4. 地质构造

地质构造主要包括断层、褶皱、火成岩侵入和构造组合等。国外研究发现，约90%的典型突出集中发生在局部强烈构造带，如不对称背斜等构造的轴部、倾伏褶皱的枢纽区、断层的强烈变形区等。

我国发生的煤与瓦斯突出受地质构造的影响也十分明显[4-6]。山西阳泉矿区80%以上突出灾害发生在构造区，河北开滦矿区60%的突出灾害发生在以断层为主的构造区，四川芙蓉矿区 47 次突出事故均发生在断层和褶皱构造附近，安徽淮南矿区85%以上的突出事故与以断层为主的构造带相关，南桐矿区突出点主要集中分布在向斜轴部、背斜的倾伏端、扭褶带及压扭性断层附近，河南平顶山矿区、江苏含煤矿区的突出也与构造有关。

地质构造主要通过影响地应力、煤体结构、瓦斯赋存及流动，进而对突出造成影响，这种影响称为"逐级控制理论"，如图 7.2 所示。

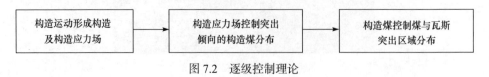

图 7.2　逐级控制理论

5. 施工过程

煤矿生产工艺与突出有一定联系，多数煤与瓦斯突出事故有作业方式的诱导，如放炮、风镐落煤、机械化采煤、钻孔施工等。由作业方式导致的突出事故占总突出事故的 95%以上，因此作业方式是诱导突出灾害的主要原因之一[7]。在 1 万多次事故中，放炮诱发突出占 60.9%，割煤诱发突出占 15.5%，风镐诱发突出占 7.2%，三者之和占 80%以上。施工作业时通常会对工作面附近的煤体产生扰动，这种扰动越大，煤体的受力平衡状态越容易被打破，从而造成煤与瓦斯突出。

7.1.2　突出物理模拟试验仪器系统构成

为真实模拟上述煤与瓦斯突出关键因素，并在模拟试验全过程获取多物理量试验数据及突出前兆信息，在综合考虑煤与瓦斯突出各关键因素的基础上，采用模块化设计思路进行试验仪器研发。模块化设计是指在功能分析的基础上划分一系列不同功能的模块，通过模块组合来构成所需的产品，模块化设计是绿色设计方法之一。煤与瓦斯突出模拟试验仪器主要划分为反力密封单元、应力加载单元、气体充填单元、巷道掘进单元、信息采集单元等五大关键单元。五大关键单元在功能上相对独立，在硬件结构上有一定交叉，通过技术上的合理搭配组成可真实模拟各突出关键因素的煤与瓦斯突出物理模拟试验仪器。五大关键单元及其对应模拟试验功能如图 7.3 所示。

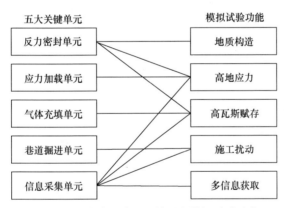

图 7.3　五大关键单元及其对应模拟试验功能

7.2　合理确定模拟范围及相似比尺

7.2.1　确定模拟范围

煤与瓦斯突出物理模拟试验仪器应当能够适应多种不同的工况条件，尽可能地模拟不同影响条件下的突出案例，这样试验结果才能具有广泛的代表性，才能揭示煤与瓦斯突出的普遍规律。合理的几何形状、大小是试验仪器研发的首要问题，如若试验仪器体积偏小，则试验仪器可模拟的试验原型势必受限，模拟试验的精度难以保证；若试验仪器体积偏大，则耗费钢材、增大气体密封难度、增加试验工作量等。因此,研发的试验仪器应具有合理的体积和形状。尽量做到在不影响试验精度的条件下模型体积尽可能小。通常情况下,试验模型为长方体,而试验模型的长、宽、高的比例,模拟范围,巷道洞径等都需要合理设计。

我国煤与瓦斯突出灾害频发,以往发生的煤与瓦斯突出灾害既是沉痛的教训又是宝贵的经验,分析代表性的突出灾害案例能够帮助形成试验原型的基本概况、突出几何概况、孔洞尺度等参数,这对于确定试验仪器的空间几何参数是非常有益的。

1. 重庆南桐鱼田堡矿煤与瓦斯突出事故

重庆南桐鱼田堡矿运输石门自顶板方向揭煤时曾发生两次突出事故。

发生事故的煤层是 4 号煤层,该处距离地表垂直深度 325m,煤层厚 2.4m,煤层倾角 30°,煤层顶板正常,底板有小错动。揭煤前,测得瓦斯压力为 0.73MPa,揭煤时未采取防突措施。

1958 年 5 月,石门掘进距 4 号煤层法向距离 2m 时,放炮震动诱发了该处的第一次突出,突出煤粉 86t,岩石 20t,瓦斯体积约 4500m³。1958 年 6 月,爆破4 号煤层底板时,诱发了第二次突出,突出煤粉 1473t,岩石 80m³。两次突出均形成了口小腔大的孔洞,孔洞形态如图 7.4 所示。

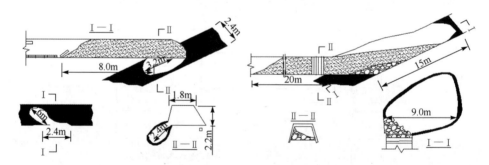

图 7.4　重庆南桐鱼田堡矿突出事故孔洞形态

2. 贵州响水煤矿煤与瓦斯突出事故

2012 年 11 月,贵州响水煤矿河西采区 1135 运输巷掘进工作面发生一起重大煤与瓦斯突出事故,突出煤量约 490t,涌出瓦斯量约 45000m³。

1135 运输巷位于+1200m 水平,事故地点 1135 运输巷迎头标高约+1225m,对应地表标高为+1428m,埋深约 203m。1135 运输巷沿 3 号煤层顶板掘进(该区域 3 号煤层平均厚度 3.5m),煤层平均倾角 19.5°。

煤层瓦斯含量为 13.909m³/t、瓦斯压力 P(表压)为 1.65MPa、煤的坚固性系数为 0.33、煤的破坏类型为 III 类、瓦斯放散初速度 ΔP 最大值 18.24MPa。1135 运输巷采用炮掘工艺，7655 型风动凿岩机打眼，铲斗装载机装载，刮板输送机和皮带输送机运输。

突出发生后，突出煤岩堆积于 1135 运输巷掘进迎头，堆积长度 66m，堆积最大高度 3.5m，突出煤量约 490t，涌出瓦斯量约 45000m³。突出形成的孔洞位于 1135 运输巷掘进迎头下帮，斜向下前方约 45°方向，如图 7.5 所示，呈现口小腔大特征，从外向里呈向下倾斜趋势，经测量孔洞口宽 3.58m，孔洞深度 12~15m，孔洞内最大宽度约 10m。

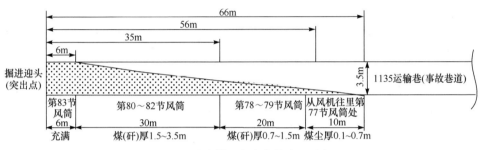

图 7.5　响水煤矿突出事故孔洞形态

3. 淮南新庄孜矿煤与瓦斯突出事故

1998 年 6 月，淮南新庄孜矿 5606-8 六号石门掘进工作面发生一起岩石、B_6 煤层煤与瓦斯突出事故，突出煤岩量约 650t，一次突出瓦斯量 12000m³，事故造成 2 人死亡、1 人重伤。

56 采区六号石门位于矿井北部，突出煤层为 B_6 煤层，采区上限标高 -412m，下限标高 -612m，煤层走向 350°~315°，倾角 25°~32°，煤层厚度 2.7~4m。事故地点工程标高 -506m，如图 7.6 所示。

常规的地下工程物理模拟试验模型尺寸主要依靠巷道洞径来确定，模型边界常取巷道洞径的 3~5 倍。而煤与瓦斯突出物理模拟除考虑巷道尺寸外，还要考虑突出形成孔洞的大小，保证模型边界大于突出孔洞的范围[8]。

由以上典型煤与瓦斯突出案例可以看出，突出孔洞一般呈口小腔大的倒梨形、倒瓶形、不规则形或椭圆形。为了便于统计，统一假设巷道断面为圆形；突出形成的孔洞为椭球形。椭球形由深度、宽度、厚度三个参数确定，如图 7.7 所示。

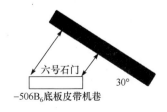

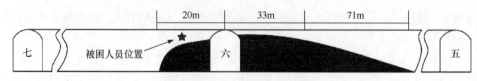

图 7.6　新庄孜矿突出事故概况

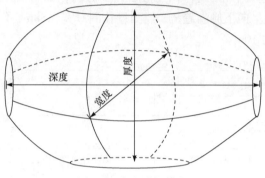

图 7.7　突出孔洞模型

　　我国部分煤与瓦斯突出事故形成的孔洞参数见表 7.1，表中列出了小型突出、中型突出、大型突出和特大型突出的孔洞情况。

表 7.1　我国部分突出事故形成孔洞参数

突出地点	煤层厚度/m	煤层倾角/(°)	孔口直径/m	孔洞深度/m	孔洞宽度/m	突出类型
新疆红沟煤矿	2.98	40	2	8	5	中型突出
四川磨心坡煤矿	3.5	61	3	40	3	特大型突出
贵州遵义煤矿	1.2	28	2.1	7.45	3.5	小型突出
重庆南桐东林煤矿	2.0	25	2.1	6	2	中型突出
重庆南桐鱼田堡矿	2.4	30	2	15	9	特大型突出
陕西盘龙煤矿	1.4	12	1.3	9.5	6	中型突出
贵州大竹坝煤矿	1.6	32	2.3	6.5	4.5	中型突出
贵州次凹子有限公司		28	3.1	8	4	小型突出
贵州古树寨煤矿	2.29	45	3.8	12	8	大型突出

　　由表 7.1 可以看出，突出孔洞深度和宽度多数在 10m 以内，孔洞厚度多与煤层厚度相关，均在 4m 以内。据资料统计，顿巴斯矿区突出孔洞深度小于 10m 的占 80% 以上，孔洞宽度小于 10m 的占 90% 以上，这与我国统计资料基本一致。总结以上资料可得，煤与瓦斯突出形成孔洞尺寸参数见表 7.2。

表 7.2　突出形成孔洞参数值

孔洞深度/m	孔洞宽度/m	孔洞厚度/m
10	10	4

突出孔洞体积一般小于突出煤体的总体积，两者比值为 1/2～2/3，这是突出孔洞煤壁深部的煤体产生了向孔洞方向的变形所导致的。此外，大多数煤与瓦斯突出事故中的吨煤瓦斯涌出量均高于瓦斯含量的 2 倍，表明突出孔洞煤壁内部的煤体也有部分瓦斯解吸并参与了突出。综合以上两点，模拟的边界应大于孔洞尺度的 2 倍。因此，模拟范围的上下边界和左右边界可取 2 倍的孔洞深度(宽度)。

模拟范围的前后边界要保证煤层底板岩层有足够的厚度，便于模拟开挖过程，进而监测开挖过程中巷道拱顶参数的演化规律。模拟范围的前后边界主要受煤层倾角的影响，煤层倾角越大，模拟范围的前后边界可适当缩短，煤层倾角越小，模拟范围的前后边界则应适当增长。由表 7.1 可以看出，突出煤层倾角在 30°左右较多，因此取前后边界尺度为上下边界尺度的 2 倍是较为合理的，如图 7.8 所示。

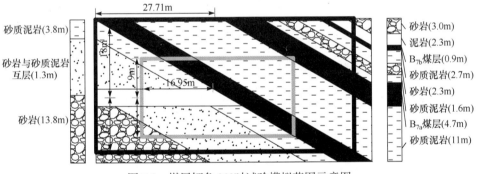

图 7.8　煤层倾角 30°时试验模拟范围示意图
黑色为大型突出试验仪器模拟范围；灰色为中型突出试验仪器模拟范围

为实现上述功能，应该考虑的边界条件无论在横向(左右边界)、高度(上下边界)还是纵向(前后边界)上均满足要求。

基于以上分析，根据煤与瓦斯突出的孔洞形态和影响范围，确定的模拟试验的模拟范围和尺寸见表 7.3。

表 7.3　试验模拟范围

模拟前后范围/m	模拟上下范围/m	模拟左右范围/m
60	30	30

综上所述，确定的模拟边界可模拟绝大多数的煤与瓦斯突出，应用范围广。

同时，模拟边界在保证试验精度的原则上尽量缩小，而不是无节制地增大，既可节约试验仪器研发、试验材料成本，又可减小试验难度，加快试验进度。

7.2.2　确定相似比尺

通过 7.3.1 节分析，试验要模拟的原型范围已经确定。这时，结合相似准则确定几何比尺后，试验仪器的尺寸即可确定。林韵梅等对物理模拟试验理论及方法进行了深入研究，通常认为物理模拟的几何比尺为 1/50～1/20 能够比较科学地模拟原型规律。

在 1/50 与 1/20 之间等梯度划分，选择 1/50、1/40、1/30、1/20 作为几何比尺的待选比例，原型模拟范围换算后得到的试验仪器尺寸见表 7.4。

表 7.4　不同几何比尺时的试验仪器尺寸

几何比尺	试验仪器高度/m	试验仪器宽度/m	试验仪器厚度/m
1/50	0.6	0.6	1.2
1/40	0.75	0.75	1.5
1/30	1	1	2
1/20	1.5	1.5	3

已有试验模型尺寸和试验仪器优缺点见表 7.5。

表 7.5　现有突出模拟试验仪器模型尺寸及优缺点

科研单位	模型尺寸/m	煤体赋存状态	是否考虑开挖	密封能力
山东科技大学	1.78×2.6×3	考虑顶底板	近似模拟	较低
重庆大学	0.41×0.41×1.05	单一煤层	未考虑	高
安徽理工大学	1.0×1.5×2.5	考虑顶底板	考虑(人工)	较高
中国煤炭科工集团	0.8×0.8×1.5	单一煤层	未考虑	高

试验仪器尺寸比较大时，试验模型才能同时考虑煤层和顶底板，所模拟的煤体赋存状态与试验原型相似度高，并且只有在试验模型尺寸较大时，才能很好地模拟开挖过程。由表 7.4 和表 7.5 可以对比发现，当几何比尺为 1/20 时，拟研发的试验仪器模型尺寸为 1.5m×1.5m×3m，该尺寸空间具有模拟煤体的赋存状态和开挖过程的合理空间，可获取多物理量信息以及突出前兆信息。因此，选择几何比尺为 1/20，模型尺寸为 1.5m×1.5m×3m 作为大型煤与瓦斯突出模拟试验仪器内部尺寸。

为缩短试验工期，开展多组正交试验，以便针对性地研究突出关键因素的作用机制，在上述 60m×30m×30m 模拟范围的基础上进行缩尺研究，针对性地研究

39.0m×21.9m×21.9m 的地质范围，同时综合考虑煤体及顶底板耦合作用机制，并获取突出前兆信息。综合考虑各方面因素，选择几何比尺为 1/30 作为中型煤与瓦斯突出模拟试验仪器内部模拟范围。

为实现地应力、瓦斯压力和煤体物理力学参数方便可调，深入研究煤与瓦斯突出机理，进一步缩小模拟范围，只考虑突出孔洞范围煤体、瓦斯及地应力的耦合作用机理，研发小型瞬间揭露煤与瓦斯突出模拟试验仪器，内部腔体尺寸为 ϕ200mm×600mm，实现对地应力、瓦斯压力和煤体强度的定量控制，满足开展不同组合条件的煤与瓦斯突出试验模拟研究。

7.3　多尺度煤与瓦斯突出物理模拟试验仪器研发

基于上述分析，以煤与瓦斯突出综合作用假说为设计思想，以模块化为设计理念，研发了多尺度煤与瓦斯突出物理模拟试验系统，包括小型瞬间揭露煤与瓦斯突出模拟试验仪器、中型煤与瓦斯突出模拟试验仪器及大型煤与瓦斯突出模拟试验仪器。

为验证研发原理的正确性，且保证模拟试验瓦斯压力、地应力、煤体强度等煤与瓦斯突出关键因素调节方便，研发了小型瞬间揭露煤与瓦斯突出模拟试验仪器，该仪器主要包括密封腔体、煤体揭露机构、压力加载单元及信息采集单元，如图 7.9 所示。

图 7.9　小型瞬间揭露煤与瓦斯突出模拟试验仪器

我国 8669 次有明确作业方式记录的突出事例中，有 8362 次事故由放炮、打钻及其他方式的动力扰动诱发，占 96.5%；张铁岗院士统计的平煤集团所发生强度大于 100 t 的突出中，爆破作业后发生的比例为近 80%。针对性考虑巷道掘进揭煤过程诱发的煤与瓦斯突出物理模拟，设计了中型煤与瓦斯突出模拟试验仪器及大型煤与瓦斯突出模拟试验仪器，如图 7.10 及图 7.11 所示。两套试验仪器均由反力密封单元、应力加载单元、气体充填单元、巷道掘进单元及信息采集单元等五大关键单元组成，其中大型煤与瓦斯突出模拟试验仪器试验模型尺寸较大，可综合考虑多种突出影响因素，模拟试验准确性更高，但是试验周期较长；中型煤与瓦斯突出模拟试验仪器综合考虑小型和大型试验仪器的优点，在大型煤与瓦斯突出模拟试验仪器的基础上缩小，以便缩短试验工期，方便开展多因素影响正交试验。

图 7.10　中型煤与瓦斯突出模拟试验仪器

图 7.11　大型煤与瓦斯突出模拟试验仪器

参 考 文 献

[1] 汪西海. 煤和瓦斯突出与地应力之关系[J]. 地质力学学报, 1997, 3(1): 88-94
[2] 氏平増之. 内部分かス压じよ る多孔质材料の破坏づろやスたついてかス突出た关する

研究[J]. 日本矿业会志, 1984, (100): 397-403

[3] 高魁, 刘泽功, 刘健, 等. 构造软煤的物理力学特性及其对煤与瓦斯突出的影响[J]. 中国安全科学学报, 2013, (2): 129-133

[4] 黄德生. 地质构造控制煤与瓦斯突出的探讨[J]. 地质科学, 1992, (A12): 201-207

[5] 梁金火. 矿区地质构造对煤与瓦斯突出地段的控制[J]. 中国煤田地质, 1991, 3(2): 29-33

[6] 何俊, 陈新生. 地质构造对煤与瓦斯突出控制作用的研究现状与发展趋势[J]. 河南理工大学学报, 2009, 28(1): 1-13

[7] 李成武, 许延超. 煤与瓦斯突出主要影响因素主成分分析[J]. 煤矿安全, 2007, 38(7): 14-18

[8] 王汉鹏. 分岔式隧道设计施工的关键技术研究[D]. 济南: 山东大学, 2007

第8章 小型瞬间揭露煤与瓦斯突出模拟试验仪器

8.1 仪器构成与设计

8.1.1 研制思路

随着煤与瓦斯突出机制研究的深入，综合作用假说得到了普遍认可，突出是地应力、瓦斯压力和煤的物理力学性质等因素综合作用的结果。澳大利亚联邦科学与工业研究组织 Wold 和 Choi[1]提出的 CSIRO 突出模型给出了突出的影响因素及其相互关系，如图 8.1 所示。

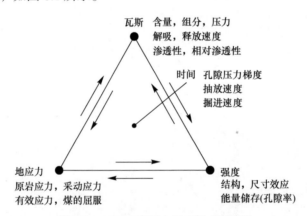

图 8.1 CSIRO 模型中突出影响因素[1]

为解决以往煤与瓦斯突出模拟试验系统仅考虑地应力和瓦斯因素，没有考虑煤体强度和吸附性的特点，基于 CSIRO 模型，确定本模拟系统的设计思路如下：

(1) 对影响煤与瓦斯突出的三要素定量控制，满足开展在不同地应力、瓦斯压力和煤岩体强度组合条件下煤与瓦斯突出模拟试验研究。

(2) 对突出瞬态过程现象和数据高速精准采集与记录，满足试验分析精度要求。

(3) 试验系统功能实用、操作便捷，可加快单次试验速度，缩短试验周期。

8.1.2　系统主要技术参数

依据试验系统研制思路和技术要求，提出了试验系统的主要技术参数，如表 8.1 所示。

表 8.1　系统主要技术参数

试件尺寸/mm	突出口直径/mm	应力加载能力/MPa	应力控制精度/MPa	气体充填压力/MPa	气体加载精度/MPa	气体压力采样频率/Hz	突出口打开时间/s	高速摄像/(coma/s)	油缸行程/mm
$\phi200\times600$	60	0~30	±0.05	0~3	±0.01	1000	<0.1	24000	100

8.1.3　模拟系统构成与功能

基于 CSIRO 模型的小型煤与瓦斯突出物理模拟试验系统主要包括高压密封腔体、快速揭露机构、压力加载单元、信息采集单元及附属装置等，系统结构示意图如图 8.2 所示。

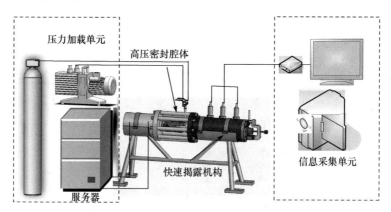

图 8.2　模拟试验系统结构示意图

1. 高压密封腔体

高压密封腔体是模拟试验系统的试验空间，用于装载型煤，模拟含瓦斯煤真实赋存状态。腔体长 600mm、内径 200mm。腔体底部安装的加载活塞通过万向节连接加载油缸，加载活塞与腔体内壁采用 O 形圈密封，实现对试件的三轴地应力加载模拟。加载活塞与试件接触面设有面式充填加载盘(图 8.3)，其通过加载活塞中间的充气孔道与外部气体充填部分连接，实现对型煤试件抽真空和充填瓦斯。面式充填加载盘有放射状的气孔，其上覆盖双层千目钢丝网隔离型煤试件和气孔，既保证了隔离煤粉抽真空，又实现了对型煤试件均匀"面充气"，保证了真实的瓦斯边界条件。腔体前端设有快速揭露机构，与腔体采用螺纹连接并通过密封圈密封，便于型煤装填。

图 8.3　高压密封腔体

2. 快速揭露机构

快速揭露机构模拟高地应力含瓦斯煤层的瞬间揭露，如石门揭煤。现场石门揭煤过程是一个开挖过程，为保证试验安全，采用快速揭露机构来模拟瞬间揭煤，诱导突出。该机构中间为 $\phi 60mm$ 的突出口，上下有卡扣，下部 C 型卡扣中间设有密封盘。密封时，关闭 C 型卡扣，旋转螺杆使密封盘贴紧突出口；揭露时，拉动机关释放 C 型卡扣，密封盘快速下落，完成对型煤的突然卸压(图 8.4)。高速摄像显示快速揭露机构可在 0.1s 内完全打开，实现型煤试件突出口的突然卸压，诱导突出现象。

突出口

图 8.4　快速揭露机构

3. 压力加载单元

压力加载单元分为液压加载模块和气体充填模块，实现对型煤试件施加地应力和充填瓦斯。液压加载模块采用计算机控制的电液伺服试验机连接的液压油缸加载，通过面式充填加载盘对型煤试件施加轴向压力，并依靠高压密封腔体内壁提供的反力加载围压(试验中保证型煤试件与高压密封腔体内壁充分接触)，实现三轴加载，模拟不同大小的地应力。

气体充填模块由高压气瓶、压力表、减压阀、气容、三通、真空泵和面式加载盘组成。高压气瓶内气体通过减压阀与气容连接，再通过管路与三通进气嘴相连，三通另一端与真空泵连接。试验时先对型煤抽真空，再充填气体。气体充填模块可实现在瓦斯突出过程中瓦斯气源的充分补充，更加真实地模拟了气体边界条件。

4. 信息采集单元

信息采集单元包括气压采集模块和高速摄像模块。气压采集模块为安装在高压密封腔体顶部的 3 个等间隔排列的高频气体压力传感器和自主研发的采集系统与软件。高频气体压力传感器最高采集频率可达 1000Hz，实现对煤与瓦斯突出瞬态过程气体压力的实时监测、高速采集与精准记录(图 8.5)。煤与瓦斯

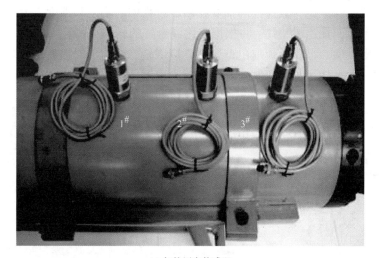

(a) 气体压力传感器

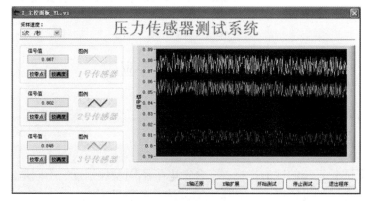

(b) 气体压力采集软件

图 8.5　气体压力采集模块

突出过程时间非常短暂，为记录并研究煤与瓦斯突出的瞬态现象和煤与瓦斯突出流体的喷出规律，配备了 VW-6000 动态分析三维显微系统，利用其高速摄像功能对突出瞬间进行记录分析。

5. 附属装置

型煤制作及其干燥是制约模拟试验进度的关键因素。潮湿的型煤瓦斯吸附性很低，严重影响试验效果。为加快试验进度设计了独立的型煤制作模具，用以制作不同强度的型煤。该模具内径与试验型煤相同，由底盘、对称分离式半圆桶壁、套环、压盘四部分组成(图 8.6)。型煤制作时，对称分离式半圆桶壁放置在底盘凹槽内，再将套环放上，由底盘和套环向对称分离式半圆桶壁起到初步约束作用，然后将对称分离式半圆桶壁中间的螺栓拧紧，实现了底部凹槽约束、顶部圆环约束、中部螺栓约束，有效保证两桶壁在加压过程中的刚度和强度。为方便脱模，在内壁放置聚四氟乙烯垫片。将根据配比混合好的相似材料装入模具，放置在试验机上加压成型，最后拆模取出型煤。模拟试验需要的不同强度型煤统一制作、集体干燥，大大加快了型煤制作速度和试验速度。

图 8.6　型煤制作模具

8.2　仪器验证与应用

8.2.1　试验方案与过程

1. 试验方案

为验证试验系统的性能指标，综合考虑了不同型煤强度、不同地应力和不同瓦斯压力组合条件设计试验。具体方案及试验参数见表 8.2。

表 8.2　试验方案

方案序号	型煤单轴抗压强度/MPa	地应力/MPa	瓦斯压力/MPa
1	1.0	5	0.55
2	1.0	5	0.65
3	1.0	5	0.75
4	1.0	10	0.55
5	1.0	10	0.65
6	1.0	10	0.75
7	1.5	5	0.75
8	2.0	5	0.75
9	2.0	10	0.90

2. 型煤试件

为克服目前型煤强度低、强度值单一和吸附性能差等缺点，型煤采用自主研制的相似材料。该材料以一定粒径分布的煤粉为骨料，以腐植酸钠水溶液为黏结剂，混合压制成型。100 余组标准试件的物理力学参数试验表明成型压力为 15MPa 时相似材料容重和孔隙率与原煤相当；相似材料强度高，可根据黏结剂浓度调节制作不同强度的型煤(图 8.7)。

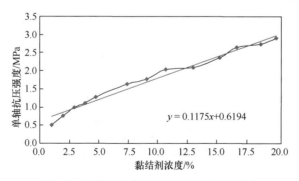

图 8.7　黏结剂浓度对单轴抗压强度的影响

在高压状态下煤对瓦斯的吸附符合 Langmuir 方程为

$$X = abp / (1 + bp) \tag{8-1}$$

式中，X 为 p 压力下的吸附量；p 为瓦斯压力；a、b 为吸附常数。

分别进行原煤和相似材料的吸附性试验，得到了两者的吸附性对比曲线(图 8.8)。原煤对瓦斯的吸附常数为 a =16.8260m³/t，b = 0.8872MPa⁻¹；相似材料对瓦斯的吸附常数为 a =15.6482m³/t，b =0.8545MPa⁻¹。相似材料的吸附性能与原煤接近。

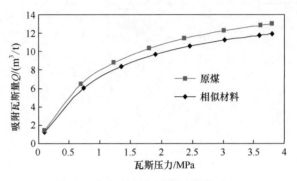

图 8.8　相似材料与原煤吸附性对比

　　根据试验方案要求，三种型煤强度分别为 1.0MPa、1.5MPa、2.0MPa，配比方案见表 8.3。其中，所需煤粉粒径要求为 3mm 以下，粒径分布为 1mm 以下煤粉质量与 1～3mm 煤粉质量比为 0.76∶0.24，即 0～1mm∶1～3mm = 76%∶24%。所需水分占煤粉质量的 8%，成型压力 15MPa。煤体强度依靠黏结剂浓度调节。制作完成的型煤尺寸为 600mm×ϕ200mm，编号干燥后等待试验(图 8.9)。

表 8.3　不同强度型煤配比

单轴抗压强度/MPa	煤粉/g	水/g	腐植酸钠/g	腐植酸钠浓度/%
1.0	6700	536	24	4.3
1.5	6700	536	42	7.3
2.0	6700	536	74	12.1

图 8.9　不同强度型煤

8.2.2　模拟试验过程

煤与瓦斯突出模拟试验的主要过程如下：

(1) 将预制的 3 块物理力学性质相同的型煤依次装入高压密封腔体，型煤接触面打毛且喷洒少量腐植酸钠溶液，保证型煤相互黏结为一体。缝隙处充填煤粉使之与腔体内壁充分接触，确保试件的三轴受力状态，安装快速揭露机构并检查系统气密性。

(2) 用真空泵对型煤抽真空，持续 24h，采用气体充填装置对型煤充气至预定压力，持续 48h。

(3) 充气完成后，启动伺服压力系统对型煤加压至设计压力，保压 30min。

(4) 开启气体压力高速采集系统和高速摄像机，做好信息记录准备工作，瞬间开启快速揭露机构，诱导突出。

(5) 记录试验结果，包括型煤破坏孔洞的形状、破坏煤粉的喷出距离、质量及粒径分布等。

(6) 清理残余型煤，更改型煤强度、地应力、瓦斯压力等试验条件重复试验。

图 8.10 简要概括了模拟试验流程，图 8.11 为煤与瓦斯突出模拟试验系统试验现场。

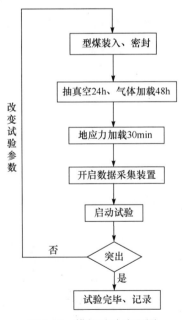

图 8.10　模拟试验流程图

图 8.11　模拟试验系统试验现场

8.2.3　试验现象与结果分析

1. 试验现象

方案 3、6、9 试验均发生了明显的煤与瓦斯突出现象，此类动力现象与现场典型煤与瓦斯突出现象相似，突出发生时动力现象显现强烈。型煤喷出量多，距离远，突出后孔洞呈明显的口小腔大的形态，如图 8.12 所示。

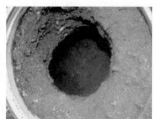

(a) 方案3　　　　　　　　　　(b) 方案6　　　　　　　　　　(c) 方案9

图 8.12　破坏孔洞形态

以方案 3 为例，其试验条件为气体压力 0.75MPa、煤体强度 1.0MPa、轴向应力 5MPa，快速揭露机构释放瞬间，大量煤粉气流涌出。高速摄像视频表明，试验中瓦斯突出全过程持续时间约 0.7s，混合流体喷出速度约 10.5m/s(图 8.13)。

(a) 0.075s　　　　　　　　　　　　　　　(b) 0.080s

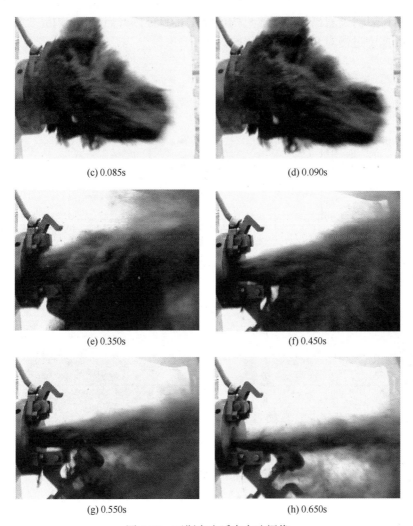

(c) 0.085s　　　　　　　　　　　　　(d) 0.090s

(e) 0.350s　　　　　　　　　　　　　(f) 0.450s

(g) 0.550s　　　　　　　　　　　　　(h) 0.650s

图 8.13　瓦斯突出瞬态高速摄像

　　气体压力采集模块监测的瓦斯压力变化规律如图 8.14 所示。突出前，瓦斯压力保持稳定，突出瞬间 3#传感器压力首先下降，突出阵面发展至 2#传感器后瓦斯压力开始下降。由两条曲线的斜率可以看出，突出是逐步衰减的。高速摄像和瓦斯压力监测相互验证，为深入研究煤与瓦斯突出提供了方法。

　　当瓦斯压力、地应力、型煤强度等综合因素未达到突出指标时，不会发生突出现象，只在揭露瞬间产生微弱的气体泄漏而发出声响。试验结束后在与突出口接近的型煤表面产生微弱的拉裂纹(图 8.15)。

　　以方案 1 为例，其试验条件为气体压力 0.55MPa、煤体强度 1.0MPa、轴向应力 5MPa，快速揭露机构释放后，高速摄像拍摄视频影像截图如图 8.16 所示。从视频资料可以清晰看出快速揭露机构可以在 0.005s 内开启，0.1s 内完全打开，避免了释放速度过慢对瓦斯突出的影响。

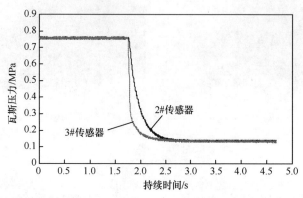

图 8.14　瓦斯压力变化规律(突出)

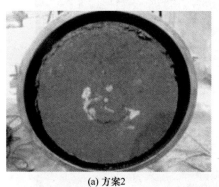

(a) 方案2

(b) 方案4

图 8.15　型煤破坏情况

(a) 0.075s

(b) 0.080s

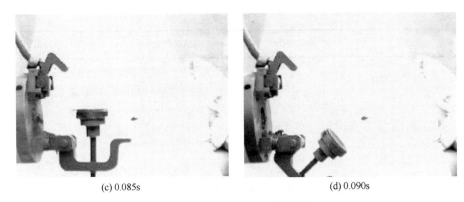

(c) 0.085s　　　　　　　　　　　　　　　(d) 0.090s

图 8.16　未突出瞬态高速摄像

　　气体压力采集器记录瓦斯压力变化如图 8.17 所示。揭露前, 瓦斯压力保持稳定, 突出瞬间气体压力下降。与突出时气体压力变化相比, 此次气体压力下降非常缓慢, 5min 后残余压力仍有 0.23MPa。表明型煤破裂后仍能承受较大的瓦斯压力, 高压气流的缓慢涌出对煤体破坏效应不显著。

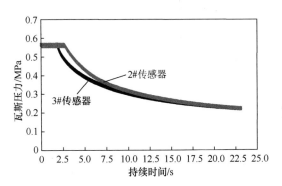

图 8.17　瓦斯压力变化规律(未突出)

2. 试验结果分析

表 8.4 为 9 组试验方案下的试验结果统计。

表 8.4　试验结果统计

方案序号	是否突出	突出煤量/kg	突出距离/m
1	否	—	—
2	否	—	—
3	是	4.35	10
4	否	—	—

续表

方案序号	是否突出	突出煤量/kg	突出距离/m
5	否	—	—
6	是	5.61	11
7	否	—	—
8	否	—	—
9	是	6.68	12

结合表 8.2，从表 8.4 中方案 1～6 可以看出，煤体强度均为 1.0MPa，地应力分别取 5MPa、10MPa，瓦斯压力分别取 0.55MPa、0.65MPa、0.75MPa。结果表明，无论地应力取何值，只有在瓦斯压力为 0.75MPa 时才发生突出，而 0.55MPa、0.65MPa 均未发生突出。

对比方案 3、7、8 可知，当地应力和瓦斯压力一定时，随着型煤强度降低，突出危险性增大。表明煤体强度对瓦斯突出起阻碍作用。

对比方案 3、6 可知，当型煤强度和瓦斯压力一定时，随着地应力的增大，突出煤量和距离也增大。表明地应力对瓦斯突出起促进作用。

8.3 小　　结

本章综合考虑了煤与瓦斯突出外因和内因的影响，基于 CSIRO 模型，成功研制出煤与瓦斯突出模拟试验系统，该系统具有以下优势：

(1) 实现了对地应力、瓦斯压力和煤体强度的定量控制，满足开展不同组合条件的煤与瓦斯突出试验研究。

(2) 1000Hz 的瓦斯压力采集频率与高速摄像同步采集，实现了对突出瞬态现象和数据的高速精准记录。

(3) 自主研制了含瓦斯煤相似材料，实现了不同强度型煤批量制作，大大加快了试验进度。

(4) 实现了突出过程中瓦斯气源的持续补充，更加真实地模拟了气体边界条件。

本章应用该系统进行了多组煤与瓦斯突出模拟试验，结果表明煤体强度对突出起阻碍作用，对应不同煤体破坏状态，存在瓦斯压力动态临界值。模拟试验动力现象强烈，高速录像和高频瓦斯压力采集数据保证了煤与瓦斯突出的定量化研究。

参 考 文 献

[1] Wold M B, Choi S K. Outburst mechanisms: Coupled fluid flow-geomechanical modelling of mine development[R]. Melbourne: CSIRO Petroleum, 1994

第9章 中型煤与瓦斯突出模拟试验仪器

通过第8章小型瞬间揭露煤与瓦斯突出模拟试验仪器的研发，验证了研发思想与原理的正确性，但是小型瞬间揭露煤与瓦斯突出模拟试验仪器只能进行轴向加载，模型尺寸较小，无法模拟巷道掘进揭煤诱导的煤与瓦斯突出。在此基础上，为了深入研究巷道掘进揭煤诱导的煤与瓦斯突出，获取此类突出的前兆信息规律，揭示突出发生机理，根据煤与瓦斯突出物理模拟试验仪器研发原理，综合考虑地应力、煤体、瓦斯等突出关键因素，研发中型煤与瓦斯突出模拟试验仪器。该试验仪器可以综合考虑真三轴地应力，可真实模拟巷道掘进揭煤诱导的煤与瓦斯突出，且试验周期较短，方便开展多影响因素正交分析。

9.1 仪器构成与设计

按照试验功能可将中型煤与瓦斯突出模拟试验仪器划分为反力密封单元、应力加载单元、气体充填单元、巷道掘进单元及信息采集单元等五大关键单元。五大关键单元实物如图9.1所示。

图9.1 五大单元实物

中型煤与瓦斯突出模拟试验仪器各关键单元主要技术指标见表9.1。

表 9.1　主要技术指标汇总

序号	关键单元	主要技术指标
1	反力密封单元	内部模型尺寸：1300mm×730mm×730mm 最大密封气压：3MPa 最大加载反力：5MPa
2	应力加载单元	液压系统最大油压：60MPa 应力加载精度：±0.1MPa
3	气体充填单元	气压加载能力：3MPa 气压加载精度：±0.01MPa 气体充填速度：360L/min
4	巷道掘进单元	巷道掘进直径：150mm 刀盘旋转速度：120～360r/min 巷道掘进速度：1～120mm/min
5	信息采集单元	气压测定范围：0～3MPa 温度测定范围：0～100℃ 压力测定范围：0～5MPa

9.1.1　反力密封单元

反力密封单元是试验仪器的主体，其他四个单元均与反力密封单元相连接。其外部三维尺寸：2030mm×2030mm×2170mm(长×宽×高)，内部模型空间三维尺寸：1300mm×730mm×730mm(长×宽×高)。反力密封单元主要由反力装置、推力板、导向框、支撑底座、旋转油缸及阻气法兰、密封套管、密封圈等多种密封构件组成。其中，反力装置自下而上分别为底板结构、中部回形结构及顶板结构，均由 Q345 钢板焊接加工而成。反力装置的底板结构下部前端设有两个支座，通过销子与底板结构相连，中后部通过销子与两侧的旋转油缸的前端连接，旋转油缸的另一端与整体钢板上的支座连接；通过旋转油缸可将反力装置按照模型煤岩层的倾角旋转倾斜，最大旋转角度 45°，以便水平分层铺设倾斜煤岩层，大大提高了倾斜煤岩层模型制作的准确性和便利性。底板结构设置有气压监测孔、充气孔及引线孔。反力密封单元主体结构如图 9.2 所示。

反力装置的中部回形结构由钢板焊接加工而成，上下面采用的是整体钢板，既提高了反力装置的整体刚度和强度，又保证了密封效果。中部回形结构的前部为巷道掘进突出口，突出口内侧设有阻气法兰，阻气法兰的一面与中部回形结构通过密封圈和螺栓密封连接，另一面设有环形凹槽，其目的是防止掘进过程中高压气体通过模型与反力装置的接触面向巷道内泄漏，实现模型边界气密性。

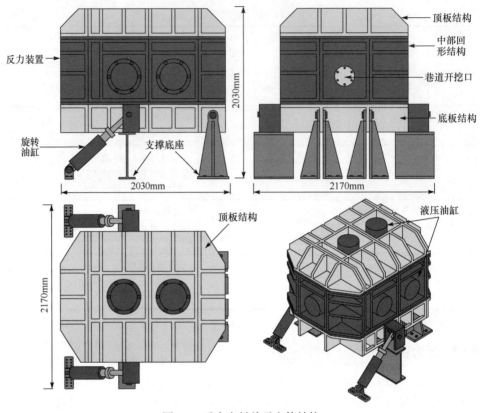

图 9.2　反力密封单元主体结构

反力装置的顶板结构为整体反力盖板。顶板结构、中部回形结构和底板结构通过高强螺栓和密封圈连接为一体。有限元计算结果表明，当加载 5MPa 地应力并充入 3MPa 气体时，即内部加载 8MPa 应力条件下反力装置的最大变形量为 0.24mm，最大集中应力为 120MPa，Q345 钢板屈服应力为 345MPa，具有近 3 倍安全系数，如图 9.3 所示。

顶板结构设有两个加载油缸，中部回形结构的后部和左右也安装有加载油缸。油缸通过前法兰安装在反力装置外部，活塞杆穿过反力装置与内部推力板相连，实现对模型真三轴加载，反力装置内部设置导向框，防止三轴加载时推力板互相干扰。为开展真三轴加载充气保压条件下巷道掘进揭煤诱导煤与瓦斯突出全过程模拟试验，需实现固气耦合赋存状态下高压密封和掘进保压，因此反力密封单元设置多种密封结构及构件。充气管通过密封法兰安装于充气孔外部，充气孔内部同样设有一定高度的充气管，可将气体通入模型指定位置；内部穿入信号线并灌胶密封的密封引线套管通过前法兰安装在反力装置底板结构的引线孔，引线孔内侧布置引线保护盖板，信号线在反力装置内部沿着中部结构和底板结构引

线，在推力板后部引入位于导向框内部的信号变送器并连接，从而满足数据采集
引线的高气密性要求。如图 9.4 所示。

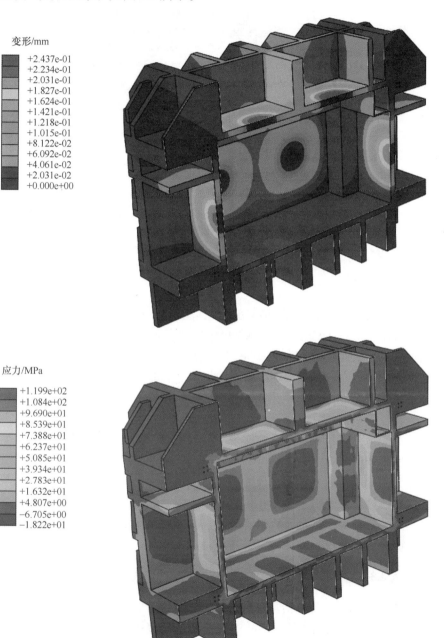

图 9.3　反力密封单元强度校核

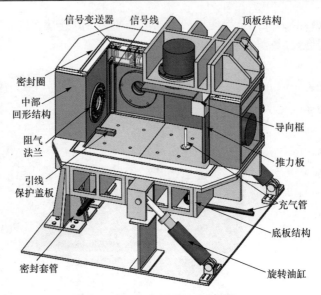

图 9.4　反力密封单元内部结构

9.1.2　应力加载单元

应力加载单元主要由液压加载系统、智能控制系统及液压油缸组成，具有结构简单、操作方便、性能稳定等特点，可对模型表面模拟施加 5MPa 真三轴地应力。液压加载系统最大输出油压 60MPa，控制精度±0.1MPa，保压时间大于等于 720 h。

模型顶部、左右和后部四个面主动加载，前部和底部被动反力加载，每个液压油缸最大出力 2000kN，行程 50mm，推力板尺寸为 600mm×600mm。液压油缸前法兰与反力装置相连，其进油口和回油口分别与液压加载系统独立油路连接，应力加载单元各系统相互配合，实现了对模型真三轴等比例同步加卸载。

为实现固气耦合加载，加载油缸与反力装置通过两道密封结构实现气密封：第一道密封为在油缸前法兰和反力装置之间增加密封薄圆盘，圆盘上下面均设有密封槽，通过密封圈阻止活塞杆孔的气体泄漏；第二道密封为前法兰安装螺栓为平头内六角螺栓，其头部布置组合垫圈，由内向外安装，组合垫圈既保证了安装强度又阻止气体从螺栓孔泄漏。具体设计如图 9.5 所示。

9.1.3　气体充填单元

气体充填单元主要包括真空泵、高压气源罐、加温减压阀、汇流管、空气压缩机、空气储气罐、增压器、气体充填伺服控制系统、大容积(2m³)高压(3MPa)储气罐、充气管路等，实物如图 9.6 所示。其原理是将高压气源瓶内的相似气体通过加温减压阀降到 0.35MPa 左右，然后通过增压器以 0.7MPa 左右的压缩空气驱动, 将相似气体增压至需要的压力, 增压后的相似气体储存在大容积高压储气罐中, 大容积高压储气罐通过内径 2.54cm 的充气管路与反力装置底板结构的充气管相连; 试验时, 首先对模型抽真空, 然后充填瓦斯相似气体, 气压加载精度 ±0.01MPa, 保压时间大于等于 480h。气体充填单元原理如图 9.7 所示。

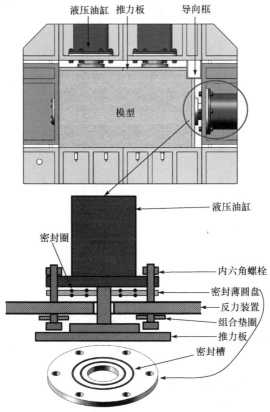

图 9.5 应力加载单元

图 9.6 气体充填单元

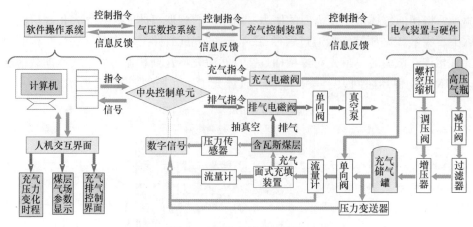

图 9.7　气体充填单元原理

由于气体充填单元不是通过对高压气罐进行直接减压充填,而是采用先减压再增压的方法,解决了直接减压充填带来的低温效应,提高了气体充填精度。气体增压后预先储存在大容积高压储气罐中,其容器远远大于吸附的气体量,且气压与模型中一致,这保障了突出过程煤层瓦斯相似气体的快速补充,最大充填速度 360L/min,真实模拟了瓦斯源场。

9.1.4　巷道掘进单元

巷道掘进单元主要包括旋转框架、掘进装置、排矸装置及测控系统,如图 9.8 所示。

图 9.8　巷道掘进单元实物

掘进装置安装于反力密封单元前部的旋转框架上。旋转框架一侧通过轴与反力密封单元连接,其下部安装伺服电机,方便旋转打开,另一侧通过两个快速夹具锁定。为保证刚度,旋转框架采用型材铝结构,并在前端设有支撑柱及万向轮支撑。

旋转装置主要由掘进刀盘、旋转机构、前进机构和伺服电机构成。掘进刀盘是通过键安装在旋转机构旋转轴前端的直径为 148mm 的三叉式刀盘，各叉臂上交错安装两个三角形金刚石非金属切割刀片和四个方形超硬合金刀片，六个三角形金刚石非金属切割刀片以刀盘为中心不同半径布置，保证了先以锋利的三角形刀片切割出六道沟槽，再以方形刀片刮平，大大提高了掘进效率。为消除掘进时刀盘颤动，刀盘中心超前 20mm 安装有直径 25mm 的圆形刀片，这样超前圆形刀片先行钻入模型中起到良好的定位作用。掘进刀盘结构如图 9.9 所示。

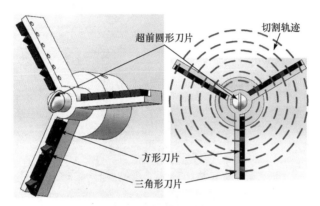

图 9.9　掘进刀盘结构示意图

掘进刀盘安装在旋转机构上，旋转机构由前进机构带动。旋转机构的旋转轴通过外部圆管固定安装在前后支座上，旋转轴与外部圆管之间通过前后轴承固定，其前端安装掘进刀盘，后部安装伺服电机和减速机，为刀盘提供旋转动力。前进机构安装在旋转框架上，通过伺服电机和减速机带动丝杠旋转，使旋转机构的支座沿直线滑轨前后运动。

排矸装置由安装于旋转机构外部圆管下部的负压排渣管和大功率(4800W)工业吸尘器构成，可自动排出掘进过程产生的矸石渣土，保证掘进过程稳定顺畅。

测控系统主要由运动控制板卡、测控软件、摄像头和风速传感器等构成。通过控制伺服电机旋转分别为掘进刀盘旋转、前进、后退提供动力，刀盘旋转速度120~360r/min，巷道掘进速度 5~120mm/min。测控软件具有零点定位、掘进限位、参数可调、可视化监测等功能，可通过安装在旋转机构外部圆管上的摄像头和风速传感器进行监测，当检测到风速变化时，立即停止掘进并快速后退，解除旋转框架锁定并快速打开。测控软件界面如图 9.10 所示。

通过掘进测试试验可得，掘进过程稳定顺畅，定位效果良好，无震颤现象，可形成指定直径的规则圆形巷道，巷道围岩无脱落，如图 9.11 所示。

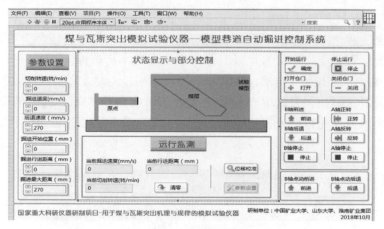

图 9.10　测控软件界面

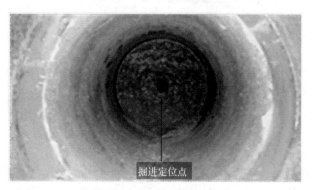

图 9.11　巷道掘进测试结果

9.1.5　信息采集单元

信息采集单元主要用于试验全过程模型内部气压、温度、应力等多物理量信息及试验现象的快速获取。信息采集单元主要包括高度集成采集箱、采集软件、多物理量传感器、气密封信号变送器及高速摄像机等，如图 9.12 所示。

自主研发的高度集成采集箱及配套采集软件可同时与气压、温度、应力等传感器连接，实现对多物理量试验数据的同步高频获取融合，极大提高了采集精度和信号处理效率。

为保证有效获取高气压环境下模型内部的多物理试验数据，先通过气密封信号变送器将传感器的毫伏信号统一变换为 0～5V 信号，再通过密封引线方法将信号传输至反力密封单元外部，并与高度集成采集箱及采集软件连接。

气密封信号变送器放置在导向框内，其内部为信号变送器板卡，通过将信号变送器板卡放入铝合金密封盒内密封处理，防止变送器板卡被高压气体损坏。使

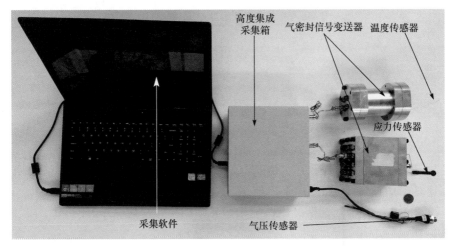

图 9.12　信息采集单元

用时，模型内部预埋的传感器通过引线端部的快速插头与气密封信号变送器的输入端连接，经过信号放大后，输出端与密封引线连接。

　　试验开展前，将所有数据线穿过密封引线套管，并灌入高强度密封胶，待胶体凝固后，将密封引线套管通过密封法兰安装于反力密封单元底板结构的引线孔，由此实现多物理量数据线密封引线，既保证了反力密封单元内的 3MPa 高压气体不泄露，又保证了将多物理量信号无损引出。密封引线套管安装如图 9.13所示。

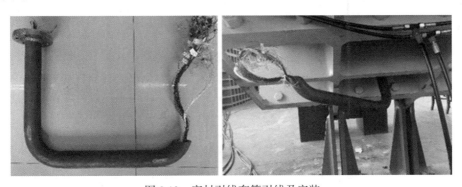

图 9.13　密封引线套管引线及安装

　　气压传感器采用微型抗干扰气压传感器，尺寸为 $\phi20\text{mm}\times40\text{mm}$，量程为 0～3MPa，精度为±0.01MPa；温度传感器采用的是超微型 K 型非铠装温度传感器，直径仅为 0.3mm，量程为 0～100℃，精度为±0.1℃，反应速度为 1ms；应力传感器采用的是柔性薄膜应力传感器，直径为 16mm，厚度为 0.2mm，量程为 0～5MPa，精度为±0.1MPa。以上传感器均具有体积小、精度高、抗干扰的优势，对试验模型损伤较小，可在模型中多点埋设，获得多点多物理量数据。

9.2　仪器验证与应用

9.2.1　试验方案

1. 试验模型与参数

以 1998 年淮南新庄孜矿"6.12"突出事故为试验原型，六号石门掘进揭 B_6 煤层(倾角 30°)，距离煤层法向 7.5m 时发生突出事故，突出煤岩量约 650t，瓦斯量 12000m³。根据煤与瓦斯突出模拟相似准则和反力密封单元的内部尺寸最终选取相似比尺为 1/30。试验模拟范围剖面如图 9.14 所示。

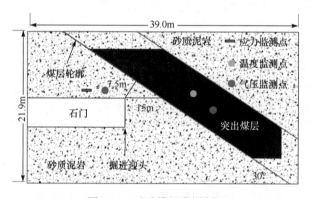

图 9.14　试验模拟范围剖面

因是第一次充气保压掘进揭煤诱突试验，出于试验安全考虑，将模拟试验气体压力及应力理论值折减为 73%；为满足试验过程中煤层内气体保压要求，采用相似材料替代铺设倾斜煤层顶部、底部及前后两侧，从而使相似材料整体包裹煤层，如图 9.14 所示。试验原型与模拟试验相关参数见表 9.2。

表 9.2　试验原型与模拟试验参数

数据类型	煤层厚度/m	煤层倾角/(°)	后部应力/MPa	侧部应力/MPa	上部应力/MPa	瓦斯压力/MPa
试验原型	4.0	30.0	16.0	10.7	16.0	1.5
模拟试验	0.13	30.0	0.39	0.26	0.39	1.1

2. 试验模型相似材料

为保证试验过程的气密性及相似性，采用特种水泥及密封添加剂等材料研发了顶底板低渗相似材料,具有渗透性低、强度可调等优点。本试验所用顶底板低渗相似材料物理力学参数见表 9.3。

表 9.3　顶底板低渗相似材料特性

单轴抗压强度 /MPa	弹性模量/MPa	密度/(kg/m³)	泊松比	内聚力/MPa	内摩擦角/(°)	渗透率 /(10⁻³mD)
4.5	519	2366	0.21	1	40.87	20.9

煤层采用文献[1]研发的以固定粒径的煤粉为骨料,以腐植酸钠水溶液为黏结剂制作的型煤相似材料进行模拟。当成型压力为 15MPa 时,该相似材料的容重、孔隙率趋于稳定并与原煤十分接近,相似材料单轴抗压强度 0.5～2.8MPa 可调,且与原煤的吸附等温线基本一致,能很好地模拟具有吸附解吸特性的含瓦斯煤体。本试验采用预先压制成型的尺寸为 200mm×200mm×300mm 的长方体型煤,其强度为 0.5MPa。

考虑到瓦斯气体易燃易爆的危险性,为试验安全考虑,选用体积分数为 45% 的 CO_2,55%的 N_2 混合气体作为相似气体代替瓦斯[2]。

为保证将气体充填并密封在煤层内,提出了将煤层包裹的"三层密封"理念,即最外层密封是反力密封单元,中间层密封为顶底板低渗相似材料,最内层密封采用特种气体密封胶包裹煤层,该密封胶具有气密封、低强度、高黏度、易塑形、耐腐蚀、不硬化的特点。经测试,厚度 3mm 的片状特种气体密封胶在 3MPa 气压下渗透率为 0mD。特种气体密封胶、顶底板低渗相似材料及反力密封单元由内至外形成了三层气密性结构。

9.2.2　试验过程

(1) 加水并充入高压气体,检测试验装置气密性及信息采集单元的可靠性。

(2) 打开反力装置顶板结构,在推力板内侧布置聚四氟乙烯板减摩,并标记煤层及顶底板位置。

(3) 将反力装置后部升起,整体倾斜30°,在反力装置内部现浇水平铺设模型倾斜底板岩层,采用平板夯振动夯实,如图 9.15(a)所示。

(4) 利用定制木模辅助形成不规则煤层铺设空间,如图 9.15(b)所示。

(5) 在煤层铺设空间放置型煤,布置传感器;用特种气体密封胶对煤层进行包裹密封,对引线及搭接处重点密封,使充气管穿过特种气体密封胶,如图 9.15(c)所示。

(6) 继续水平铺设模型倾斜顶板岩层,将传感器引线与信号变送器输入端连接。

(7) 模型制作完成，模型顶部放置柔性橡胶板及推力板，实现柔性加载，如图 9.15(d)所示，安装反力装置顶板结构。

(8) 通过气体充填单元对模型抽真空，然后缓慢充入 1.1MPa 相似气体，充分吸附保压。

(9) 利用应力加载单元对模型施加三向地应力并稳压。

(10) 打开突出口，利用巷道掘进单元开挖巷道，设置掘进速度 9mm/min，如图 9.15(e)所示，直至发生煤与瓦斯突出。

(a) 水平铺设倾斜底板　　　　　　　　　(b) 定制木模布置

(c) 煤层铺设及密封

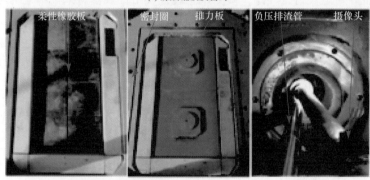

(d) 布置橡胶板及推力板　　　　　　　(e) 巷道掘进

图 9.15　试验过程

(11) 试验过程中持续进行高频多物理信息采集，并通过高速摄像机进行录像。

(12) 突出后，测量煤粉突出距离，收集煤粉并称重，观测突出孔洞位置及其内部特征。

(13) 取出模型并保留，清理试验仪器。

9.2.3　试验结果及分析

1. 试验结果

巷道掘进进尺 491mm，掘进迎头距煤层水平距离 30mm，法向距离 15mm 时，发生剧烈的煤与瓦斯突出现象，如图 9.16 所示，突出过程持续约 4.36s。

(a) 0.21s

(b) 0.45s

(c) 0.80s

图 9.16　煤与瓦斯突出瞬间

破碎煤岩体最大喷射距离 16.0m，如图 9.17 所示。

图 9.17　突出后煤岩体分布

小块围岩和煤粉一同喷出，呈明显分选性，突出煤岩体总质量 24.5kg，根据相似准则折合现场 661t 煤岩体，事故原型实际突出煤岩体 650t；突出口位于掌子面拱顶处，突出孔洞呈口小腔大形状，且内部散落层裂破坏围岩，均与事故原型特征吻合，如图 9.18 所示。

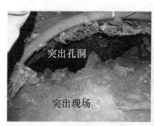

图 9.18　现场及试验突出孔洞对比

保压掘进过程中，煤层及顶板气压稳定于约 1.1MPa，突出发生后煤层内气压传感器监测的气压在约 0.77s 后下降至大气压力，顶板岩层内气压传感器监测的气压在约 34.7s 后下降至大气压，如图 9.19 及图 9.20 所示。

保压掘进过程中，煤层内温度传感器监测的温度稳定于约 15℃，突出发生后，煤体中吸附的相似气体发生解吸并吸收热量，煤层温度在约 7s 内下降至 9℃，突出结束后传感器暴露，从周围环境中吸收热量，温度逐渐上升，如图 9.21 所示；掘进过程中，应力传感器监测的巷道顶板围岩垂直主应力先稳定于约 350kPa，然后出现应力集中，升高至约 470kPa，之后应力逐渐减小，证明掘进过程中巷道顶板围岩先后处于原岩应力区、集中应力区和卸压区，如图 9.22 所示。

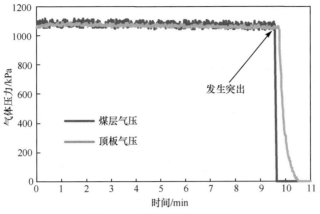

图 9.19　掘进过程气压曲线

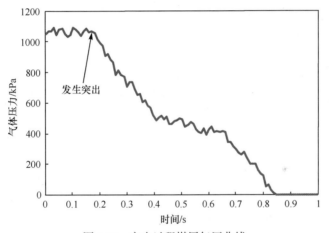

图 9.20　突出过程煤层气压曲线

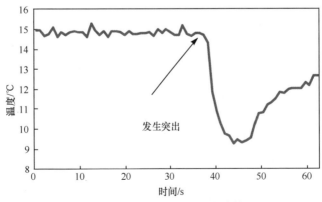

图 9.21　突出过程煤层温度曲线

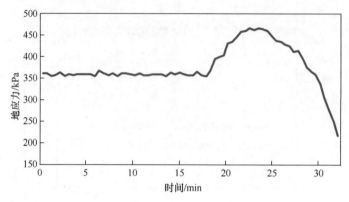

图 9.22　突出过程地应力曲线

2. 结果分析

　　通过试验应用可得，反力密封单元可旋转至指定角度并保持稳定；密封方式稳定可靠，试验全过程气密性良好，可形成固气耦合赋存环境。应力加载单元可根据试验方案预设值，对模型真三轴等比例同步加卸载。气体充填单元可使煤层气压在吸附保压过程稳定于试验方案预设值 1.1MPa；突出过程可对煤层气压进行大流量快速补充，提升突出过程延续性，更真实地模拟煤层气体边界条件。巷道掘进单元可实时监测并伺服控制掘进过程，掘进速度稳定于设定值 9mm/min；巷道直径约 150mm，轮廓为规则圆形。"三层密封"措施保证了巷道掘进过程中围岩气密性。信息采集单元实现了试验全过程气压、温度、气压等物理量信息高精度高频获取融合，并对整个试验过程进行了高速摄像。

　　以典型突出事故为原型，实现了加载保压条件下巷道掘进揭煤诱突全过程试验模拟，获得的突出现象与持续时间、突出口位置、突出孔洞形状、突出煤岩质量与距离、突出煤岩分选性等均和事故现场高度相似，并且获得了事故现场无法获得的应力、气压、温度等多物理量信息规律，验证了该中型煤与瓦斯突出模拟试验仪器的科学性。

9.3　小　　结

　　本章以综合作用假说和 CSIRO 突出模型为理论依据，研发了中型煤与瓦斯突出模拟试验仪器，利用该试验仪器成功开展了真三轴地应力加载和 1.1MPa 充气保压条件下巷道掘进揭煤诱导煤与瓦斯突出全过程相似模拟试验，主要结论如下。

　　(1) 试验仪器可模拟不同地质条件下地应力、瓦斯及煤体等突出关键因素的固气耦合赋存环境及气体边界条件，综合考虑突出关键因素的耦合作用机制，更真实地模拟巷道掘进揭煤诱导致突全过程的"时-空"演化规律。

（2）试验仪器可根据要求整体倾斜，满足不同倾角煤岩层水平铺设和精细化制作模型的需求，提高了物理模拟试验的精确性及可重复性；单次试验仅需 7～10d，方便开展正交试验。

（3）巷道掘进揭煤诱导致突全过程可进行多测点、多物理量、高频率、高精度数据获取融合及高速摄像监测，对深入分析煤与瓦斯突出规律，获取突出前兆信息，揭示突出机理，构建科学的突出预警体系具有重要意义。

参 考 文 献

[1] 王汉鹏, 张庆贺, 袁亮, 等. 含瓦斯煤相似材料研制及其突出试验应用[J]. 岩土力学, 2015, (6): 1676-1682

[2] 张庆贺, 王汉鹏, 李术才, 等. 煤与瓦斯突出物理模拟试验中甲烷相似气体的探索[J]. 岩土力学, 2017, (2): 479-486

第 10 章　大型煤与瓦斯突出模拟试验仪器

10.1　仪器构成与设计

10.1.1　研发思路

模拟系统基于综合作用假说和 CSIRO 模型,以"模块化、智能化、便利化、定量化"为设计思想,严格满足几何相似、物理力学相似、运动相似和动力相似,具体设计思路如下。

(1) 定量控制煤与瓦斯突出影响三要素,满足其组合条件下煤与瓦斯突出模拟试验研究。

(2) 巷道智能掘进代替石门揭煤瞬间揭露,真正实现突出过程相似。

(3) 采用大比例尺模型和高精度功能模块,构建高精度定量化模拟试验系统,满足试验高速精准采集与分析。

10.1.2　定量化模拟基础——相似体系构建

针对前人进行的模拟多为定性模拟,相似准则研究较少,且在试验中多采用地应力折减、瓦斯压力不折减的做法,采用煤与瓦斯突出能量模型、兼顾经典煤与瓦斯突出固气耦合方程推导了相似准则,得到瓦斯压力不折减的相似常数,为模型试验瓦斯压力的选取提供了合理解释[1]。并根据相似准则、模型反力加载能力与试验成本,确定了试验几何比尺。

为真实模拟煤岩的物理力学特性,充分考虑其容重、弹性模量、强度、吸附性等关键参数,研制出一种新型含瓦斯煤体相似材料[2],该材料具有物理力学参数调节方便、性能稳定、与原煤相似性高、可重复利用、无毒副作用、成本低廉等优势。相似材料制作及其力学性质如图 10.1 和图 10.2 所示。

考虑到瓦斯气体易燃易爆的危险性,当前煤与瓦斯突出物理模拟试验多采用 CO_2 代替 CH_4,但由于吸附性差别较大,试验结果偏差较大。为此,以瓦斯含量、瓦斯放散初速度、含瓦斯煤力学性质和初始瓦斯膨胀能为指标,采用 CO_2 和 N_2 混合气体作为相似气体,替代 CH_4,通过相关性分析和小型突出试验,最终确定 45% CO_2 和 55% N_2 混合气体作为甲烷的相似气体[3]。

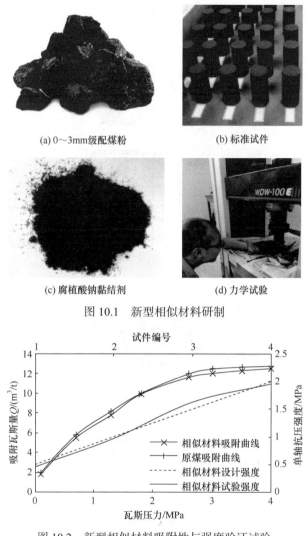

(a) 0~3mm级配煤粉　　　　　(b) 标准试件

(c) 腐植酸钠黏结剂　　　　　(d) 力学试验

图 10.1　新型相似材料研制

图 10.2　新型相似材料吸附性与强度验证试验

10.1.3　系统构成与技术指标

大型真三维煤与瓦斯突出定量物理模拟试验系统，如图 10.3 和图 10.4 所示，根据确定的几何比尺 C_L=20，模型巷道为直径 200mm 的圆形巷道，为最大限度降低边界效应，确定模型尺寸为 1500mm×1500mm×3000mm。试验系统主要由模型反力与空间密封单元、高地应力梯度加载智能控制单元、大流量高压瓦斯气体充填加载单元、巷道微型掘进与高速记录单元和多元信息瞬态获取单元配合相应控制软件部分构成。

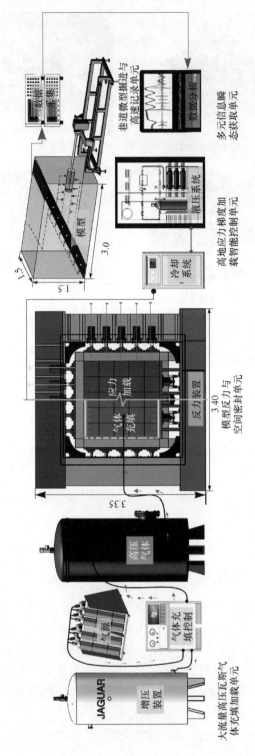

图10.3　大型真三维煤与瓦斯突出定量物理模拟试验系统构成(单位：m)

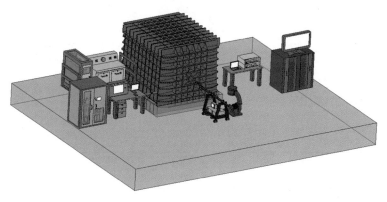

图 10.4　大型真三维煤与瓦斯突出定量物理模拟试验系统三维设计效果图

其中，模型反力与空间密封单元为模型加载提供反力支撑和气体密封；高地应力梯度加载智能控制单元实现对模型材料的真三维高地应力柔性梯度加载及精确控制；大流量高压瓦斯气体充填加载单元采用面式充填技术与智能伺服气体保压技术，可进行大流量瓦斯源连续保压充填，满足煤层高压瓦斯赋存定量模拟；巷道微型掘进与高速记录单元由高速摄像机与模型巷道微型掘进机耦合集成，实现了模型巷道定量控制掘进与突出过程捕捉，满足巷道可视化掘进模拟和突出瞬态过程记录；多元信息瞬态获取单元由频率可调的光纤类采集仪、传感器和采集软件组成，可实现煤与瓦斯从"孕育阶段"到"突出瞬间"过程中应力场、瓦斯压力场、温度场等物理参量的高频率-高精度实时采集。系统主要技术指标参数见表 10.1。

表 10.1　系统关键技术指标

序号	单元名称	关键技术与性能指标
1	模型反力与空间密封单元	模型尺寸：1500mm×1500mm×3000mm
		最大工作面开挖尺寸：ϕ200mm
		最大反力加载能力：8MPa
	模型反力与空间密封单元	最大气体密封能力：3MPa
2	高地应力梯度加载智能控制单元	液压系统加载能力：60MPa
		压力控制精度偏差：±0.1MPa
		边界应变场非均匀范围：<200mm
3	大流量高压瓦斯气体充填加载单元	最大瓦斯气体充填压力：3MPa
		气体加载精度：±0.01MPa
		最大气体加载速度：360L/min
4	巷道微型掘进与高速记录单元	自动化开挖最大开挖洞径：200mm
		自动进尺速度计算机控制范围：1～100mm/min
		掘进刀盘旋转速度范围：60～1000r/min

序号	单元名称	关键技术与性能指标
5	多元信息瞬态获取单元	光栅应变分辨率：1με，量程：±5000με
		光纤光栅压力传感器分辨率：0.1%
		光纤光栅温度传感器：0.1℃
		电阻式或光栅式压力计分辨率：0.1%，量程：5MPa
		瓦斯压力传感器分辨率：0.1%，量程：3MPa

10.1.4　五大关键单元构成与功能

为实现模拟煤与瓦斯各项功能指标，五大关键单元相互独立并配合工作，提高工作效率的同时方便升级、维修，降低了系统复杂度，使设计、调试和维护等操作简单化。

1. 模型反力与空间密封单元

模型反力与空间密封单元可为相似模型的三维地应力加载提供反力和高压气体密封环境。模型反力结构主要由反力梁和推力器构成，其中顶梁、侧梁和底梁构成单榀门式反力框架并由三角梁加固，再通过高强螺栓拼接成多榀装配体，结构外部最大尺寸：3.35m×3.40m×4.34m(长×宽×厚)，厚度方向可按0.6m的倍数调节，最小单榀厚0.6m，最大五榀厚3.0m，如图10.5～图10.7所示，与前后反力梁共同构成模型材料的密闭空间，液压油缸内嵌在各反力梁内部，油缸穿过反

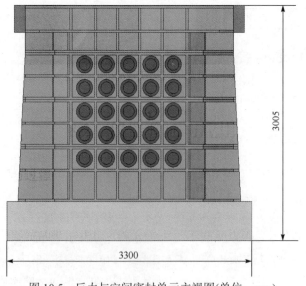

图 10.5　反力与空间密封单元主视图(单位：mm)

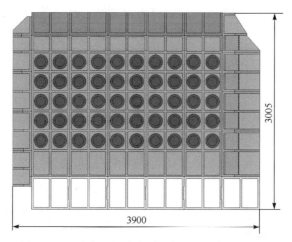

图 10.6　反力与空间密封单元左视图(单位：mm)

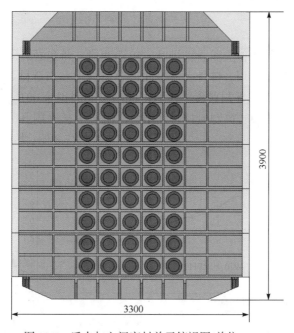

图 10.7　反力与空间密封单元俯视图(单位：mm)

力梁，其活塞杆与推力器连接，模型垂直相交边界处安装导向框，起到对推力器的导向作用。内嵌式结构节省了装置跨度，采用榀式装配体不仅利于拆卸还可根据试验要求变换模型尺寸。此外，在模型材料底部设置模型升降平移装置，试验完成后可拆除前反力梁，通过底部油缸将试验模型移出模型反力空间，实现对试验模型的剖视。

为解决固气耦合环境下模型反力空间内部的密封问题，提出了三层密封的设计思路，如图10.8所示。其中，第1层密封通过研发具有低透气特性并兼顾物理力学性能的相似材料实现对煤层体的包裹式密封；第2层密封采用整体浇筑的柔性加载箱设置于反力装置内，箱体采用聚氨酯材质，具有柔性传力和密封气体的特征，模型材料在箱体内铺设压实后，将箱盖与箱体粘贴固定，实现对模型材料的整体密封；第3层密封为模型反力装置密封和气体充填管路及传感器导线密封，在反力装置后部两角和箱体相应位置均设有引出通道，反力装置密封采用接触面涂抹密封胶和螺栓连接部位安装组合垫圈的形式实现隔绝密封。反力与密封结构安装实物照片如图10.9所示。

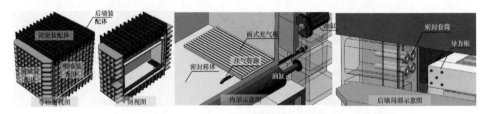

图10.8 模型反力与空间密封单元示意

(a) 安装反力结构

(b) 传感器导线密封

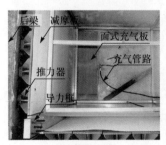
(c) 安装密封箱体

(d) 反力结构整体

图10.9 模型反力与空间密封单元安装实物

为验证模型反力结构承载能力，进行加载试验，对反力梁中间位置即变形量最大点实时监测，当液压加载系统加载值为30MPa时(换算为模型表面集中荷载为2.5MPa)，对应的反力结构监测点变形量为1.62mm，满足试验与安全要求。

2. 高地应力梯度加载智能控制单元

高地应力梯度加载智能控制单元是实现对模型真三维梯度加载与控制的关键单元，主要由液压加载系统和软件智能控制系统构成(图 10.10)。单元工作时，通过软件控制液压站和分路控制单元，实时采集各分路的压力实现智能调压控制，可同时控制 12 个分路，其中水平方向 10 路(左右 5 路+后部 5 路)，实现对试验模型体真三维高精度梯度加载，竖向加载 1 路，备用 1 路。

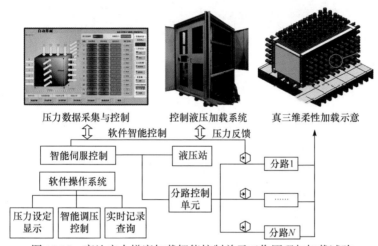

图 10.10　高地应力梯度加载智能控制单元工作原理与加载试验

液压加载系统的人机对话窗口采用 10in①彩色触摸屏和计算机上位机软件同步控制，均具有自动和手动功能。系统主要技术特点：①结构简单、组装灵活方便；②系统最大加载能力 60MPa，误差±0.1MPa，相当于模型边界最大载荷集度 5MPa，误差±0.01MPa、升压速度可调、长时保压(≥720h)；③可实现地应力同步非均匀梯度加载和逐级卸载。

3. 大流量高压瓦斯气体充填加载单元

大流量高压瓦斯气体充填加载单元为煤层充气实现固气耦合并提供突出过程中瓦斯气体的持续补充，由面式充气板、高压储气瓶、增压装置、气体加载控制台等组成，图 10.11 为实物照片。

因高压气体需经常温减压和过滤后再增压到试验压力值，系统工作时，首先由螺杆空气压缩机对常温减压后的气体进行增压，并将增压后的气体储存于高压储气罐中。高压储气罐与面式充气板连接，模拟原型煤层远场瓦斯气体的持续供

---

① 1in=2.54cm。

图 10.11　大流量高压瓦斯气体充填加载单元实物照片

给，最终实现对模型煤层的抽真空和大流量高压气体充填，系统原理与软件控制界面如图 10.12 所示。大流量高压瓦斯气体充填加载单元采用智能伺服气体保压技术，气体加载精度≤0.01MPa，保压时间≥720h，实现了大流量瓦斯源连续保压充填，确保了试验安全，满足煤层高压瓦斯赋存定量模拟。对煤层充气方面，选择面式充气板安装在密封箱体内的方法，充气板由带有凹槽的钢板、上下层钢筛、千目钢丝网、橡胶密封条和固定压条通过螺栓连接组合而成，可防止与煤层直接接触，实现对煤层的均匀气体充填。

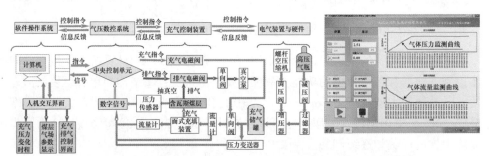

图 10.12　大流量高压瓦斯气体充填加载单元原理与数据采集

4. 巷道微型掘进与高速记录单元

考虑到突出试验开挖过程人员的安全和开挖精度，研发了巷道微型掘进与高速记录单元[4]，主要由模型巷道微型掘进系统和控制系统构成。模型巷道微型掘进系统主体为框架结构，如图 10.13 所示，掘进杆一端与伺服电机连接，另一端安装掘进刀盘，支撑底座可人工调节高度实现不同高度和角度的开挖掘进。单元工作时，通过控制系统设定掘进速度与刀盘转速实现模型巷道定量控制掘进，安装固定于掘进杆上的高速摄像机与掘进机耦合集成，对突出过程进行全程捕捉，满足巷道可视化掘进模拟和突出瞬态过程记录。掘进过程产生的废料通过配置的大流量吸尘器实时排除。

图 10.13　模型巷道微型掘进系统

　　为验证该模块的可行性,选用抗压强度高于突出试验相似材料的水泥砂浆模型(2.28MPa)进行掘进测试。 测试表明,掘进速度和刀盘转速在 0.1～10cm/min 和 60～1000r/min 范围内可调,并得到了光滑规则的开挖巷道,如图 10.14 所示。

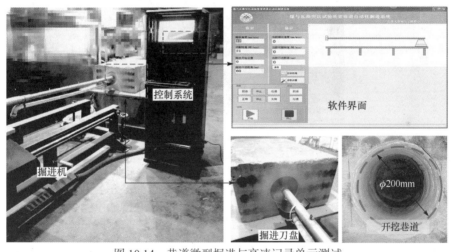

图 10.14　巷道微型掘进与高速记录单元测试

5. 多元信息瞬态获取单元

　　传统传感器采集频率低,难以捕捉突出瞬间物理量变化,需增大采集频率。而"孕育阶段"持续时间长,高频采集导致数据处理困难,为此本书自主研制光纤光栅传感器和电测法、光测法等先进测试系统和传感器,配套研发的采集软件解决了自动化实时监测、采集分析的高精度开挖测试难题。

　　研制成功的频率可调的光纤光栅传感解调仪、高频传感器和采集软件,具体如图 10.15 所示。光纤光栅传感解调仪具备调频率高和波长可重复性好、分辨率高的多重特点;高频传感器的敏感基片上镀有金属镀膜,提高了传感器的应变传递效率与瞬态响应速度[5-7]；采集软件可实现物理量显示，频率切换、传感器参数配置和数据存储。

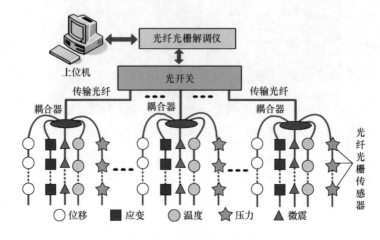

图 10.15　光纤光栅类信息获取单元原理与实物图

此外，为了多角度获取试验过程物理参数，选用 DH5922 动态信号测试分析系统和 PCI 声发射仪对煤层-围岩应力场和裂隙场进行监测，并为光纤测试系统提供参照和对比。

多元信息瞬态获取单元主要实现对煤与瓦斯突出过程中煤岩体应变、应力、气体压力、温度、破裂等物理量的实时监测。监测物理量均基于光纤光栅传感技术，采用光纤光栅传感器来实时监测煤与瓦斯的物理特征量，将得到的信号通过转换和处理计算，获取煤与瓦斯突出过程关键参数的变化规律，最终获取煤与瓦斯突出灾害发生过程的敏感指标。

多元信息瞬态获取单元由光纤光栅传感解调仪、光纤光栅传感器、耦合器及采集软件构成。工作时，微型光纤光栅传感器与解调仪连接，通过耦合器实现系统组网，解调仪将测得的光波长信号进行处理并发送至上位机，通过上位机软件对信号进行处理、显示、储存，工作原理如图 10.15 所示。为提高传感器采集频率，特采用光纤植入碳纤维材料内部，并对光纤分别镀金、镀铜、镀锌，将金属镀膜光纤焊接在传感器敏感基片上或者直接镀在传感器敏感基片上的方式，提高传感器的应变传递效率与瞬态响应速度。并对传感器进行加载状态下有限元数值模拟和统一标定校核，如图 10.17 所示。

多元信息瞬态获取单元(图 10.16)具有以下技术特点：①光纤光栅传感技术抗电磁干扰、防水抗腐蚀且长期稳定，组网容量大；②无须校准，解调仪每次扫描时会自动校准，分辨率小于 $1×10^{-3}$nm，内置单板机，以太网接口，可实现 TCP-IP 远程控制；③传感器体积小巧，采集频率可以人工调制，最高达 500kHz，可同时完成应变、压力等参数的瞬态获取。

6. 系统配合

以模型反力与空间密封单元为中心，大流量高压瓦斯气体充填加载单元的高

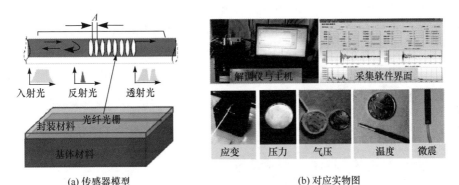

(a) 传感器模型　　　　　　　　　　(b) 对应实物图

图 10.16　多元信息瞬态获取单元

(a) 传感器受力数值模拟与校核

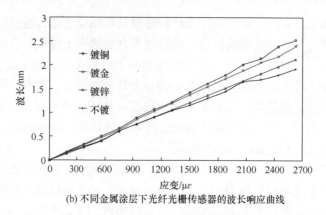

(b) 不同金属涂层下光纤光栅传感器的波长响应曲线

图 10.17 微型高频光纤光栅传感器研发

压储气罐与安装在模型反力与密封单元内的面式充填板连接实现对煤层的面式充气；高地应力梯度加载智能控制单元的液压加载系统通过高压油管与液压油缸对接实现对模型的地应力加载；试验时调整巷道微型掘进与高速记录单元的掘进刀盘高度，使之对准模型反力与空间密封单元的突出开挖口，实现对模型材料的微型掘进；多元信息瞬态获取单元的微型传感器预先埋设在模型材料内关键位置，通过引线通道引出，并与外接采集设备连接，实现试验过程中各物理量的实时采集，各模块配合如图 10.18 所示。

图 10.18 系统组成与配合

10.2 仪器验证与应用

10.2.1 试验方案

试验方案主要包括试验原型确定、试验模型方案、模型制作方案、传感器布设方案、密封方案、系统模块调试与加载-开挖方案，如图 10.19 所示。

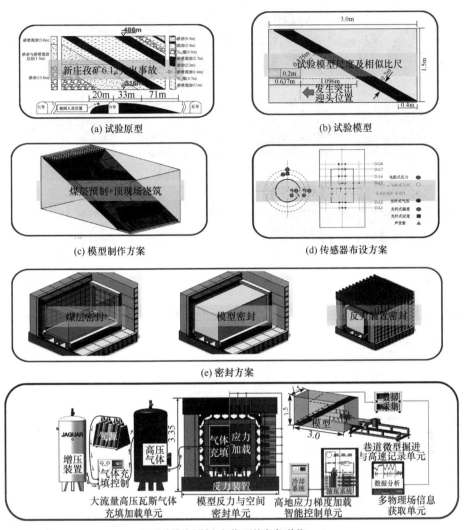

(a) 试验原型　　　　　　　　　　(b) 试验模型

(c) 模型制作方案　　　　　　　　(d) 传感器布设方案

(e) 密封方案

(f) 系统模块调试与加载-开挖方案(单位: m)

图 10.19　试验方案

10.2.2　试验过程

首次验证试验详细流程如下: 准备顶底板材料、预制煤层材料、传感器编号、安装减摩板和聚氨酯密封箱体、安装面式充填板、密封箱体绘制填料辅助线、配制与运输相似材料、摊铺压实晾干相似材料、放置煤层预留空间、埋设传感器、引出导线、密封箱体和完成模型制作, 如图 10.20 所示。

试验过程经历试验准备和五大关键单元调试、抽真空、地应力加载及气体充填、多物理场信息采集等关键步骤, 如表 10.2 所示。

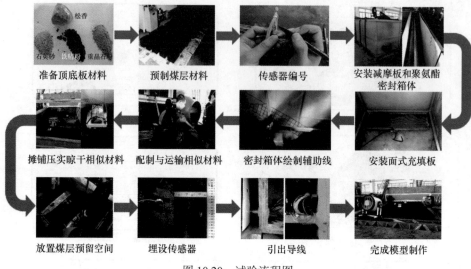

图 10.20　试验流程图

表 10.2　试验主要步骤

时间	事项
2016.11.07～2016.12.09	试验准备，模型制作
2017.03.22～2017.03.29	五大关键单元调试
2017.03.22	液压加载系统调试
2017.03.23	巷道微型掘进单元调试
2017.03.24～2017.03.26	气体充填加载单元调试
2017.03.27～2017.03.29	多物理场信息获取单元调试
2017.03.30～2017.03.31	抽真空、地应力加载及气体充填
2017.03.31	0.8MPa 后气体泄漏

10.2.3　试验结果与分析

1. 巷道微型掘进单元切实可行

设备调试阶段及模型取出阶段，对强度远高于顶底板材料的水泥砂浆材料、铁精砂顶底板材料进行不同速率的开挖掘进试验，证明该单元可实现模型巷道定量控制掘进(图 10.21)。

2. 大流量高压瓦斯气体充填加载单元切实可行

试验过程中，利用该单元对试验模型进行抽真空、气体充填处理，各部分运

软件界面

掘进刀盘　　　　　　　　　开挖巷道

图 10.21　巷道微型掘进单元

转正常、传感器测定精确，整体效果良好，证明该单元可以实现大流量瓦斯源连续保压充填，满足煤层高压瓦斯赋存定量模拟，如图 10.22 所示。

3. 高地应力梯度加载智能控制单元切实可行

试验过程中，利用 12 路液压加载系统对模型进行梯度加载及 30MPa 超载 (图 10.23)，并通过数值计算验证，证明该单元可实现 12 路独立压力加载控制及

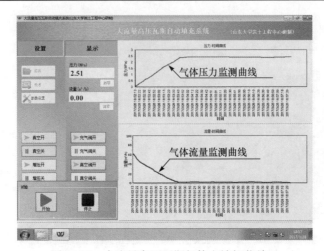

图 10.22　大流量高压瓦斯气体充填加载单元

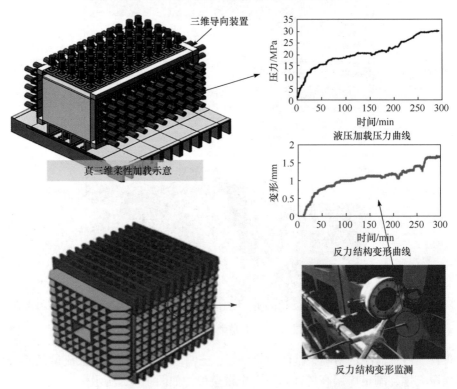

图 10.23　高地应力梯度加载智能控制单元

高压输出要求，压力控制精确，满足地应力真实模拟和长时保压要求。

4. 多物理场信息获取单元切实可行

模型加载和充气过程中, 通过研制的光纤光栅高频传感器, 获得关键位置压力、气压、温度以及应变的变化, 经对比, 与液压加载压力趋势一致(图 10.24), 证明光纤光栅采集仪、高频传感器和采集软件切实可用。

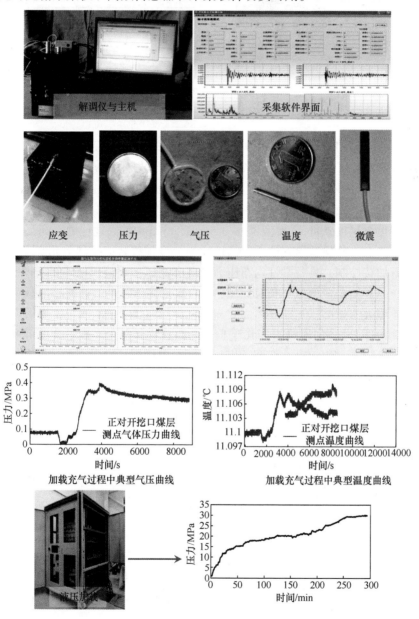

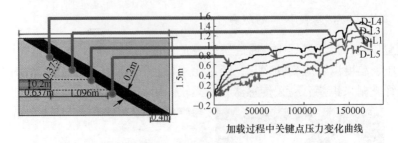

图 10.24　多物理场信息获取单元

10.3　小　　结

(1) 以综合作用假说、CSIRO 突出模型为理论依据，根据推导建立的突出相似准则，研发了可考虑不同地质条件、地应力、煤岩体强度、瓦斯压力和施工过程的大型真三维煤与瓦斯突出定量物理模拟试验系统。

(2) 系统采用模块化设计思路，由五大关键单元构成：①模型反力与空间密封单元满足大尺度条件下(模型尺寸 1.5m×1.5m×3m)的高地应力、高瓦斯气体充填和密封要求，确保试验安全；②高地应力梯度加载智能控制单元实现了 12 路独立压力加载控制，具备柔性均布压力加载和高压多路液压精确智能控制功能，满足地应力真实定量模拟和长时保压；③大流量高压瓦斯气体充填加载单元实现了试验模型大流量高压瓦斯气体面式充填和持续气源补充，满足了煤层高压瓦斯赋存真实条件定量模拟；④巷道微型掘进与高速记录单元实现了巷道可视化掘进模拟和突出瞬态过程记录，保证了煤与瓦斯突出模拟开挖过程的精度和安全性；⑤多元信息瞬态获取单元基于光纤光栅技术，采用传感器金属镀膜封装与微型化封装方法，提高解调仪频率，实现了煤与瓦斯突出瞬态过程多物理量信息快速、高频采集。

(3) 试验系统可在复杂的试验过程中突出主要矛盾，最大限度满足煤与瓦斯突出物理模拟所需条件和功能，模拟不同工况的不同突出条件，致力于打破定性解释煤与瓦斯突出现象与近似定量计算的研究瓶颈，为国内外科研机构探索煤与瓦斯突出发生机理及规律提供了定量化-精准化的公共试验平台。

参 考 文 献

[1] 张庆贺, 袁亮, 王汉鹏, 等. 煤与瓦斯突出物理模拟相似准则建立与分析[J]. 煤炭学报, 2016, 41(11): 2773-2779

[2] 王汉鹏, 张庆贺, 袁亮, 等. 含瓦斯煤相似材料研制及其突出试验应用[J]. 岩土力学, 2015, 36(6): 1676-1682

[3] 张庆贺, 王汉鹏, 李术才, 等. 煤与瓦斯突出物理模拟试验中甲烷相似气体的探索[J]. 岩土

力学, 2017, 38(2): 479-486

[4] 刘泉声, 黄兴, 时凯, 等. 煤矿超千米深部全断面岩石巷道掘进机的提出及关键岩石力学问题[J]. 煤炭学报, 2012, 37(12): 2006-2013

[5] 王静. 光纤光栅多参数传感理论技术研究及在地下工程灾害监测中的应用[D]. 济南: 山东大学, 2011

[6] 姚文历, 管从胜, 王静, 等. 光纤光栅金属化工艺及特性研究[J]. 光电技术应用, 2012, 27(6): 46-50

[7] 耿湘宜, 王静, 姜明顺, 等. 基于内埋光纤 Bragg 光栅传感器的复合材料固化过程监测[J]. 复合材料学报, 2016, 33(8): 1615-1620

第11章 煤与瓦斯突出物理模拟方法工艺创新

11.1 煤层高压气体"三层密封"方法

突出模拟试验中,需要将高压相似气体封存在试验煤层内,以真实模拟煤层高压瓦斯天然赋存环境。该技术难题长期困扰业内专家,阻碍了巷道掘进诱发突出模拟试验发展。作者提出并创建了煤层高压气体"三层密封"方法:①第一层密封(煤层与顶底板岩层之间的密封)采用研发的低强度、高黏性、不凝固、耐腐蚀、易塑形气体密封胶;②第二层密封(顶底板相似材料密封)采用研发的低渗性岩石相似材料(渗透率为 0.001~0.46mD);③第三层密封(反力密封单元密封)保证了模型加载充气保压(3.0MPa 气压)和巷道开挖过程密封。通过以上"三层密封"方法,成功将高压腐蚀性相似气体封在煤层内,实现了煤层瓦斯赋存的真实模拟。

11.1.1 低强高黏气体密封胶密封

经过大量试验,优选满足煤层高压气体密封要求的低渗材料,各测试材料如图 11.1 所示。主要测试指标包括干燥时间、稳定性、渗透性、吸附性以及安全性。通过在 1.5MPa CO_2 条件下各材料的渗透率对比(图 11.2),得到丁基橡胶、无硅聚氨酯结构胶等备选材料。

在优选材料基础上,自主研发了低强高黏气体密封胶并作为煤层密封材料,试验测试其渗透率为 0。其主要具有低强度、高黏性、气密封、不凝固、耐腐蚀和易塑形等优点。低渗胶体测试过程如图 11.3 所示。

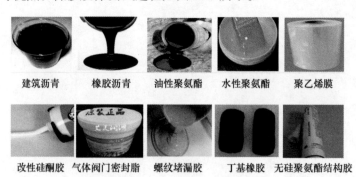

| 建筑沥青 | 橡胶沥青 | 油性聚氨酯 | 水性聚氨酯 | 聚乙烯膜 |
| 改性硅酮胶 | 气体阀门密封脂 | 螺纹堵漏胶 | 丁基橡胶 | 无硅聚氨酯结构胶 |

图 11.1 低渗材料优选

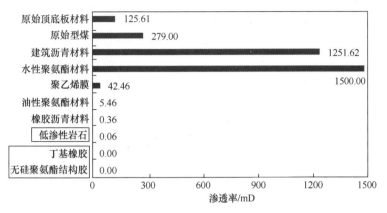

图 11.2　各材料渗透率对比

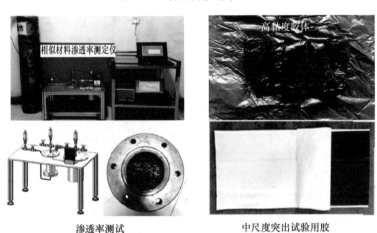

渗透率测试　　　　　　　　　　　中尺度突出试验用胶

图 11.3　低渗胶体测试及主要技术特点

11.1.2　低渗岩层材料密封

对多种特种水泥稳定性、强度、渗透率进行测试,筛选最优黏结剂。如图 11.4 所示,最终确定某品牌防水特种水泥(堵漏宝)为最优黏结剂。

备选特种水泥　　　　　　　　　最优黏结剂

图 11.4　黏结剂筛选

具体密封材料在试验模型中如图 11.5 所示。

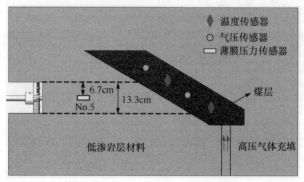

图 11.5　低渗岩层材料密封示意图

11.1.3　反力装置密封

(1) 采用高强度螺栓、密封圈及回形过渡板对反力结构连接处进行密封，替代密封胶密封(图 11.6)。

图 11.6　回形密封板密封示意图

(2) 采用高强度螺栓、组合垫圈、密封垫片及密封圈对反力结构与加载油缸连接处进行密封(图 11.7)。

(3) 优化传感器引线布设，制作密封盒，防止引线、信号变送器、声发射前置放大器在加载过程的破坏，保证传感器数据有效精确采集，保证煤层气体密封。采用阻气法兰对开挖口内壁与模型连接处进行密封，阻气法兰上开有不规则的多个沟槽，用来保证其与低渗岩层材料之间的气密封性(图 11.8)。

(4) 为保证传感器引线口的密封性，设计加工了 L 形引线管，集中穿入各种信号线并两端编号，灌入环氧树脂特制密封胶。通过引线管端部的法兰盘固定于试验装置下端引线口(图 11.9)。

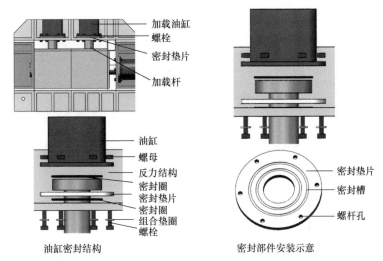

图 11.7　加载油缸密封示意图

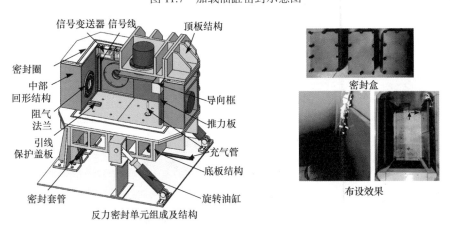

图 11.8　传感器引线布设示意图

环氧树脂特制密封胶　　　　　引线及编号　　　　　引线管安装

图 11.9　传感器引线接口密封示意图

进行加水试压,最大测试压力为 3.4MPa,试验装置密封性良好。试压过程中进行了完整的监测系统测试,测试表明监测系统采集的数据灵敏可靠(图 11.10)。

图 11.10　试压过程

11.2　试验模型精细化制作工艺

精细化施工理念贯穿整个模型制作过程,如图 11.11 所示。

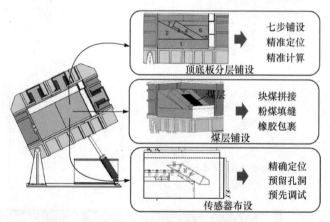

图 11.11　精细化施工示意图

11.2.1　模型制作方案

为精确定位煤层,制作了两块辅助煤层木模型,设计尺寸和效果图如图 11.12 所示。

利用模型架倾角可调的特点,制定并优化模型制作方案,具体如图 11.13 所示。

图 11.12　木方设计尺寸(单位：mm)和效果图

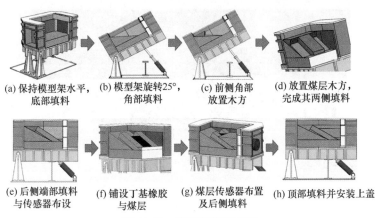

(a) 保持模型架水平，底部填料　(b) 模型架旋转25°，角部填料　(c) 前侧角部放置木方　(d) 放置煤层木方，完成其两侧填料

(e) 后侧端部填料与传感器布设　(f) 铺设丁基橡胶与煤层　(g) 煤层传感器布置及后侧填料　(h) 顶部填料并安装上盖

图 11.13　模型制作流程图

11.2.2　相似材料配制

根据填料方案中各部分体积、相似材料容重、相似材料配比，准确计算各部分相似材料所需铁粉、重晶石粉、石英砂、堵漏宝、水、添加剂的质量，进行准确称量，各部分相似材料所需组分质量见表 11.1。

表 11.1　各部分相似材料组分质量

填料序号	铁粉/kg	重晶石粉/kg	石英砂/kg	水泥/kg	水/kg	添加剂/kg
1	139.07	139.07	139.07	86.92	86.92	2.44
2	89.01	89.01	89.01	55.63	55.63	1.33
3	14.46	14.46	14.46	8.61	8.61	0.26
4	15.02	15.02	15.02	8.94	8.94	0.27
5	22.25	22.25	22.25	13.25	13.25	0.40
6	54.52	54.52	54.52	37.82	37.82	1.13
7	46.01	46.01	46.01	31.92	31.92	0.82

为保证均匀搅拌，每次称量搅拌的相似材料总质量不超过 80kg。首先将干料放入搅拌机搅拌均匀，将添加剂加入水中搅拌均匀，再将水及添加剂倒入搅拌机

进行搅拌，搅拌过程中将搅拌机内壁上的干料除下继续搅拌。每次搅拌完成后，首先清理搅拌机内壁上的残留，再进行下一次拌料(图 11.14)。

图 11.14　拌料过程

11.2.3　模型分层振实

如填料方案所述，模型试件分为 7 部分顶底板相似材料及模拟煤层，共 8 部分分别铺设。为了实现模型试验的精细化制作，精准定位相似材料的尺寸及位置，填料前在试验装置两侧推力板上布置聚四氟乙烯板，在聚四氟乙烯板上准确标记不同部分相似材料位置(图 11.15)。

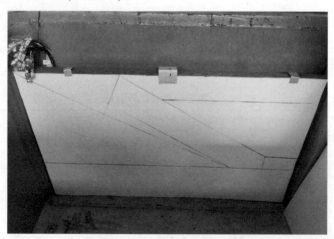

图 11.15　聚四氟乙烯板布置及标记

为方便铺设倾斜部分相似材料，通过底部油缸将试验装置整体旋转到指定尺寸，如图 11.16 所示。

图 11.16　试验装置旋转

不同部分顶底板相似材料采用平板夯均匀反复夯实(图 11.17)；为保证夯实效果，每次夯实厚度不超过 70mm，质量不超过 70kg。

如填料方案所述，通过定制木方，准确控制各部分相似材料的尺寸及位置；取出木方后形成煤层铺设空间，如图 11.18 所示。

图 11.17　相似材料夯实

图 11.18　木方的使用及取出

11.2.4 煤层铺设与密封

煤层底部铺设片状丁基橡胶(厚度 3mm)，搭接之前对搭接处进行防尘，保持胶体的黏结性，对容易破坏的区域进行二次铺设，并反复按压，如图 11.19 所示。

图 11.19 底部丁基橡胶铺设

煤层主体为规则块状型煤，间隙采用煤粉填充，内部设槽埋设气压及温度传感器，如图 11.20 所示。

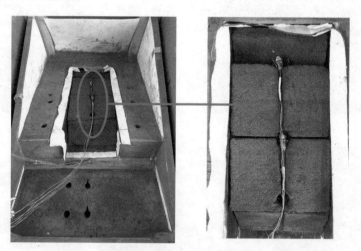

图 11.20 煤层及传感器布设

对煤层侧面及顶面进行包裹，采用高黏度条状不老胶重复黏结接缝处及传感器导线引出口，提高煤层的密封性(图 11.21)。

图 11.21　煤层引线密封

11.2.5　传感器埋设与变送器气密封保护

　　根据传感器布设方案，在已完成模型中对传感器埋设位置进行精确定位并预留传感器埋设孔洞(图 11.22)。

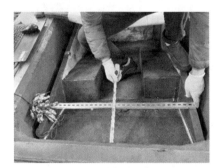

图 11.22　传感器定位

　　将各类传感器埋设在煤层、顶底板材料中的预留孔洞中，为避免各类引线相互交叉与干扰，将引线分类汇集并统一引至上加载板导向框内(图 11.23)。

　　对所埋设传感器进行调试，并对信号放大器进行密封保护。测试各类传感器的成功率并对其采集精度进行测试，结果证明所埋传感器均成功且可以正常采集各类信号数据(图 11.24)。

11.2.6　模型完成制作与封盖

　　完成试验模型制作，放上柔性橡胶板和推力板，安装密封圈和上反力盖板，准备开始试验(图 11.25)。

图 11.23　传感器埋设及走线

图 11.24　传感器调试及信号放大器密封

图 11.25　试验装置最终组装

11.3　试验流程与创新工艺

11.3.1　试验流程

试验过程经历关键系统单元调试、地应力加载、气体充填及保压、多物理场信息采集、巷道开挖掘进及模型取出和保护等关键步骤(图 11.26)。

关键系统单元调试

液压加载系统调试
配套自动化掘进系统调试
气体充填加载单元调试
多物理场信息获取单元调试

地应力加载

气体充填及保压

多物理场信息采集

巷道开挖掘进

模型取出和保护

图 11.26　试验过程示意图

　　通过大流量高压瓦斯气体自动充填系统快速将高压储罐内气体充填至 1.5MPa，如图 11.27 所示。

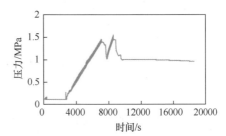

图 11.27　高压储罐气体压力变化曲线

施加地应力并进行煤层内气体充填，使煤体充分吸附。试验过程中煤层吸附平衡压力为 1.1MPa，之后持续保压，如图 11.28 所示。

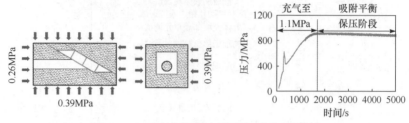

图 11.28　地应力加载示意图及实际压力曲线

打开突出口，利用模型掘进及信息获取一体化测控系统进行巷道开挖，并实时监测掘进距离，采集相关数据。设置掘进速度 9mm/min，直至发生煤与瓦斯突出。试验过程中持续进行高频多物理信息采集，并通过高速摄像机进行录像。突出后，测量煤粉突出距离，收集煤粉并称重，观测突出孔洞及内部特征。

试验结束后，为更直观地观察模型破坏情况，将试验模型取出，并采取保护措施，具体步骤如下：①取下反力架顶盖；②取出柔性加载板并将导向框内的传感器以及信号放大器等取出；③将两侧导向框与模型脱离并小心取出；④从距离模型前部 20cm 处往底部挖空，使模型与反力架前壁脱离，并取出阻气法兰；⑤将后导向框与模型脱离并取出；⑥模型两侧与反力架两侧内壁距离 10cm 处往底部挖空，使两者脱离；⑦取下反力架主体部分；⑧缓慢取出引线和引线盖板；⑨从模型后侧往前挖 20cm 取出充气管道；⑩利用工具将模型与反力架底盖脱离，此时模型与反力架已经完全脱离；⑪利用拖拽的方法将模型小心翼翼从反力架底盖上转移走并实施保护措施(图 11.29)。

图 11.29　模型取出和保护流程

11.3.2　创新工艺

本章形成了包括地应力加载、瓦斯充填保压以及巷道自动掘进开挖揭煤诱突的一整套创新工艺。掘进过程中可实时监测刀头与煤层的相对位置，实现掘进过程精准限位。掘进可形成规则圆形巷道，周围相似材料无脱落。刀头切削效率高，实际掘进速度范围可调，具体如图 11.30 所示。

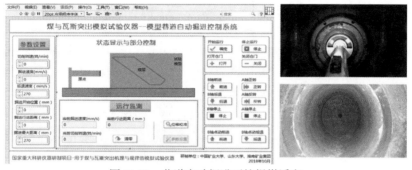

图 11.30　巷道自动掘进开挖揭煤诱突

11.4　小　　结

(1) 创建了"低强高黏气体密封胶+低渗岩层材料+反力装置"的煤层高压瓦斯"三层密封"方法，攻克了高压 CO_2 腐蚀密封难题，成功将高压气体封在煤层内，实现了煤层瓦斯赋存的真实模拟。

(2) 创建了"煤层预制+岩层现浇"的模式化试验模型制作方法与精细化传感器布设工艺,实现了试验模型的高效制作(单次突出模拟试验周期缩短为 7～10d)，攻克了模型巷道开挖气密性和信息获取融合的一体化测控难题。

(3) 实现了加载充填保压条件下巷道掘进揭煤诱突(全球首次)。

第 12 章　揭煤致突试验与影响因素分析

12.1　瞬间揭煤致突试验

煤与瓦斯突出问题十分复杂，地质条件、瓦斯、地应力、煤体性质、施工扰动等均对其产生重要影响。矿井生产实践中，在进行石门揭煤时往往由于煤层与岩层的渗透性及应力水平等差异，极易造成煤与瓦斯突出事故。因此，研发的小型瞬间揭露煤与瓦斯突出模拟试验仪器，可针对石门揭煤过程开展相应的物理模拟试验。试验装置采用快速揭露的方式模拟高地应力含瓦斯煤层的石门揭煤，诱导突出。瞬间揭煤致突试验流程同 8.2.2 节所述流程。

通过瞬间揭煤致突物理模拟试验，得到不同煤体强度、不同吸附含量以及不同瓦斯压力对于石门揭煤诱导煤与瓦斯突出的影响规律，研究突出过程中的能量演化机制，阐述致突机理。

12.2　煤体强度对突出的影响规律

12.2.1　研究意义

煤与瓦斯突出是含瓦斯煤在地应力、瓦斯和煤岩物理力学性质共同作用下发生的动力现象[1,2]。因此，三因素的作用机制成为揭示突出机理与规律的重要任务。目前，研究人员对地应力、瓦斯的影响方面进行了卓有成效的研究，如高魁等[3]、唐巨鹏等[4]、段东等[5]采用物理模拟和数值模拟的手段研究了地应力在突出过程中的作用；景国勋和张强[6]、王刚等[7]、王维忠等[8]采用模拟试验结合理论分析的方式研究了瓦斯在突出过程中的作用机制。上述研究丰富了煤与瓦斯突出在地应力、瓦斯方面的研究成果，但限于相似材料缺陷，煤体强度对突出的影响机制鲜见研究。为此，以自主研制的含瓦斯煤相似材料为基础，模拟进行了 3 组强度型煤瞬间揭露诱导突出试验，探讨煤体强度对突出的影响规律，并采用能量模型分析了煤体强度对突出的影响机制。

12.2.2　试验方案

为了考察不同煤体强度对煤与瓦斯突出的影响，选择表 12.1 配制的 3 组强度型煤进行试验设计，试验方案见表 12.2。3 组型煤共设计了 7 种模拟试验条件。模拟试验首先从最低强度型煤开始进行，轴向应力设定为 5MPa，瓦斯压力首先按 0.55MPa 加载。第 1 组试验结束后考察试验结果，若不发生突出现象，则逐级递增 0.1MPa 气体压力，直至发生突出。若发生突出现象，则第 1 组型煤试验结束。更换高强度型煤试验时，初始施加的瓦斯压力参考低强度型煤发生突出时的瓦斯压力，逐级递增 0.1～0.2MPa 加载，直至发生突出。3 组型煤、7 种试验条件保证了各种强度型煤均存在突出与未突出试验结果，便于以后分析。

表 12.1 试验型煤物理力学参数

组别	单轴抗压强度/MPa	弹性模量/MPa	泊松比	密度/(g/mm³)	孔隙率/%	放散初速度/mmHg	吸附常数 a/(t/m³)	吸附常数 b/MPa⁻¹
1	0.51	80.5	0.37	1.38	3.51	13.8	21.765	0.736
2	1.02	141	0.34	1.41	3.46	14.2	21.758	0.729
3	1.49	239.5	0.35	1.36	3.52	14.1	21.769	0.738

表 12.2 煤体强度对突出影响试验方案

组别	方案序号	型煤强度/MPa	地应力/MPa	瓦斯压力/MPa
1	1	0.51	5	0.55
	2	0.51	5	0.65
2	3	1.02	5	0.65
	4	1.02	5	0.75
3	5	1.49	5	0.75
	6	1.49	5	0.9
	7	1.49	5	1.1

试验流程中需要说明以下几点：①型煤在高压密封腔体内成型，成型后型煤尺寸约为 ϕ200mm×500mm，型煤质量采用拌合料质量减去水质量计算，待型煤充分干燥后密封并进行气密性检验；②对型煤试件抽真空 24h 至真空状态，然后充填高纯瓦斯至预定压力，保持 48h，充分吸附后施加地应力并保压 30min；③开启气体压力高速采集模块和高速摄像机，准备充分后开启快速揭露机构，瞬间揭露型煤，诱导突出；④记录试验过程与结果，包括气体压力曲线、突出过程高速录像、破坏孔洞深度、煤粉抛出距离、重量及粒径分布等；⑤清理残余型煤，更改瓦斯压力或型煤强度等试验条件，进行下一组试验直至结束全部 7 种方案。

12.2.3　试验结果

方案 1、3、5、6 均未发生突出现象，而方案 2、4、7 则发生了不同强度的突出现象，其中采用突出煤粉质量、突出距离以及突出孔洞深度作为突出强度指标。突出发生后，煤粉分布分散，难以搜集，因此采用装煤总质量与突出后剩余煤体质量的差值作为突出煤粉质量。突出距离取最远处煤粉颗粒集中位置，突出孔洞深度取孔洞最深处位置。

单次模拟试验结束且粉尘散开以后，首先钢尺测量突出距离；然后打开高压密封腔体，从突出口处缓慢伸入钢尺，测量突出孔洞深度；最后取出高压密封腔体内剩余煤粉，称量质量并计算突出煤粉质量。突出强度指标见表 12.3。

表 12.3　试验结果统计

方案	型煤强度 /MPa	地应力 /MPa	瓦斯压力 /MPa	突出煤粉 质量/kg	型煤总质 量/kg	突出距 离/m	突出孔洞 深度/mm
2	0.51	5	0.65	7.7	19.1	11.8	335
4	1.02	5	0.75	4.4	19.7	10	380
7	1.49	5	1.1	6.8	21.8	11.5	238

煤与瓦斯突出发生时动力现象显现强烈，型煤喷出量多，距离远，突出形成的孔洞呈明显的口小腔大的形态，如图 12.1 所示。

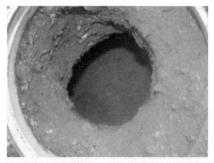

图 12.1　煤与瓦斯突出试验现象

12.2.4　影响规律分析

1. 煤体强度对突出的影响

由表 12.3 可知，煤体强度对煤与瓦斯突出具有重要影响。型煤强度为 0.51MPa、1.02MPa、1.49MPa 时对应的突出瓦斯压力分别为 0.65MPa、0.75MPa、1.1MPa，表明型煤强度对突出起阻碍作用。型煤强度越大，阻碍作用越明显，两者呈二次函数关系，如图 12.2 所示。型煤强度对突出煤粉质量有较大影响，型煤强度 0.51MPa 的型煤突出煤粉质量最高，达 7.7kg。型煤强度对突出距离影响不显著，均为 10～12m。型煤强度对破坏孔洞深度影响明显，型煤强度越高，孔洞深度越浅，两者呈线性负相关关系，如图 12.3 所示。

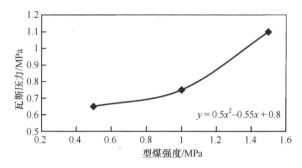

$$y = 0.5x^2 - 0.55x + 0.8$$

图 12.2　致突瓦斯压力与型煤强度关系

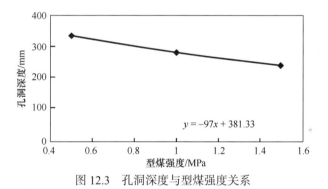

$$y = -97x + 381.33$$

图 12.3　孔洞深度与型煤强度关系

2. 气体涌出特征

VW-6000 高速录像机与气体压力高速采集仪获取了突出和未突出的试验现象与瓦斯压力曲线，高速录像截图与瓦斯压力曲线同步对比真实还原了突出发生、发展过程中 0.5s 内的试验现象。试验发现突出与未突出现象在瓦斯涌出方面存在巨大差异，下面分别就两种现象的瓦斯涌出特征进行分析。

以方案 2 为例，高速录像截图与瓦斯压力曲线同步对比如图 12.4 所示。图 12.4 表明，突出发生在 1.15～1.50s，整个突出过程持续了 0.35s。突出发生、发展过程中瓦斯压力急剧下降，在 1.30s 时瓦斯压力下降速率发生突变，由 2.5MPa/s 降为 0.6MPa/s。瓦斯压力下降速率突变点处煤粉和瓦斯涌出现象同样发生了突变，在 1.30s 时煤粉涌出中断，此时瓦斯压力约为 0.3MPa，仍高于大气压力，称为残余瓦斯压力。1.30s 之后残余瓦斯继续涌出，但涌出速率明显变缓，最终残余瓦斯压力降低至大气压，突出终止。煤粉涌出集中发生在前一阶段，而残余瓦斯涌出阶段煤粉涌出量微小。

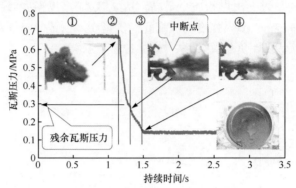

图 12.4　方案 2 高速摄像截图与瓦斯压力曲线同步对比

　　瓦斯压力曲线可分为四个阶段，第①阶段是设定气压保持阶段；第②阶段是煤粉与瓦斯高速涌出阶段；第③阶段是残余瓦斯缓慢涌出阶段；第④阶段是残余瓦斯涌出后气压降至标准大气压阶段。其中第②③阶段是煤与瓦斯突出发生、发展与终止阶段。

　　方案 2、4、7 瓦斯压力曲线汇总如图 12.5 所示，图 12.5 表明三种方案的瓦斯压力曲线下降规律一致。煤与瓦斯突出发生、发展过程均存在煤粉与瓦斯高速涌出阶段和残余瓦斯缓慢涌出阶段。煤与瓦斯突出刚发生时气体涌出剧烈，气体压力以速率 2.5MPa/s 迅速下降，降至残余瓦斯压力后再缓慢降至大气压。这表明煤与瓦斯突出后气体压力首先剧烈降至残余瓦斯压力，然后缓慢降至大气压力的现象是普遍存在的。

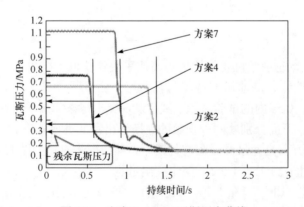

图 12.5　方案 2、4、7 瓦斯压力曲线

　　以方案 3 为例，高速录像截图与瓦斯压力曲线同步对比如图 12.6 所示。图 12.6 表明，揭煤后未发生煤粉喷出，高压气体释放缓慢，10s 后仍保持 0.2MPa 以上压

力。试验结束后型煤未发生粉状破坏。

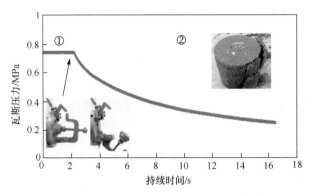

图 12.6　方案 3 高速摄像截图与瓦斯压力曲线同步对比

　　方案 1、3、5、6 气体压力曲线汇总如图 12.7 所示。计算表明，四种瓦斯压力下降速率为 0.01～0.02MPa/s，远低于突出发生时的气体压力下降速率。方案 6 中，瓦斯压力高达 0.9MPa，但瓦斯压力下降速率同样十分缓慢，表明高压瓦斯缓慢涌出不会引起煤岩体的强烈破坏。

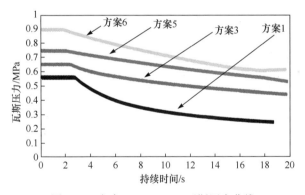

图 12.7　方案 1、3、5、6 瓦斯压力曲线

12.2.5　煤体强度对突出的能量影响机制

　　根据煤体损伤破坏方程，同等应力状态下，煤体强度越低，煤体破坏越剧烈，突出越容易发生。

$$\sigma_1 - \sigma_3 \frac{1+\sin\varphi}{1-\sin\varphi} = f_c \nabla \tag{12-1}$$

式中，σ_1、σ_3 为应力；φ 为内摩擦角；f_c 为单轴抗压强度。

　　煤与瓦斯突出是典型的动力现象，力学模型往往受限，而能量模型可以定量分析煤体强度对突出的影响机制。

煤与瓦斯突出能量储存与释放可表示为[9]

$$W_1 + W_2 = A_1 + A_2 \tag{12-2}$$

式中，W_1 为煤体弹性能；W_2 为瓦斯内能；A_1 为煤体破碎功；A_2 为煤体抛出功；$W_1 + W_2$ 为突出潜能。

试验中型煤处在三维应力条件下，其将发生弹塑性变形，煤体弹性能可通过胡克定律用应力表示。

单位煤体的弹性能为

$$W_1 = \frac{1}{2E}\left[\sigma_1^2 + \sigma_2^2 + \sigma_3^2 - 2v(\sigma_1\sigma_2 + \sigma_2\sigma_3 + \sigma_3\sigma_1)\right] \tag{12-3}$$

式中，E 为煤体弹性模量；v 为泊松比；σ_1、σ_2、σ_3 为三个主应力。

煤层内瓦斯内能主要来源于游离瓦斯及部分吸附瓦斯解吸后的膨胀能，瓦斯内能可表示为[10]

$$W_2 = \frac{P_2 V_p}{n-1}\left[\left(\frac{P_1}{P_2}\right)^{\frac{n-1}{n}} - 1\right] \tag{12-4}$$

式中，P_1、P_2 为瓦斯气体膨胀做功前后的瓦斯压力；V_p 为瓦斯涌出体积；n 为过程指数，若将煤与瓦斯突出看作绝热过程，$n=1.31$(瓦斯)。

采用式(12-4)计算瓦斯内能时，科学合理地确定煤体范围及其对应的涌出瓦斯体积 V_p 和瓦斯膨胀做功前后的瓦斯压力 P_1、P_2 是保证瓦斯内能计算准确的关键。前文"气体涌出特征"分析为此提供了现象和数据支撑。

对于突出现象，试验结束后，型煤形成了一定体积的孔洞，可选定已突出的煤体作为突出潜能计算对象。由于突出发生时间短，突出瞬态过程监测困难，前人常采用大气压力 0.1MPa 表示 P_2。但是根据图 12.4 分析，煤粉全部涌出时气体压力应为残余瓦斯压力。因此，采用残余瓦斯压力作为瓦斯气体膨胀做功后的压力 P_2 计算瓦斯内能 W_2 更加精准。

瓦斯涌出体积 V_p 在模拟试验中无法直接测量，采用煤粉瓦斯放散量进行测定，见式(12-5)[11]。瓦斯放散量测定需收集一部分已突出煤粉单独进行室内瓦斯放散试验。

$$V_p = B\sqrt{t} \tag{12-5}$$

式中，B 为瓦斯放散系数；t 为放散时间，即突出持续时间。

方案 2、4、7 突出潜能计算参数见表 12.4。

表 12.4　突出方案突出潜能计算参数

方案	弹性模量 E/MPa	泊松比	主应力 σ_1 /MPa	主应力 σ_2、σ_3 /MPa	膨胀前气体压力 P_1/MPa	膨胀后气体压力 P_2/MPa	瓦斯放散系数 B /(mL/(g/s$^{0.5}$))	瓦斯放散时间 t/s
2	80.5	0.37	5	2.9	0.65	0.3	0.72	0.15
4	141	0.34	5	2.6	0.75	0.35	0.83	0.14
7	239.5	0.35	5	2.7	1.1	0.55	0.99	0.12

对于未突出现象，型煤揭露面附近煤体保持完整，如图 12.6 所示。假定瓦斯以达西渗流从暴露煤壁涌出，可根据式(12-6)、式(12-7)计算瓦斯涌出体积[12]，结合式(12.4)计算瓦斯内能。

$$V = \frac{K\left(P_1^2 - P_0^2\right)A}{2P_0\mu L} \tag{12-6}$$

式中，V 为单位时间瓦斯渗流流量，m^3/s；K 为渗透率，1.0×10^{15}mD；P_0 为大气压力，取 0.1MPa；P_1 为进口瓦斯压力，即试验设定气体压力，MPa；L 为试件长度，m；A 为揭露口面积，m^2；μ 为瓦斯气体黏性系数，温度 T=30℃时，取 1.135×10^{-5}Pa·s。

$$V_p = Vt \tag{12-7}$$

式中，V 为单位时间瓦斯渗流流量，m^3/s；t 为瓦斯渗流时间，取瓦斯压力稳定后的时间。

渗透率 K 在模拟试验中无法直接测量。采用实验室测定煤样标准试件渗透率进行等效。为保证准确性，煤样标准试件渗透率 K 测定条件同方案 1、3、5、6应力、气体压力等条件保持一致。

方案 1、3、5、6突出潜能计算参数见表 12.5。

表 12.5　突出潜能计算结果

试验结果	方案	弹性能 W_1 /(kJ/kg)	瓦斯涌出量 V_p /mL	瓦斯内能 W_2 /(kJ/kg)	突出潜能 W_1+ W_2/(kJ/kg)	弹性能与瓦斯内能之比 W_1/W_2
突出	2	63.6	278.9	117.4	181	0.54∶1
	4	40.9	310.6	148.5	189.4	0.28∶1
	7	23.9	342.9	216.9	240.8	0.11∶1
未突出	1	63.6	15.2	5.6	69.2	11.35∶1
	3	40.9	19.2	4.6	45.5	8.89∶1
	5	23.9	29.5	6.5	30.4	3.68∶1
	6	23.9	41.3	12.1	36	1.98∶1

　　模拟试验方案 1~7 突出潜能计算结果见表 12.5。由方案 2、4、7 可以看出，煤体强度越低、弹性模量越小，同等应力条件煤体储存的弹性能越大。试验 2、4、7 中煤体弹性能均小于瓦斯内能，瓦斯内能是突出潜能的主要形式。试验 1、3、5、6 中瓦斯内能均较小。突出结果与未突出结果的能量差异主要表现为瓦斯内能大小不同。

　　因此，煤体强度参数与应力状态直接影响煤体弹性能，煤体强度越低，煤体弹性能越大，煤体破坏越剧烈，这将继续影响瓦斯涌出和瓦斯膨胀能的释放，进而影响煤与瓦斯突出的发生。

12.3　气体吸附含量对突出影响规律

12.3.1　研究意义

　　我国标准[13]将瓦斯压力作为突出防治的关键敏感指标，并开展了瓦斯压力对突出影响的相关研究[3,4,8]。国外主要采煤国，澳大利亚、美国等直接测定瓦斯含量来预测煤层突出危险性[14]。但研究表明，瓦斯压力和瓦斯含量对突出的影响不完全相同，突出对瓦斯含量的敏感度高于瓦斯压力[15]。煤层中瓦斯赋存形式主要有 2 种：游离瓦斯和吸附瓦斯。根据煤层瓦斯吸附理论，在相同的瓦斯压力下，游离瓦斯含量相差不大，而吸附瓦斯含量可能存在较大差异，这将引起煤层瓦斯总含量的变化。因此，揭示吸附瓦斯含量对煤与瓦斯突出的影响具有重要意义。

　　吸附瓦斯一般可达煤层瓦斯含量的 80%~90%，但吸附瓦斯对突出的影响规律还不清楚，突出过程中有多少吸附瓦斯解吸并参与膨胀做功目前还没有统一的认识[16]。刘明举和颜爱华[17]认为，参与突出的瓦斯量大于游离瓦斯含量，小于瓦斯总含量。李成武等[10]认为，参与突出的瓦斯量与突出煤体内游离瓦斯含量接近。在吸附瓦斯膨胀能计算方面，胡千庭和文光才[18]采用一定比例的游离瓦斯膨胀能来表征吸附瓦斯的能量大小，但比例系数的选取仅依靠经验。李铁等[19]采用 Langmuir 方程确定吸附瓦斯含量，认为一定比例的吸附瓦斯参与了膨胀做功，进而计算吸附瓦斯膨胀能，但参与做功的吸附瓦斯比例难以确定。上述研究在理论层面描述了吸附瓦斯的能量大小，但限于假设，吸附瓦斯膨胀能的准确值有待试验验证。

　　为了揭示吸附瓦斯含量对煤与瓦斯突出的影响规律，确定吸附瓦斯膨胀能对突出的能量贡献，采用模拟试验、室内试验和理论分析的方法确定了吸附瓦斯膨胀能的大小，并分析了吸附瓦斯含量对煤与瓦斯突出的作用。

12.3.2 试验方案

在现实的地质条件及突出工况中，造成吸附瓦斯含量不同的原因是煤体自身物理性质的区别。试验前，测定了淮南矿区 C_{13} 煤层、B_6 煤层等多个煤层的吸附等温线，发现淮南矿区煤层吸附性差异不够明显。为了揭示吸附瓦斯含量对煤与瓦斯突出的影响，按照控制变量法的试验要求，需要使游离瓦斯含量相同，而吸附瓦斯含量不同。因此，瞬间揭露试验采用型煤作为试验煤体，有利于控制型煤的强度和孔隙率[20]，选取吸附性依次增强的 He、N_2、CH_4 和 CO_2 作为试验气体，保证气体压力和型煤孔隙率相同时，游离气体含量相同，而吸附气体含量则存在差异。一般认为 He 不被吸附，而煤对其余 3 种气体的吸附等温线如图 12.8 所示。

选取单轴抗压强度分别为 1.0MPa、1.5MPa、2.0MPa、2.5MPa 的 4 种型煤 ($\phi200mm \times L600mm$) 作为试验煤体。按照不同的型煤强度对模拟试验划分了 4 组，每组均开展 4 种气体试验，共进行了 16 次试验。根据已有试验经验[21]，选择气体压力为 0.75MPa，地应力加载值为 5MPa。具体的试验方案见表 12.6。

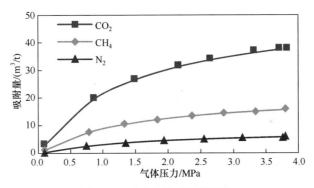

图 12.8 试验气体吸附等温线

表 12.6 模拟试验方案

试验组别	型煤强度/MPa	试验气体	地应力/MPa	气体压力/MPa
Ⅰ	1.0	He，N_2，CH_4，CO_2	5	0.75
Ⅱ	1.5	He，N_2，CH_4，CO_2	5	0.75
Ⅲ	2.0	He，N_2，CH_4，CO_2	5	0.75
Ⅳ	2.5	He，N_2，CH_4，CO_2	5	0.75

试验所用煤样取自淮南矿业集团公司望峰岗煤矿 C_{13} 煤层，其物理力学性质见表 12.7。

表 12.7 试验煤样物理力学参数

容重/(t/m³)	坚固性系数 f	水分/%	灰分/%	挥发分/%
1.38	0.28	1.04	21.05	24.26

依据试验需求，采用以上煤样依照王汉鹏等[20]的配比与方法制作 4 种强度型煤，实测的试验型煤参数见表 12.8。

表 12.8 型煤物理力学参数

单轴抗压强度/MPa	坚固性系数 f	弹性模量/MPa	泊松比	视密度/(kg/m³)	真密度/(kg/m³)	孔隙率/%
1.02	0.101	141	0.342	1322.6	1470	10.029
1.51	0.152	239	0.348	1319.6	1470	9.998
2.02	0.198	315	0.350	1329.9	1470	9.953
2.53	0.251	395	0.352	1324.3	1470	9.913

12.3.3 试验结果

16 次模拟试验的统计结果见表 12.9，其中突出现象发生了 9 次，未突出现象发生了 7 次。为了全面反映模拟试验结果，选择突出煤粉质量、突出煤粉瞬时速度和突出煤粉平均粒径作为评价突出强度的指标。上述 3 个评价指标是计算突出破碎功和抛出功等突出耗能的重要物理量，可以反映突出耗能的大小，因此 3 个评价指标具有理论及现实意义。

表 12.9 模拟试验结果

试验组别	气体种类	型煤单轴抗压强度/MPa	气体压力/MPa	游离气体含量 $\bar{Q}_f$ /(10^{-3}m³/kg)	吸附气体含量 $\bar{Q}_a$ /(10^{-3}m³/kg)	突出与否	突出煤粉质量/kg	突出煤粉瞬时速度/(m/s)	突出煤粉平均粒径/mm
I-1	He		0.749	0.568	0.000	突出	6.730	14.594	0.909
I-2	N₂	1.02	0.751	0.570	2.817	突出	7.310	14.953	0.701
I-3	CH₄		0.753	0.571	7.646	突出	7.800	15.160	0.560
I-4	CO₂		0.751	0.570	18.173	突出	8.290	15.263	0.424
II-1	He		0.753	0.571	0.000	未突出	—	—	—
II-2	N₂	1.51	0.747	0.566	2.808	突出	4.230	14.919	1.729
II-3	CH₄		0.750	0.568	7.626	突出	6.310	15.068	1.251
II-4	CO₂		0.751	0.569	18.173	突出	7.940	15.219	0.904

续表

试验组别	气体种类	型煤单轴抗压强度/MPa	气体压力/MPa	游离气体含量 $\bar{Q}_f$ /(10^{-3}m³/kg)	吸附气体含量 $\bar{Q}_a$ /(10^{-3}m³/kg)	突出与否	突出煤粉质量/kg	突出煤粉瞬时速度/(m/s)	突出煤粉平均粒径/mm
Ⅲ-1	He		0.752	0.563	0.000	未突出	—	—	—
Ⅲ-2	N₂	2.02	0.748	0.560	2.811	未突出	—	—	—
Ⅲ-3	CH₄		0.752	0.563	7.640	突出	1.410	14.935	2.395
Ⅲ-4	CO₂		0.751	0.562	18.173	突出	1.565	14.983	1.840
Ⅳ-1	He		0.753	0.564	0.000	未突出	—	—	—
Ⅳ-2	N₂	2.53	0.751	0.562	2.818	未突出	—	—	—
Ⅳ-3	CH₄		0.749	0.561	7.620	未突出	—	—	—
Ⅳ-4	CO₂		0.751	0.562	18.173	未突出	—	—	—

突出煤粉质量是试验结束后散落在聚乙烯薄膜上煤粉的质量，也可根据型煤总质量与剩余型煤质量的差值确定。

突出煤粉瞬时速度是借助高速录像技术分析获得的。具体方法是试验前预先标定与突出口距离为 L 的位置，利用高速录像获取的试验现象计算突出煤粉到达该点所用时间 t。高速录像的时间可精确至 0.001s，能够精确捕捉突出现象及时间。由于标定距离 L 较小，可利用 L/t 获得突出煤粉瞬时速度，如图 12.9 所示。

图 12.9　突出煤粉瞬时速度测定

突出煤粉平均粒径是利用突出煤粉的粒径分布通过数学统计方法得到的。为了获取突出煤粉的粒径分布，首先称量了突出煤粉质量，然后利用孔径为 10mm、

5mm、2.5mm、1mm、0.45mm、0.3mm、0.2mm、0.15mm、0.1mm 的标准筛对其进行组分分析，如图 12.10 所示。其中 0.1mm 以下粒度的煤样对煤粉平均直径计算影响较大，利用扭矩天平采用沉降分析法进行精准的粒度分析。

图 12.10　突出煤粒径筛分

　　试验中利用位于试验系统突出口附近的高速气体压力传感器对试验过程压力变化进行了实时采集，压力采集频率可调，最高达 1000Hz。基于试验过程的气体压力变化曲线，配合高速录像获取试验现象，确定 9 次突出试验的突出持续时间在 1s 左右，而 7 次未突出试验的压力下降时间则远远大于 1s。部分试验过程压力下降曲线如图 12.11 所示。

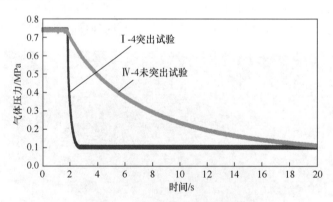

图 12.11　试验过程压力下降曲线

　　基于试验压力和型煤孔隙率，游离气体含量计算式为

$$\overline{Q}_f = \frac{10\varphi p_1}{\rho_p} \tag{12-8}$$

式中，$\overline{Q}_f$ 为游离气体含量；φ 为型煤孔隙率；p_1 为突出前气体压力；ρ_p 为型煤视密度。依据 Langmuir 方程可计算吸附气体含量，计算式为

$$\overline{Q}_a = \frac{abp_1}{1 + bp_1} \tag{12-9}$$

式中，$\overline{Q}_a$ 为吸附气体含量；a、b 为吸附常数。

在试验实际进行时，由于客观原因，会产生误差，导致气体压力与试验方案设计值存在少许差别，呈现在表 12.9 中的气体压力均为实测值。

12.3.4 影响规律分析

由表 12.9 可知，16 次模拟试验中游离气体含量大致相等，吸附气体含量则随着气体种类的不同而存在较大差异，达到了试验的预期要求。

由试验结果可知，吸附气体含量对突出发生影响显著。第Ⅱ组试验中，He 试验型煤未发生突出，N_2、CH_4、CO_2 试验则发生了突出；第Ⅲ组试验中，He、N_2 试验型煤未发生突出，CH_4、CO_2 试验则发生了突出。表明吸附气体含量的增大会增加型煤突出的风险。

采用突出强度评价指标对 9 次发生突出现象的突出强度进行了评价，发现吸附气体含量对突出煤粉质量、突出煤粉瞬时速度和突出煤粉平均粒径均有显著影响。突出煤粉质量与突出煤粉瞬时速度随吸附气体含量的升高而增大，突出煤粉平均粒径随吸附气体含量的升高而减小，表明吸附气体含量的增大会增加型煤突出的强度。吸附气体含量对突出强度评价指标的影响如图 12.12 所示。

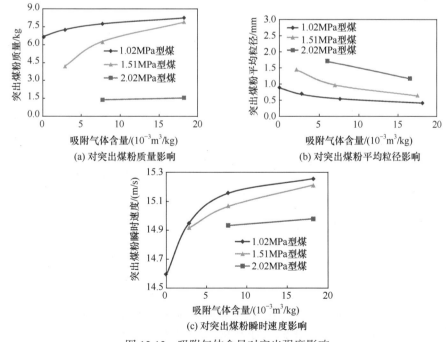

图 12.12 吸附气体含量对突出强度影响

12.3.5 吸附气体对突出能量影响机制分析

煤与瓦斯突出是一种能量释放过程，该过程满足热力学第一定律，其能量条件可表示为

$$W_1 + W_2 + W_3 + W_4 = A_1 + A_2 + A_3 \tag{12-10}$$

式中，W_1 为突出煤体弹性能；W_2 为突出煤体的瓦斯膨胀能；W_3 为突出煤体重力势能；W_4 为周围煤体及其所含瓦斯对突出煤体所做功；A_1 为突出煤体的破碎功；A_2 为突出煤体的抛出功；A_3 为其他能量耗散(J/kg)，如未突出煤体耗散能量等。

胡千庭和文光才[18]研究表明，突出过程中主要能量来源为突出煤体弹性能及其所含瓦斯膨胀能，主要的能量耗散为煤体破碎功和抛出功，而其余能量所占比例较小。为简化起见，将突出过程的能量条件表示为

$$W_1 + W_2 = A_1 + A_2 \tag{12-11}$$

为了揭示吸附瓦斯对煤与瓦斯突出的能量贡献，将瓦斯膨胀能 W_2 分解为游离瓦斯膨胀能 W_2' 和吸附瓦斯膨胀能 W_2''。

为了得到吸附瓦斯膨胀能的准确值，本节在胡千庭和文光才研究[18]基础上，提出了吸附瓦斯膨胀能测定方法。基于模拟试验计算了煤体弹性能、游离气体膨胀能、吸附气体膨胀能等突出潜能，计算了煤体破碎功和抛出功等突出耗能，以此分析吸附瓦斯对煤与瓦斯突出的能量贡献及作用。

1. 煤体弹性能和瓦斯膨胀能分析

模拟试验中，煤体为均匀的三轴应力状态，突出孔洞范围内煤体释放的弹性能可以表示[17]为

$$W_1 = \frac{1}{2E\rho_p}[\sigma_1^2 + \sigma_2^2 + \sigma_3^2 - 2\nu(\sigma_1\sigma_2 + \sigma_1\sigma_3 + \sigma_2\sigma_3)] \tag{12-12}$$

式中，E 为煤体的弹性模量；ν 为煤体的泊松比；σ_1、σ_2、σ_3 为煤体承受的三个主应力；ρ_p 为型煤视密度(kg/m³)。瓦斯膨胀能是煤层中高压瓦斯在膨胀过程中所做的功。型煤突出持续时间仅为 1s 左右，突出过程更接近绝热过程，因此瓦斯膨胀能可表示[10,22,23]为

$$W_2 = \frac{p_2 V_2}{n-1}\left[\left(\frac{p_1}{p_2}\right)^{\frac{n-1}{n}} - 1\right] \tag{12-13}$$

式中，p_2 为突出后气体压力，取大气压力；V_2 为参与突出的气体体积(p_2 状态下)；n 为绝热指数(对于 He，$n = 1.67$；对于 N₂，$n = 1.40$；对于 CH₄，$n = 1.31$；对于

CO_2，$n = 1.29$)。

游离气体膨胀能 W_2' 可将游离气体含量代入式(12-6)直接计算。

计算吸附气体膨胀能 W_2'' 时需首先确定参与做功的气体体积。由于模拟试验中无法收集，提出实验室实测吸附气体瞬间解吸量来计算吸附气体膨胀能的方法。

吸附气体瞬间解吸量的测定采用自主研发的煤粒瓦斯放散测定仪开展。试验中煤样吸附气体解吸量通过仪器内压力传感器测得的气体压力变化基于下式获取：

$$V = \frac{1}{m_s}\left(\frac{\Delta p_f V_f}{Z_f RT} + \frac{\Delta p_s V_s}{Z_s RT}\right)V_m \tag{12-14}$$

式中，V 为标况下解吸气体量；m_s 为煤样质量；V_f 为煤样罐游离空间体积；V_s 为计量罐空间体积；V_m 标况下气体摩尔体积，$V_m = 22.41410\text{L/mol}$；$\Delta p_f$ 为煤样罐气体压力变化；Δp_s 为计量罐气体压力变化；Z_f、Z_s 分别为 Δp_f、Δp_s 对应的气体压缩因子；R 为摩尔气体常数，$R = 8.31441 \pm 0.00026\text{J/(mol·K)}$；$T$ 为试验温度。压力传感器频率可达 2000Hz，精度小于 0.2%F.S.，满足本次试验精度需求。

为了获取精确的试验成果，收集了部分突出煤粉进行放散试验。测定时，施加与模拟试验相同的试验气体、气体压力和气体放散时间等条件。具体测定过程如下：

(1) 分别利用真空泵、高压气瓶对整套仪器进行负压、高压下的气密性检查。

(2) 将收集的突出煤粉装入煤样罐，整套仪器浸入恒温水浴，并对煤样真空脱气。

(3) 由参考罐内高压气体作为气源，完成煤样罐内煤样吸附。

(4) 利用软件设定采集时间等参数，并通过软件控制电磁阀，启动解吸放散过程，软件自动完成数据采集、解吸放散截止等工作。

(5) 测定完毕，妥善处理试验仪器以及真空泵、高压气瓶等辅助设备。

计算得出了煤体弹性能 W_1、游离气体膨胀能 W_2' 和吸附气体膨胀能 W_2''，结果见表 12.10。

表 12.10 模拟试验能量积聚与释放规律

试验组别	W_1 /(J/kg)	W_2' /(J/kg)	W_2'' /(J/kg)	A_1 /(J/kg)	A_2 /(J/kg)	$(W_1 + W_2' + W_2'')$ / $(A_1 + A_2)$ /%
I-1	43.55	106.76	0.00	43.29	106.49	100.35
I-2	43.55	110.91	13.74	56.12	111.80	100.17
I-3	43.55	112.81	29.29	70.25	114.92	100.26

续表

试验组别	W_1 /(J/kg)	W_2' /(J/kg)	W_2'' /(J/kg)	A_1 /(J/kg)	A_2 /(J/kg)	$(W_1 + W_2' + W_2'') / (A_1 + A_2)$ /%
I -4	43.55	112.61	53.70	92.73	116.48	100.31
II -2	25.70	109.84	9.42	34.13	111.29	99.68
II -3	25.70	111.99	23.06	47.19	113.52	100.02
II -4	25.70	112.51	43.13	65.26	115.80	100.15
III -3	19.39	111.10	14.74	32.85	111.53	100.59
III -4	19.39	111.14	25.13	42.77	112.24	100.42

2. 突出煤体的破碎功和抛出功

煤体破碎功与破碎后粒度关系符合新表面说, 即煤岩破碎所消耗的功与破碎后所产生的新增表面积成正比。煤体破碎功可以表示[24]为

$$A_1 = \alpha S = \alpha \frac{6}{\rho} \left(\frac{1}{d} - \frac{1}{D} \right) \tag{12-15}$$

式中, α 为破碎比功; S 为破碎后煤样产生新增表面积; ρ 为破碎后煤的视密度; D 和 d 分别为突出前后煤体的平均直径。

蔡成功和熊亚选[25]研究表明, α 与坚固性系数 f 呈线性关系:

$$\alpha = 91.8f \tag{12-16}$$

因此, 突出煤体的破碎功可表示为

$$A_1 = 550.8 \frac{f}{\rho} \left(\frac{1}{d} - \frac{1}{D} \right) \tag{12-17}$$

煤体的抛出功即为破碎煤体抛出时的动能, 因此煤体的抛出功可表示为

$$A_2 = \frac{1}{2} v^2 \tag{12-18}$$

式中, v 为煤粉喷出速度。

计算得出煤体破碎功 A_1、抛出功 A_2, 计算结果见表 12.10。

3. 吸附气体含量对突出的能量分析

从游离气体膨胀能计算式(12.13)可知, 气体种类不同时, 气体绝热指数 n 会引起游离气体膨胀能的变化。表 12.10 结果表明, 由气体种类引起的差别小于 2%,

影响十分微小，煤与瓦斯突出强度的变化主要由吸附气体引起。因此，采用吸附性不同的气体来体现煤对瓦斯吸附性的区别具有合理性。

由能量计算结果可知，各组试验中煤体弹性能、游离气体膨胀能、吸附气体膨胀能等突出潜能之和与煤体破碎功、煤体抛出功等突出耗能之和基本相等(表 12.10)，表明了能量模型的合理性，也证明了吸附气体膨胀能测定方法的合理性。

由表 12.9 和表 12.10 可得，随着吸附气体含量增大，参与突出过程的煤体弹性能及游离气体膨胀能不变，吸附气体膨胀能增大，最终导致煤体破碎功与抛出功等突出耗能增大，即突出强度增大。这就从能量角度揭示了吸附气体含量对突出强度的影响规律。吸附气体含量与吸附气体膨胀能、突出总耗能关系如图 12.13 所示。

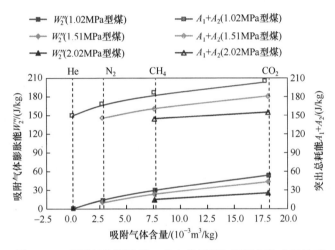

图 12.13　吸附气体膨胀能、突出总耗能与吸附气体含量关系

同时可以发现，吸附气体膨胀能在突出潜能中的能量比例存在差异，该比例随着吸附气体含量增大而增大。I-4 试验中吸附性最高的 CO_2 吸附气体膨胀能占比最大，占突出潜能 25.6%；II-2 试验中吸附性最弱的 N_2 吸附气体膨胀能占比最小，占突出潜能 6.5%。试验条件下，吸附气体膨胀能占总瓦斯膨胀能的 7.9%～32.3%，占突出潜能的 6.5%～25.6%。突出试验中，正是由于这部分突出潜能不同，引起突出风险和突出强度差异。

需要说明的是，解吸瓦斯膨胀能与突出时间密切相关，随突出时间延长而增大。上述关于突出能量的计算依据型煤瞬间揭露试验展开，受型煤试件尺寸限制(仅为 $\phi200mm \times L600mm$)，试验中不会发生实际工况中的连续突出现象，其突出时间仅为 1s 左右，而实际突出时间从几秒到几十秒不等[18]。实际突出灾害的解吸瓦斯膨胀能大小及占比则大于上述结果。

12.4 小　　结

综合考虑煤与瓦斯突出外因和内因的影响，基于 CSIRO 模型与小型瞬间揭露煤与瓦斯突出模拟试验仪器，成功开展模拟石门揭煤过程的瞬间揭露致突试验，得到不同煤体强度、不同吸附含量以及不同瓦斯压力对于石门揭煤诱导煤与瓦斯突出的影响规律。

(1) 瞬间揭煤致突试验中实现了对地应力、瓦斯压力和煤体强度的定量控制，可开展不同组合条件的煤与瓦斯突出试验研究；高采集频率与高速摄像同步采集，实现了对突出瞬态现象和数据的高速精准记录；自主研制了含瓦斯煤相似材料，实现了不同强度型煤批量制作，大大加快了试验进度；突出过程中瓦斯气源实现持续补充，更加真实地模拟了气体边界条件。

(2) 煤体强度对煤与瓦斯突出起阻碍作用，煤体强度越高，阻碍作用越明显。煤体强度对突出距离影响不大，对突出煤粉质量和孔洞深度影响较大。发生突出时，瓦斯压力下降速率存在煤粉与瓦斯高速涌出和残余瓦斯缓慢涌出两个阶段；而未突出时，瓦斯涌出缓慢，不会引起煤体的强烈破坏，趋于稳定后仍高于大气压力。煤体强度参数与应力状态直接影响煤体弹性能，间接影响瓦斯涌出和瓦斯膨胀能的释放，进而影响煤与瓦斯突出的发生。

(3) 吸附气体含量影响煤与瓦斯突出的发生和突出强度，吸附气体含量越高，突出风险及突出强度越大。能量分析表明，吸附气体含量越大，突出时其膨胀能越大，从而导致突出总耗能(突出强度)越大。试验条件下，占突出潜能6.5%～25.6%的吸附气体膨胀能参与突出过程，且其比例随吸附气体含量增大而增大。

参 考 文 献

[1] Hudecek V. Analysis of safety precautions for coal and gas outburst- hazardous strata[J]. Journal of Mining Science, 2008, 44(5): 464-472

[2] Wold M B, Choi S K. Outburst mechanisms: Coupled fluidflow-geomechanical modelling of mine development[R]. Melbourne: CSIRO Petroleum, 1994

[3] 高魁, 刘泽功, 刘健. 地应力在石门揭构造软煤诱发煤与瓦斯突出中的作用[J]. 岩石力学与工程学报, 2015, 34(2): 305-312

[4] 唐巨鹏, 杨森林, 王亚林, 等. 地应力和瓦斯压力作用下深部煤与瓦斯突出试验[J]. 岩土力学, 2014, 35(10): 2769-2774

[5] 段东, 唐春安, 李连崇, 等. 煤和瓦斯突出过程中地应力作用机理[J]. 东北大学学报(自然科学版), 2009, 30(9): 1326-1329

[6] 景国勋, 张强. 煤与瓦斯突出过程中瓦斯作用的研究[J]. 煤炭学报, 2005, (2): 169-171

[7] 王刚, 程卫民, 谢军, 等. 煤与瓦斯突出过程中煤体瓦斯的作用研究[J]. 中国安全科学学报, 2010, 20(9): 116-120

[8] 王维忠, 陶云奇, 许江, 等. 不同瓦斯压力条件下的煤与瓦斯突出模拟实验[J]. 重庆大学学报, 2010, 33(3): 82-86

[9] 文光才. 煤与瓦斯突出能量的研究[J]. 矿业安全与环保, 2003, (6): 1-3

[10] 李成武, 解北京, 曹家琳, 等. 煤与瓦斯突出强度能量评价模型[J]. 煤炭学报, 2012, 37(9): 1547-1552

[11] 安丰华. 煤与瓦斯突出失稳蕴育过程及数值模拟研究[D]. 徐州: 中国矿业大学, 2014

[12] 许江, 叶桂兵, 李波波, 等. 不同黏结剂配比条件下型煤力学及渗透特性试验研究[J]. 岩土力学, 2015, 36(1): 104-110

[13] 国家安全生产监督管理总局. 防治煤与瓦斯突出规定[S]. 北京: 煤炭工业出版社, 2009

[14] 袁亮, 薛生. 煤层瓦斯含量法确定保护层开采消突范围的技术及应用[J]. 煤炭学报, 2014, 39(9): 1786-1791

[15] 齐黎明, 陈学习, 程五一. 瓦斯膨胀能与瓦斯压力和含量的关系[J]. 煤炭学报, 2010, 35(S1): 105-108

[16] 史广山, 魏风清. 基于煤粒扩散理论的吸附态瓦斯解吸膨胀能研究[J]. 安全与环境学报, 2013, 13(4): 196-199

[17] 刘明举, 颜爱华. 煤与瓦斯突出的热动力过程分析[J]. 焦作工学院学报(自然科学版), 2001, (1): 1-7

[18] 胡千庭, 文光才. 煤与瓦斯突出的力学作用机理[M]. 北京: 科学出版社, 2013: 286-291

[19] 李铁, 梅婷婷, 李国旗, 等. "三软"煤层冲击地压诱导煤与瓦斯突出力学机制研究[J]. 岩石力学与工程学报, 2011, 30(6): 1283-1288

[20] 王汉鹏, 张庆贺, 袁亮, 等. 含瓦斯煤相似材料研制及其突出试验应用[J]. 岩土力学, 2015, 36(6): 1676-1682

[21] 王汉鹏, 张庆贺, 袁亮, 等. 基于 CSIRO 模型的煤与瓦斯突出模拟系统与试验应用[J]. 岩石力学与工程学报, 2015, 34(11): 2301-2308

[22] 于宝海, 王德明. 煤层释放瓦斯膨胀能研究[J]. 采矿与安全工程学报, 2013, 30(5): 773-777

[23] 张浩, 高建宁, 崔永杰. 瓦斯膨胀能计算方法的热力学分析[J]. 煤矿安全, 2015, 46(3): 145-148

[24] 熊阳涛, 黄滚, 罗甲渊, 等. 煤与瓦斯突出能量耗散理论分析与试验研究[J]. 岩石力学与工程学报, 2015, 34(S2): 3694-3702

[25] 蔡成功, 熊亚选. 突出危险煤破碎功理论与试验研究[J]. 煤炭学报, 2005, 1(30): 63-66

第 13 章　淮南典型突出事故物理模拟与分析

13.1　工程概况

13.1.1　典型突出案例——新庄孜矿煤与瓦斯突出事故

　　1998 年 6 月 12 日 12 时 18 分，新庄孜矿发生一起造成 2 人死亡的煤与瓦斯突出事故(图 13.1)。突出煤岩量约 650t，一次突出瓦斯量 12000m³。事故地点位于五六采区一阶段南翼的 B_6 煤层底板皮带机巷 5606-8 六号石门，石门洞径约 4m。工程标高−506m。突出煤层为 B_6 槽，煤层厚度约 4m，走向 350°～315°，倾角 25°～32°。施工前探测表明，六号石门皮带机巷与 B_6 煤层底板平距为 44m，法距为 22m，设计施工到平距 23m、法距 10m 处停头。施工至 20.6m 时发生突出事故，突出后事故调查组施工的钻孔表明六号石门皮带机巷与 B_6 煤底板法距实际为 19.5m，突出时石门迎头与 B_6 煤底板法距仅为 7.5m。突出前，迎头工作面为全岩，瓦斯正常，风量为 300m³/min，探头 T1 及 T2 瓦斯浓度分别为 0.12%、0.36%。突出瞬时浓度 4%以上。本次煤与瓦斯突出事故记录较为清晰，选择其作为试验原型进行模拟。

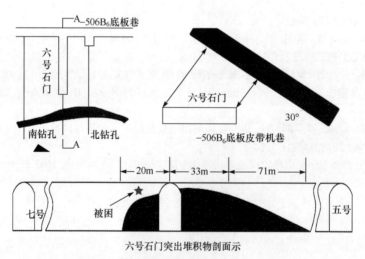

图 13.1　新庄孜矿煤与瓦斯突出事故概况

13.1.2 试验原型参数

中国科学院武汉岩土力学研究所刘泉声等对淮南矿区深部地应力场特征和岩石力学、化学性质进行了深入研究(见《淮南新庄孜矿地应力场与岩石力学化学性质试验研究报告》)。采用水压致裂法完成了新庄孜矿−612m 附近岩层的现场地应力测试，并通过现场取样，单轴、三轴压缩试验完成了围岩、煤岩物理力学性质测定和突出倾向性指标测定。

地应力测试结果见表 13.1。将应力大小按照埋藏深度进行处理，−506m 处垂直应力约为 11.6MPa，最大水平应力约为 12.76MPa，最小水平应力约为 6.87MPa。

表 13.1　地应力测试结果

上覆埋深 /m	破裂压力 P_b/MPa	重张压力 P_r/MPa	关闭压力 P_s/MPa	水头压力 P_H/MPa	最大水平主应力 σ_{Hmax}/MPa	最小水平主应力 σ_{Hmin}/MPa	自重应力 σ_v/MPa	侧压系数 $\lambda = \sigma_H/\sigma_z$
629	16.30	11.04	9.29	0.17	17.00	9.46	14.47	1.18
627	14.00	9.61	8.46	0.15	15.92	8.61	14.42	1.10
623	9.67	8.61	8.08	0.11	15.74	8.19	14.33	1.10
506					12.76	6.87	11.6	1.10

依据图 13.2，已知最大和最小主应力，经计算得到模型加载水平应力值。

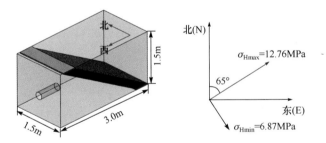

图 13.2　煤层走向及主应力方向关系示意

正东方向水平应力：

$$\sigma_E = \frac{\sigma_{Hmax} + \sigma_{Hmin}}{2} + \frac{\sigma_{Hmax} - \sigma_{Hmin}}{2} \times \cos(2 \times 25)° = 11.708\text{MPa} \tag{13-1}$$

正北方向水平应力：

$$\sigma_N = \frac{\sigma_{Hmax} + \sigma_{Hmin}}{2} + \frac{\sigma_{Hmax} - \sigma_{Hmin}}{2} \times \cos(2 \times 65)° = 7.922\text{MPa} \tag{13-2}$$

原煤的力学测试及突出倾向性测试表明，原煤密度为 1.38g/cm³，放散初速度 ΔP=14，吸附常数 a=21.7645m³/t，吸附常数 b=0.7362MPa⁻¹，水分为 1.04%，灰分为 21.05%，挥发分为 24.26%，孔隙率 3.4%，内聚力 1.46MPa，内摩擦角 28°，抗压强度 12.8MPa。测定结果表明，原煤具有严重的突出危险性。

砂质泥岩，密度为 2.25g/cm³。单轴抗压强度为 60.64～170.04MPa，弹性模量为 15.24～32.95GPa，泊松比为 0.18～0.24。

综合上述的分析，试验原型参数汇总见表 13.2 和表 13.3。

表 13.2　试验原型参数(1)

垂直应力/MPa	最大水平应力/MPa	最小水平应力/MPa	煤层厚度/m	煤层倾角/(°)	突出煤量/t	涌出瓦斯/m³	巷道洞径/m	瓦斯压力/MPa	瓦斯含量/(m³/t)
11.6	12.76	6.87	4	25～32	650	12000	4	1.5	9.3

表 13.3　试验原型参数(2)

材料名称	岩体性质	密度/(kg/m³)	弹性模量/GPa	体积模量/GPa	剪切模量/GPa	泊松比	内聚力/MPa	内摩擦角/(°)	抗压强度/MPa
煤层	—	1380	15.2	13.3	5.8	0.31	1.46	28	13
围岩	砂质泥岩	2250	18	16.7	11.9	0.21	—	—	124

13.2　试　验　方　案

1. 含瓦斯煤相似比尺

张庆贺等[1]采用煤与瓦斯突出能量模型，兼顾经典煤与瓦斯突出固气耦合方程推导完成了相似准则：

$$\pi_1 = \frac{\eta n p_0 E}{\sigma_0^2}, \quad \pi_2 = \frac{FL}{\sigma_0}, \quad \pi_3 = \frac{\rho v^2 E}{\sigma_0^2}, \quad \pi_4 = \frac{c}{\sigma_0},$$

$$\pi_5 = \frac{p_0}{p_a}, \quad \pi_6 = \frac{f_c}{\sigma_0}, \quad \pi_7 = \varphi, \quad \pi_8 = v$$

(13-3)

式中，E 为煤体的弹性模量，MPa；v 为泊松比；c 为内聚力，MPa；φ 为内摩擦角，(°)；σ_0 为地应力，MPa；n 为孔隙率；ρ 为密度，t/m³；v 为煤粉涌出速度，m/s；p_a 为大气压力，MPa；p_0 为瓦斯压力，MPa；η 为比例系数，表征吸附瓦斯的作用；f_c 为单轴抗压强度，MPa；F 为体积力。

依据试验原型范围(18m×18m×36m)及模型架尺寸(0.6m×0.6m×1.2m)，确定试

验的几何比尺 $C_L=L_p/L_m=30$。

容重比尺主要受试验相似材料原材料配比影响。以腐植酸钠为黏结剂的含瓦斯煤相似材料在煤与瓦斯突出试验中取得了良好的应用，可用来模拟含瓦斯煤层。该相似材料的容重比尺均为 1，因此模拟试验容重比尺 $C_\gamma=1$。

将已经确定的几何比尺 $C_L=30$、容重比尺 $C_\gamma=1$ 代入相似准则，确定含瓦斯煤材料比尺如下。

地应力比尺：$C_\sigma=30$；瓦斯压力比尺：$C_p=1$；几何比尺：$C_L=30$；容重比尺：$C_\gamma=1$；强度比尺：$C_{f_c}=30$；孔隙率比尺：$C_n=1$；弹性模量比尺：$C_E=30^2$；内聚力比尺：$C_c=30$；内摩擦角比尺：$C_\varphi=1$；泊松比比尺：$C_\nu=1$；吸附性比尺：$C_\eta=1$。

2. 围岩相似比尺

对于突出相似模拟，只有固气耦合状态下的围岩破坏相似问题同时满足固体变形和渗透性两个相似条件，才可以有效揭示巷道开挖过程中含瓦斯煤体顶底板岩层的固体应力场和渗流场变化规律。

由于岩体对瓦斯不具有吸附性，固气耦合状态下的围岩破坏问题类似于固流耦合状态下的岩体破坏问题。胡耀青等[2]通过建立的三维固流耦合数学模型，运用相似理论推导了三维固流耦合作用下的相似模拟准则。

应力、弹性模量、内聚力相似：$C_c=C_\sigma=C_E=C_\gamma C_L$。

位移相似：$C_u=C_L$。

流体压力相似：$C_p=C_\gamma C_L$(无法满足)。

流体渗透系数相似：$C_K=\sqrt{C_L/C_\gamma}$。

应变相似：$C_\varepsilon=1$。

已知试验的几何比尺 $C_L=30$。采用"水泥铁精砂低渗性相似材料"模拟顶底板岩层。该相似材料的容重比尺为 1，因此模拟试验容重比尺 $C_\gamma=1$。

将已经确定的几何比尺 $C_L=30$、容重比尺 $C_\gamma=1$ 代入以上相似准则，最终确定顶底板相似材料比尺。

几何比尺：$C_L=30$；容重比尺：$C_\gamma=1$；弹性模量比尺：$C_E=30$；泊松比比尺：$C_\nu=1$；应变比尺：$C_\varepsilon=1$；位移比尺：$C_u=30$；流体渗透系数比尺：$C_K=5.5$；应力比尺：$C_\sigma=30$。

3. 模拟范围及试验边界条件

试验原型中存在煤层厚度不均、煤层倾角不一致等问题，为方便模型制作，简化为倾角 30°、厚度 4m 的煤层。

为了保证真实的应力边界条件，常规的地下工程物理模拟试验模型尺寸主要依靠巷道洞径来确定，模型边界常取巷道洞径的 3～5 倍。突出模拟试验的模拟范围除要考虑应力边界条件外，还要考虑气体边界条件和巷道的动态开挖过程。

突出形成孔洞一般呈口小腔大的倒梨形、倒瓶形、不规则形或椭圆形。若将突出孔洞简化为图 7.7 所示的椭球形，由深度、宽度、厚度三个参数对突出孔洞进行描述，则我国部分煤与瓦斯突出事故形成的孔洞参数见表 7.1。

由表 7.1 可以看出，突出孔洞深度和宽度多数在 10m 以内，孔洞厚度多与煤层厚度相关，均在 4m 以内。结合新庄孜矿煤与瓦斯突出实际状况，其突出孔洞应在 4m×10m×10m(厚度×深度×宽度)以内。统计资料表明，突出孔洞体积一般小于突出煤体的总体积，两者比值为 1/2～2/3，这是因为突出孔洞煤壁深部的煤体产生了向孔洞方向的变形。大多数煤与瓦斯突出事故中的吨煤瓦斯涌出量均高于瓦斯含量的 2 倍以上，表明突出孔洞周边煤体也有部分瓦斯解吸并参与了突出。因此，模拟范围的上下边界和左右边界可取 2 倍的孔洞深度(宽度)，以保证真实的气体边界条件。本次试验模拟的煤层范围应不小于 4m×30m×30m。

模拟范围的前后边界要保证煤层底板岩层有足够的厚度，便于模拟开挖过程，进而监测开挖过程中巷道拱顶参数的演化规律。模拟范围的前后边界主要受煤层倾角的影响。煤层倾角越大，模拟范围的前后边界可适当缩短，煤层倾角越小，模拟范围的前后边界应适当增长。

结合新庄孜矿煤与瓦斯突出实际状况，模拟范围最终选定为 30m×30m×60m(宽×高×长)。

需要说明的是，中型突出试验仪器与大型突出试验仪器的开挖口位置不同，因此试验模型的模拟范围略有区别，如图 7.8 所示。

4. 相似材料及配比

1) 含瓦斯煤相似材料配比确定

采用自主研制的含瓦斯煤相似材料模拟含瓦斯煤层。试验原型含瓦斯煤物理力学性质按照以上比尺换算后，得到了所需的含瓦斯煤相似材料的物理力学性质(表 13.4)。

表 13.4　含瓦斯煤相似材料物理力学性质设计值

名称	密度 /(kg/m³)	抗压强度 /MPa	弹性模量 /MPa	泊松比	内聚力 /MPa	内摩擦角 /(°)	孔隙率 /%	吸附常数 a/(m³/t)	吸附常数 b /MPa⁻¹
原煤相似材料	1380	0.43	16.89	0.31	0.049	28	10	21.76	0.74
原煤	1380	13	15200	0.31	1.46	28	10	21.76	0.74
相似比尺	1：1	1：30	1：30²	1：1	1：30	1：1	1：1	1：1	1：1

大量含瓦斯煤相似材料配比试验和参数测定试验表明，成型压力对试件的容重、孔隙率、弹性模量影响显著，成型压力、腐植酸钠溶液浓度可以改变试件的抗压强度，相似材料的吸附解吸性质与原煤基本一致。基于含瓦斯煤相似材料参数的影响规律，确定煤粉粒径分布为 0～1mm：1～3mm= 0.76：0.24，腐植酸钠浓度为 1%时，相似材料物理力学性质与目标要求比较接近，其具体的材料参数见表 13.5。

表 13.5　含瓦斯煤相似材料物理力学性质实测值

试件强度/MPa	弹性模量/MPa	内聚力/MPa	内摩擦角/(°)	孔隙率/%	密度/(kg/m³)	泊松比	吸附常数 a/(m³/t)	吸附常数 b/MPa⁻¹
0.50	40MPa	0.072	28	6.1	1380	0.31	21.7654	0.7362

2) 顶底板相似材料配比确定

本试验采用自主研制的"水泥铁晶砂低渗性相似材料"作为顶底板砂质泥岩的相似材料。试验原型砂质泥岩物理力学性质按照以上比尺换算后，得到了所需砂质泥岩相似材料的物理力学性质，见表 13.6。

表 13.6　砂质泥岩相似材料物理力学性质设计值

名称	密度/(kg/m³)	抗压强度/MPa	弹性模量/GPa	泊松比	渗透率/10⁻³mD
砂质泥岩相似材料	2250	4.13	0.6	0.21	21.8
砂质泥岩	2250	124	18	0.21	120
相似比尺	1：1	1：30	1：30	1：1	1：5.5

经过多次配比试验发现，当铁粉：重晶石粉：石英砂：水泥：水=1：2.3：2.2：1.09：1.09，干燥两天以上时，相似材料物理力学性质与目标要求比较接近，其具体的材料参数见表 13.7。

表 13.7　砂质泥岩相似材料物理力学性质实测值

试件强度/MPa	弹性模量/MPa	密度/(kg/m³)	泊松比	渗透率/10⁻³mD
4.52	519	2366	0.21	20.9

5. 试验加载

根据调查资料获取事故地点最大、最小主应力数值及方向，基于相似准则，计算得模型加载水平应力值，如图 13.3 所示。

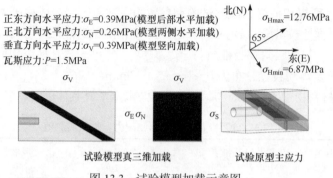

正东方向水平应力:σ_E=0.39MPa(模型后部水平加载)
正北方向水平应力:σ_N=0.26MPa(模型两侧水平加载)
垂直方向水平应力:σ_V=0.39MPa(模型竖向加载)
瓦斯应力:P=1.5MPa

图 13.3　试验模型加载示意图

6. 传感器布设方案

1) 传感器布设原则

传感器布设原则为：首先，保证煤层的密封效果；其次，本次试验模型小，传感器布设数量应少而精，保证关键位置数据可以最大限度地获取并尽量准确；最后，保证突出过程物理场信息多样性，可采用多种传感器。

为保证煤层的密封效果，仅在煤层内部布设五个电阻式传感器，分别为靠近突出位置的三个温度传感器(S1)及煤层中间位置的两个气体压力传感器(S2)，这五个传感器可通过漆包线进行连接，最大限度保证了聚氨酯胶对煤层的密封效果。另外，煤层顶板及底板传感器均布设于聚氨酯密封胶之外，以减小对聚氨酯胶体密封效果的影响。

为保证关键位置数据可以最大限度地获取并尽量准确，依据首次突出试验的经验，本次试验重点采用采集准确且稳定的电阻式压力传感器、电阻式气压传感器，并将其布设于巷道及煤层关键位置。另外，为验证光纤式传感器的有效性，在次重要位置也布设部分光纤式传感器。

为保证突出过程物理场信息多样性，在不违背前两条原则的前提下，试验还在掘进钻杆布设三个光纤式气体浓度传感器，在煤层附近布设三个声发射传感器。

2) 传感器具体布设方案

在拟解决关键科学问题的基础上，传感器布设位置重点关注了围岩巷道应力场，围岩巷道顶板瓦斯场，煤层应力场、瓦斯场及温度场，掘进巷道瓦斯浓度场。总体布设方案如图 13.4 所示。

开挖巷道共布设四个等间距断面，用于围岩巷道应力场及瓦斯场监测，各断面传感器布设方案一致，具体见 A 断面传感器布设方案。

煤层共布设两个断面及两个关键区域，两个断面分别为倾斜煤层顶板(B 断面)及底板(C 断面)，两个关键区域分别为靠近突出位置的温度监测区域(S1)及煤层中间位置的气体压力监测区域(S2)，用于煤层应力场、瓦斯场及温度场监测。

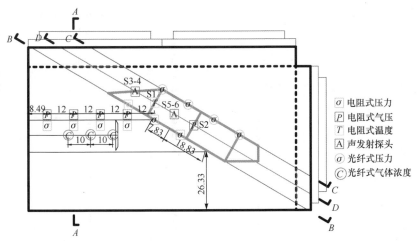

图 13.4　传感器总体布设方案(数据单位：cm)

为了保证声发射信号采集的准确性并减小开挖过程中环境噪声的影响，选择围岩中靠近预想突出煤层并远离开挖通道的位置布设声发射探头。同时，为了防止探头布置过多影响引线和密封，选择传感器数量为 4 个。

各断面的布设方案如图 13.5～图 13.8 所示。

A 断面：

监测方向：应力传感器监测巷道垂直方向地应力。

B 断面：

监测方向：应力传感器监测断面法向方向地应力。

C 断面：

监测方向：应力传感器监测断面法向方向地应力。

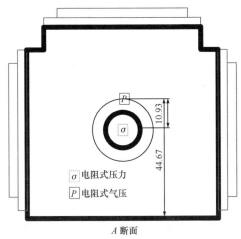

A 断面

图 13.5　A 断面布设方案(单位：cm)

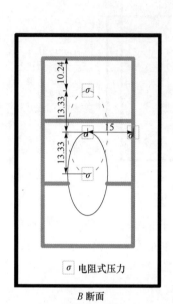

图 13.6 *B* 断面布设方案(虚线表示突出危险区域，单位：cm)

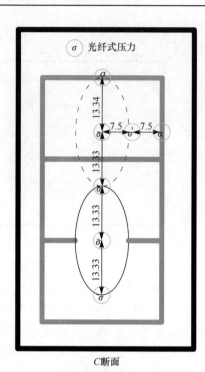

图 13.7 *C* 断面布设方案(虚线表示突出危险区域，单位：cm)

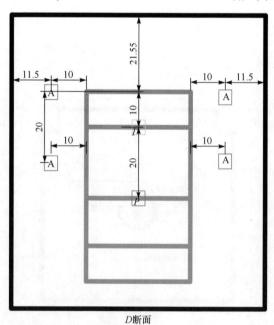

图 13.8 *D* 断面布设方案(单位：cm)

传感器数量统计见表 13.8。

表 13.8 传感器数量统计

类型	电阻式压力	电阻式气压	电阻式温度	光纤式压力	光纤式浓度	声发射
数量	8	5+1	3+1	7	3	4
所需线数量	32	18	8	21	9	8

13.3 试验结果与分析

采用第 11 章所述试验工艺和过程开展试验。

13.3.1 试验现象

开挖掘进过程中发生剧烈突出现象，此时掘进面距煤层水平距离为 3cm，法向距离 1.5cm(对应现场水平距离 90cm，法向距离 45cm)，如图 13.9 所示。

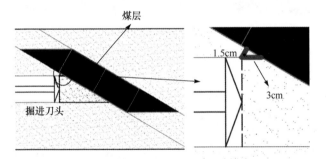

图 13.9 突出掘进位置示意图

试验中发生的煤与瓦斯突出现象与现场典型煤与瓦斯突出现象相似，突出发生时动力现象显现强烈，突出现象持续 4.36s(图 13.10)。

突出煤体质量 24.5kg，折合现场 661t(实际现场 650t)。破碎煤体抛射距离最大为 16m(图 13.11)。

图 13.10　突出现象

图 13.11　突出煤体抛射

　　突出后，孔洞呈明显的口小腔大的形态，和现场高度相似(图 13.12)。突出煤粉呈明显的分选性。

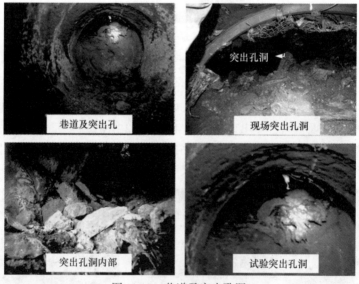

图 13.12　巷道及突出孔洞

　　卸压后，打开仪器顶盖，观察仪器内部模型破坏情况，发现模型顶部有内部煤体突出导致的破裂塌陷现象(图 13.13)。

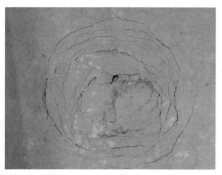

图 13.13 模型顶部破裂情况

13.3.2 试验数据结果

试验获得了突出全过程地应力、气压、温度等多物理场信息，其中所用系统如图 13.14 所示，具体曲线如图 13.15 所示。

1. 突出过程气体压力变化

煤层内部两传感器在 1.32s 后下降至大气压，巷道顶部岩层内部气压在 34.7s 后下降至大气压。

气体压力采集系统监测到突出前后煤层及巷道顶板岩层内部剧烈的气压变化，其中煤层内部气压传感器监测曲线如图 13.16 所示。突出前，煤层内部气压稳定在 1.1MPa(图 13.17)，掘进巷道内部未观察到气体溢出现象，如图 13.18 所示。突出瞬间，距离突出位置最近的 3#传感器压力首先下降，突出阵面发展至 4#传感器位置后，4#传感器监测气压迅速下降。由两条曲线的斜率可以看出，突出是

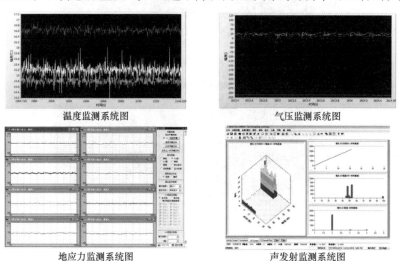

温度监测系统图　　　　　气压监测系统图

地应力监测系统图　　　　　声发射监测系统图

图 13.14 多物理场信息获取系统

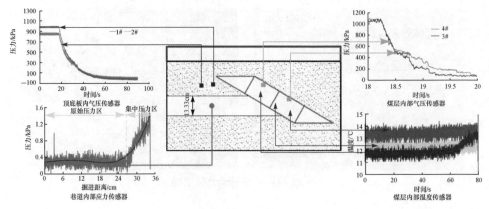

图 13.15　试验传感器数据采集

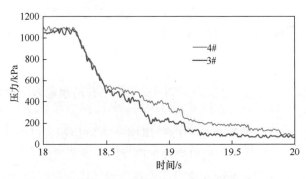

图 13.16　煤层内部气体压力变化曲线(突出过程)

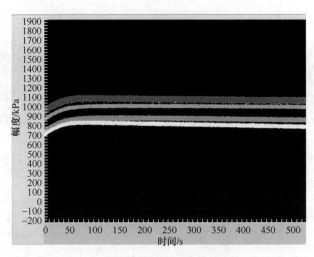

图 13.17　气体吸附平衡保压曲线

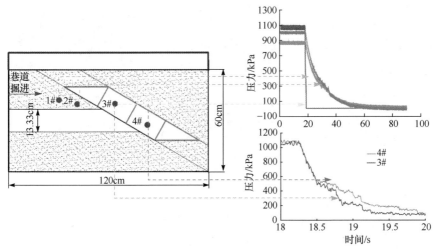

图 13.18　突出过程气体压力变化曲线

逐步衰减的，对应实际突出现象逐渐减弱。当突出现象停止时，煤层内气压恢复至正常大气压水平，巷道内部无煤粉继续喷出。突出前巷道断面、煤与瓦斯突出过程和突出后巷道断面如图 13.19～图 13.21 所示。

　　巷道顶板岩层内的气压变化曲线如图 13.22 所示，其变化趋势与煤层内部气压变化具有相似趋势，主要区别在于岩层内气压变化较为缓慢，持续时间长。突出前，煤层内部高压气体向围岩中扩散，压力数值小于 1.1MPa，突出发生时，煤层中 3#传感器首先监测到气压变化，岩层中 2#传感器在突出时也出现压力下降，1#传感器随后也监测到相同的气压变化，而且气压变化速率随突出的发生逐渐降低，最终降为 0。岩层渗透率较低，气体压力变化受到较大阻碍，因此岩层中的气体压降现象持续时间较长，侧面验证了顶底板岩层的低渗特性。

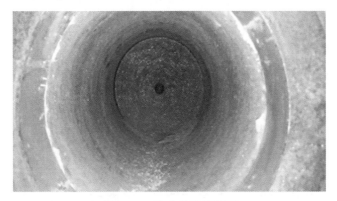

图 13.19　突出前巷道断面

图 13.20　煤与瓦斯突出过程

图 13.21　突出后巷道断面

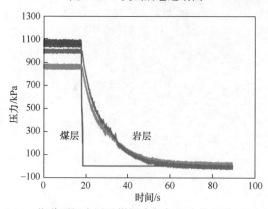

图 13.22　巷道顶板岩层及煤层内部气压变化规律(突出过程)

2. 试验过程煤层内温度变化

在第一次中尺度突出试验中，打开充气阀门后，煤体内部温度传感器采集到的温度数据骤升。原因是模型内部煤体吸附 CO_2 后放出大量热量，导致温度升高(图 13.23)。

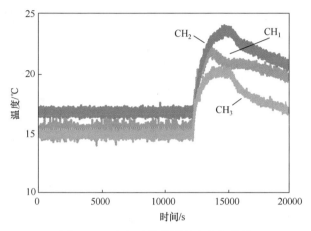

图 13.23　充气阶段煤层温度变化曲线

第二次中尺度突出试验中，在初始充气阶段(煤层内气体压力 200kPa)，1#温度传感器采集到温度升高 1.5℃(图 13.24)，后压力过大导致温度变送器破坏。

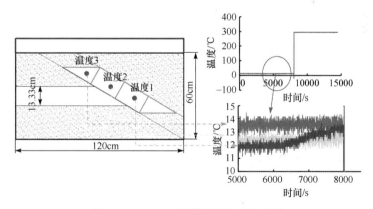

图 13.24　突出过程煤层温度变化曲线

3. 试验过程模型内部地应力变化

巷道自动化掘进单元控制软件及掘巷实拍图如图 13.25 所示。

随掘进面推进，掌子面前方岩体垂直应力变化趋势如图 13.26 所示。

文献[3]~[5]认为，采掘工作面在正常推进时，采空空间的覆岩荷载向工作

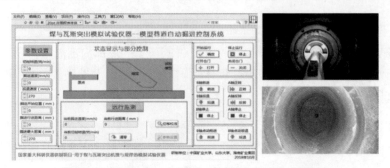

图 13.25　巷道自动化掘进单元控制软件及掘巷实拍图

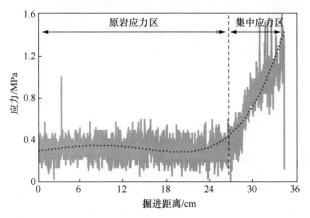

图 13.26　掘进过程掌子面前方岩体垂直应力变化曲线

面前方转移，使工作面前方一定范围内煤岩体垂直应力大于原始垂直应力(称为集中应力区)，集中应力作用区称为支撑压力区。在支撑压力作用下部分岩体发生破坏，破坏后以其残余强度继续承载，已发生强度破坏的区域称为塑性区，即支撑压力的极限平衡区，如图 13.27 所示。本试验中，岩体先后处于原岩应力区、集中应力区，与理论分析一致，但并未出现卸压区。其原因为本试验中围岩强度设计为 4.14MPa，远大于围岩应力集中值(1.35MPa)，围岩未发生破坏，掌子面前方围岩完整。同时，采掘过程中掌子面前方围岩的低透气性也说明了围岩的完整情况。

　　文献[3]认为，对于线弹性围岩，非均匀应力场中的圆形巷道的最大压应力出现在巷道围岩周边。由于本试验中围岩相似材料强度远大于垂直应力，可近似认为是线弹性围岩，当掘进面推进至传感器位置时，该位置围岩应力达到峰值(1.35MPa)，应力分布规律与理论分析一致。

　　试验中，原岩应力区垂直应力为 0.36MPa，与垂直应力加载值相同，应力集中区垂直应力峰值为 1.35MPa，是原岩应力的 3.75 倍。文献[6]认为，支撑压力的

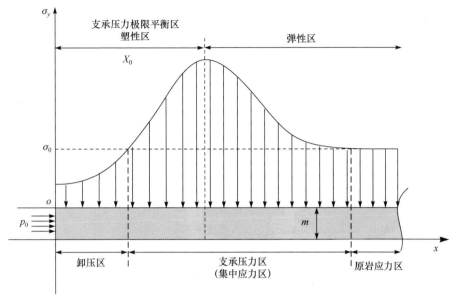

图 13.27　工作面前方支承压力分区

峰值为 2~4 γH。文献[3]认为，巷道开挖后围岩重新应力分布，巷道最大应力集中系数为 2~5。本试验中应力分布规律与其一致。

　　基于试验值，可近似认为掌子面前方应力分布如图 13.28 所示。随着工作面持续推进，煤层(强度低)进入集中应力区，被集中应力破坏，掌子面与煤层之间岩体(强度高)长度不断减小，导致掌子面前方岩体应力集中系数大幅上升，在集中应力、瓦斯压力的共同作用下，掌子面前方岩体失稳破坏，诱发煤与瓦斯突出。

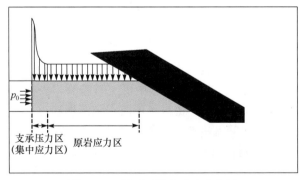

图 13.28　掌子面前方应力分布图

　　文献[5]认为，在突出激发后，突然形成的突出孔洞会使孔洞壁的围岩、煤岩突出暴露出来，由于孔洞壁周边的地应力还没来得及重新分布，应力状态对应应力曲线截除突出激发时抛出煤所对应的部分(图 13.29)。可见在突出激发后瞬间，突出暴露的孔洞壁煤岩应力值未发生变化，但瞬间由三向应力状态转变为两向、单向应力状态，应力状态的变化使孔洞壁围岩快速达到塑性状态，甚至破坏。在本试验中突出孔洞正上方出现的破裂塌陷现象(图 13.13)及突出孔洞内出现的片状围岩(图 13.12)印证了上述理论。

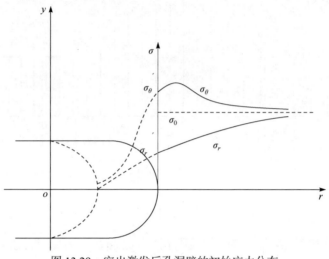

图 13.29　突出激发后孔洞壁的初始应力分布

13.4　小　　结

(1) 气体密封方案可行。研发的顶底板相似材料渗透性极低，经计算，顶底板材料的渗透率为 0.02mD。巷道掘进过程中，观察到内部基本无气体泄漏，且模型内部的气体压力始终平衡在 1.1MPa。

(2) 多物理场信息采集系统可行。传感器引线方案可行，引线套管密封效果良好，地应力、气体压力、温度和声发射监测系统可正常运转。

(3) 自动化掘进系统可行。掘进过程中可实时监测刀头与煤层的相对位置，实现掘进过程精准限位。经实测，掘进可形成规则圆形巷道，周围相似材料无脱落。刀头切削效率高，实际掘进速度大范围可调。

(4) 模型制作方案可行。模型制作实现了精细化施工，试验周期短，完成一次试验仅需 7～10d。

验证了密封方案可行性；验证了煤与瓦斯突出模拟试验仪器研发原理的科学性；验证了相似准则、相似材料和相似气体的相似合理性；验证了试验仪器系统构成的可行性。

参 考 文 献

[1] 张庆贺, 袁亮, 王汉鹏, 等. 煤与瓦斯突出物理模拟相似准则建立与分析[J].煤炭学报, 2016, 41(11): 2273-2779
[2] 胡耀青, 赵阳升, 杨栋. 三维固流耦合相似模拟理论与方法[J]. 辽宁工程技术大学学报, 2007, (2): 204-206
[3] 侯朝炯. 巷道围岩控制[M]. 徐州: 中国矿业大学出版社, 2013
[4] 熊仁钦. 关于煤壁内塑性区宽度的讨论[J]. 煤炭学报, 1989, (1): 16-22
[5] 胡千庭, 文光才. 煤与瓦斯突出的力学作用机理[M]. 北京: 科学出版社, 2013
[6] 李树刚. 综放开采围岩活动及瓦斯运移[M]. 徐州: 中国矿业大学出版社, 2000

第 14 章　结论与展望

14.1　结　　论

针对煤与瓦斯突出机理与规律研究试验仪器研发的共性问题，作者在相似理论、相似材料、仪器系统、功能技术、方法工艺等五个方面取得突破，形成了系统性创新，如图 14.1 所示。

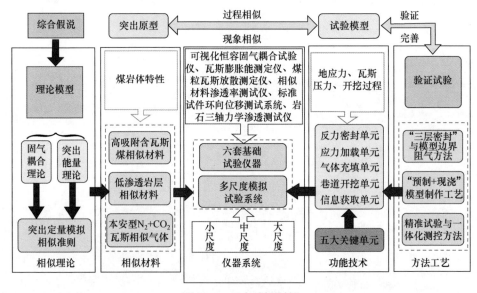

图 14.1　五大关键创新

1. 相似理论创新

相似准则是研发相似材料、确定试验初始条件与边界条件的前提，决定了物理模拟的科学性和准确性。前人进行的突出模拟为定性模拟，试验中普遍采用地应力折减、瓦斯压力不折减的做法，缺乏合理解释。作者基于煤与瓦斯突出能量模型、经典固气耦合模型建立了煤与瓦斯突出相似准则，为当前突出模拟试验的普遍做法提供了理论支撑；保证了模型与原型的全过程相似，突破了定性模拟，实现了定量模拟。

2. 相似材料创新

1) 高吸附含瓦斯煤相似材料研发

煤体强度、瓦斯解吸膨胀能是煤与瓦斯突出的重要影响因素。现有含瓦斯煤相似材料普遍通过煤粉压制成型或水泥黏结成型，无法兼顾强度可调和高吸附性的要求。作者选用 0~3mm 粒度级配的煤粉为骨料，腐植酸钠水溶液为黏结剂，研发了高吸附含瓦斯煤相似材料。该材料具有高吸附性(与原煤相同)、强度可调 (0.5~3.0MPa)、可重复利用等特点，实现了试验型煤与原煤的高度相似。

2) 特低渗岩层相似材料研发

煤层顶底板岩层渗透率低，是煤层高压瓦斯赋存的天然条件。现有岩层相似材料主要为固液耦合模拟试验研发，渗透率高，不适用于高压固气耦合模拟试验。作者选用铁粉、重晶石粉、石英砂为骨料，特种水泥为黏结剂，水泥密封剂为添加剂，研发了特低渗岩层相似材料。该材料渗透率低(低至 0.001mD)，强度、弹性模量、渗透率精确可调，实现了特低渗顶底板岩层的真实模拟。

3) 本安型相似气体研发

模拟试验耗气量大，采用 CH_4 存在安全隐患。作者选用吸附性大于 CH_4 的 CO_2 和吸附性小于 CH_4 的 N_2 混合气体模拟 CH_4，采用瓦斯含量、瓦斯放散初速度、初始瓦斯膨胀能和含瓦斯煤力学性质作为衡量指标，研发了由 45%CO_2 和 55%N_2 组成的本安型瓦斯相似气体。其性质稳定、安全可靠、获取方便，解决了试验中瓦斯气体易燃易爆带来的安全问题。

3. 仪器系统创新

1) 六套基础试验仪器研发

含瓦斯煤岩物理力学性质是煤与瓦斯突出的重要因素。现有仪器不能真实模拟突出煤层的孕灾环境，作者认为仪器系统应充分考虑地应力、瓦斯压力、煤岩体特性和动力扰动等突出影响因素，并基于此研发了用于含瓦斯煤物理力学性质研究的六套基础试验仪器(包括可视化恒容固气耦合试验仪、标准试件环向位移测试系统、煤粒瓦斯放散测定仪、瓦斯膨胀能测定仪、岩石三轴力学渗透测试仪、相似材料渗透率测定仪)，仪器实现了高压吸附瓦斯煤岩在卸气压和冲击扰动下的可视化监测、环境压力下解吸放散规律监测、初始瓦斯膨胀能精准测试、三轴受力下气体渗透特性测试，实现了高压气体特定条件下煤岩瓦斯特性的精准、全面测控。

2) 多尺度突出模拟试验系统研发

现有的突出模拟试验仪器均采用瞬间揭露诱导突出，且没有考虑岩层作用，与现场突出差距大。基于综合作用假说和基础理论，作者研发了以巷道掘进诱突为目标的多尺度煤与瓦斯突出定量模拟试验系统(包括小尺度、中尺度、大尺度突出模拟试验系统),克服了快速揭露"爆米花"式试验方法的局限,实现了地应力、瓦斯压力、煤岩体特性三因素可调的巷道掘进揭煤诱导突出真实模拟,满足了不同尺度的试验需求:①小尺度突出模拟试验系统模型尺寸 $\phi 0.2m×0.6m$,单次试验周期短,仅为 1～2d;②中尺度突出模拟试验系统模型尺寸 0.75m×0.75m×1.3m,具有模型制作旋转机构和自动化掘进系统,可开展 1/30 几何比尺的正交模拟试验,试验周期为 7～15d;③大尺度突出模拟试验系统模型尺寸 1.5m×1.5m×3.0m,可开展 1/20 几何比尺的模拟试验,相似度更高,试验周期为 30～60d。

4. 功能技术创新

为了在突出模拟试验中实现对内因(应力场、瓦斯场、煤岩特性)、外因(巷道开挖)以及突出全过程多物理量信息的获取,作者采用综合集成法理念,以"模块化、智能化、便利化、定量化"为指导思想,研发了考虑全面、功能新颖、指标明确的"五大关键单元"。

1) 反力密封单元

通过采用组合式、高强度、大刚度、自密封模型反力装置,配合前法兰、嵌入式、气密封液压油缸,实现了模型真三维固气耦合加载(5MPa 真三轴地应力+3MPa 气压)。

2) 应力加载单元

通过自主研发的液压加载系统可实现 12 油路等比例独立加卸载控制,系统可实现高应力(60MPa)、高精度(≤0.1% F.S.)、长时间(≥720h)同步伺服稳压加载,真实模拟模型真三维地应力场。

3) 气体充填单元

通过研发的智能伺服气体加载系统和面式充填方法,实现了大流量(≥10L/s)、高气压(3MPa)、高精度(≤0.1% F.S.)相似气体充填保压和及时补压,真实模拟煤层瓦斯场。

4) 巷道开挖单元

研发的巷道开挖单元采用合金钢、互补式、定位防颤掘进刀头和自动化伺服控制系统,实现了模型巷道可视化智能精准定位掘进和自动负压排渣,真实模拟了巷道掘进开挖。

5) 信息获取单元

为克服传统采集方法频率低和传感器缺陷,基于光电转换技术和光纤金属涂层增益封装技术,研发了高速光纤光栅解调仪、多物理量微型高频传感器,实现了突出瞬态过程模型内部多测点、多参量(应力、气压、温度、声发射等)、大数据信息的并行获取融合与可视化。

5. 方法工艺创新

1) 煤层高压气体"三层密封"方法

突出模拟试验中,需要将高压相似气体封存在试验煤层内,以真实模拟煤层高压瓦斯天然赋存环境。该技术难题长期困扰业内专家,阻碍了巷道掘进诱发突出模拟试验发展。作者提出并创建了煤层高压气体"三层密封"方法:第一层密封(煤层与顶底板岩层之间的密封)采用研发的低强度、高黏性、不凝固、耐腐蚀、易塑形气体密封胶;第二层密封(顶底板相似材料密封)采用研发的低渗性岩石相似材料(渗透率为 0.001～0.46mD);第三层密封(反力密封单元密封)保证了模型加载充气保压(3.0MPa 气压)和巷道开挖过程密封。通过以上"三层密封"方法,成功将高压腐蚀性相似气体封在煤层内,实现了煤层瓦斯赋存的真实模拟。

2) 模型制作方法与工艺

为保证煤岩层模型物理力学特性,实现固气耦合条件下模型内多元信息精准获取,作者提出并创建了"煤层预制+岩层现浇"的模式化试验模型制作方法与精细化传感器布设工艺:通过精确计算,采用模型旋转结构实现了倾斜顶底板岩层的分层现浇铺设,在预留煤层空间内放置预制型煤,实现了第一层密封和第二层密封;通过传感器精准布设与引线密封工艺,采用密封套管实现了高压气体环境下多元信息的信号放大和引出;通过在反力密封单元内增设开挖口阻气法兰,保证了第三层密封。以上方法和工艺实现了试验模型的高效制作(单次突出模拟试验周期缩短为 7d),攻克了模型巷道开挖气密性和信息获取融合的一体化测控难题。

基于以上创新点,作者在煤与瓦斯突出物理模拟试验领域取得三项重要成果。

(1) 发展完善了煤与瓦斯突出相似体系(包括相似理论创新和相似材料创新),攻克了突出定量模拟难题。

(2) 构建了用于研究煤与瓦斯突出的系统性科学试验平台(包括六套基础试验仪器和多尺度突出模拟试验系统),填补了吸附瓦斯煤岩特性研究与突出全过程真实模拟的技术空白。

(3) 创建了以巷道掘进揭煤诱突的模型制作、充气保压和精细测控试验方法与工艺(方法工艺创新),以淮南新庄孜矿"6.12"突出事故为原型,成功实现了大尺度模型加载充气保压条件下巷道掘进揭煤诱发煤与瓦斯突出试验模拟。试验结果与现场高度相似(突出过程持续 4.36s,突出孔洞位于掌子面拱顶处,呈口小腔大形状,突出煤粉质量 24.5kg,突出煤粉距离约 16m,呈明显分选性),验证了试验仪器的科学性,并获取了试验全过程和突出瞬间的模型应力、气压、温度、声发射等多物理量信息,为突出孕育过程围岩应力场、瓦斯场、温度场变化规律研究奠定了基础。

相关成果突破了定量模拟试验研究煤与瓦斯突出机理和规律的世界性难题，形成具有自主知识产权的重大科研仪器公共平台，为试验研究揭示煤与瓦斯突出机理和规律、建立突出预测预警方法和防治技术提供了科学支撑。

14.2 展　　望

作者在煤与瓦斯突出机理与规律的物理模拟方面，取得了一定的科学成果，但尚有以下研究内容需要进一步完善。

(1) 基于作者构建相似理论、相似材料、工艺方法，利用多尺度突出模拟试验系统，开展不同地应力、煤体强度、气体压力等多交叉因素下突出模拟试验，研究上述因素对突出的影响规律，深化突出机理。

(2) 通过真三维物理模拟试验获取的地应力、瓦斯压力、浓度、围岩应变、温度、声发射、电磁辐射等多物理量信息，分析多场信息对灾变前兆的响应特征，利用数据挖掘方法研究各指标的权重并进行分级，构建能够全面表征突出危险性的多层次突出预警指标体系。

利用包括神经网络预测方法、模糊综合预测方法等在内的多种预测方法对突出过程进行危险性分析，对比各预测方法在突出孕育、发生、发展过程中的表现，包括预警结果的准确性，发出预警的及时性和对突出前兆因素的敏感性等，采用层次分析法优选出表现较好的方法作为综合预警方法的基础，从"点-线-面"三个层次对预警数据展开分析，确定各预测方法的权重及各方法的突出判据，进而将不同的预测方法整合在一起，构建基于多种数学模型的综合预警方法。

基于得到的突出预警指标体系与突出综合预警方法，开发形成"可视化、交互化、定量化、快速化、智能化"的多物理场信息动态预警虚拟系统，满足煤与瓦斯突出精确预警预报及工程应用的需要。

(3) 以作者在煤与瓦斯突出机理与规律的物理模拟方面取得的突破为研究基础，研发可兼顾开展煤与瓦斯突出、岩爆、冲击地压等多种煤岩动力灾害物理模拟试验设备，以期为深入研究深部多场多相复杂孕灾环境下煤岩复合动力灾害机理与防控技术提供公共试验平台，解决目前亟须解决的煤岩动力灾害发生机理、前兆信息及防控措施研究面临的试验仪器系统缺乏问题。